JN112251

新学習指導要領対応

学校でも、家庭でも
これだけできれば安心！

初級 算数 習熟プリント 小学5年生

学力の基礎をきたえどの子も伸ばす研究会
金井敬之 著

清風堂書店

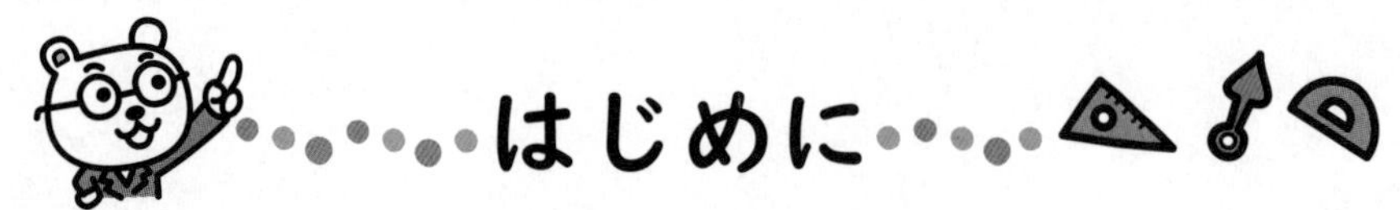

はじめに

「算数習熟プリント」は発売以来長きにわたり、学校現場や家庭で支持されてまいりました。
その中で、変わらず貫き通してきた特長は次の3つです。

○ 通常のステップよりもさらに細かくスモールステップにする
○ 大事なところは、くり返し練習して習熟できるようにする
○ 教科書レベルがどの子にも身につくようにする

この内容を堅持し、新たなくふうを加え、2020年4月に「算数習熟プリント」を出版し、2022年3月には「上級算数習熟プリント」を出版しました。両シリーズとも学校現場やご家庭で活用され、好評を博しております。

さらに、子どもたちの基礎力を充実させるために、「初級算数習熟プリント」を発刊することとなりました。算数が苦手な子どもたちにも取り組めるように編集してあります。

今回の改訂から、初級算数習熟プリントには次のような特長が追加されました。

○ 観点別に到達度や理解度がわかるようにした「まとめテスト」
○ 親しみやすさ、わかりやすさを考えた「太字の手書き風文字」「図解」
○ 前学年のおさらいのページ「おぼえているかな」
○ 解答のページは、本文を縮めたものに「赤で答えを記入」
○ 使いやすさを考えた「消えるページ番号」

「まとめテスト」は、算数の主要な観点である「知識（理解）」（わかる）、「技能」（できる）、「数学的な考え方」（考えられる）問題に分類しています。

これは、「計算はまちがえたが、計算のしくみや意味は理解している」「計算はできるが、文章題はできない」など、どこでつまずいているのかをつかみ、くり返し練習して学力の向上へと導くものです。十分にご活用ください。

「おぼえているかな」は、前学年のおさらいをして、当該学年の内容をより理解しやすいようにしました。すべての学年に掲載されていませんが、算数は系統的な教科なので前学年の内容が理解できると今の学年の学習が理解しやすくなります。小数の計算が苦手なのは、整数の計算が苦手なことが多いです。前学年の内容をおさらいすることは重要です。

本文には、小社独自の手書き風のやさしい文字を使っています。子どもたちに見やすく、きれいな字のお手本にもなるようにしました。

また、学校で「コピーして配れる」プリントです。コピーすると、プリント下部の「ページ番号が消える」ようにしました。余計な時間を省き、忙しい中でも「そのまま使える」ようにしました。

本書「初級算数習熟プリント」を活用いただき、基礎力を充実させていただければ幸いです。

学力の基礎をきたえどの子も伸ばす研究会

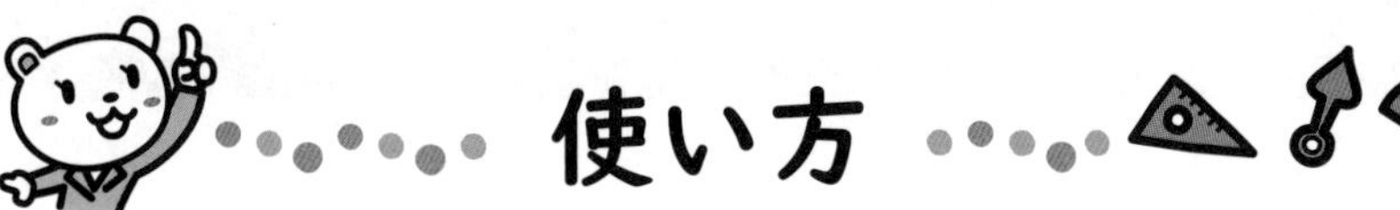

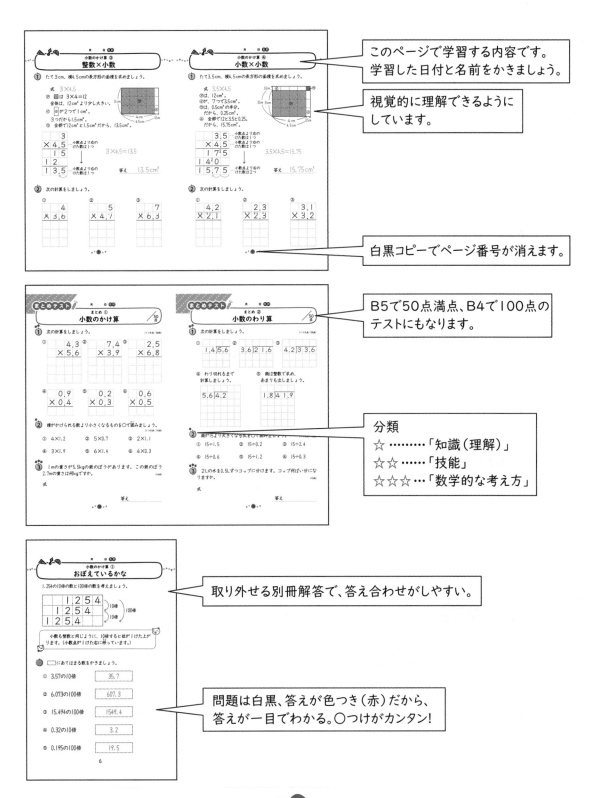

このページで学習する内容です。
学習した日付と名前をかきましょう。

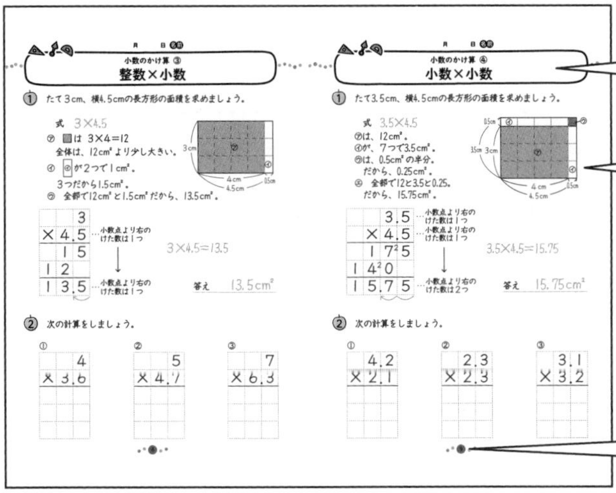

視覚的に理解できるように
しています。

白黒コピーでページ番号が消えます。

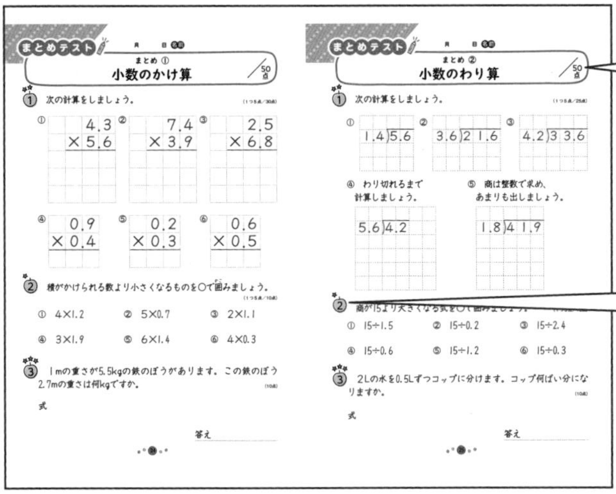

B5で50点満点、B4で100点の
テストにもなります。

分類
☆ ………「知識(理解)」
☆☆ ……「技能」
☆☆☆…「数学的な考え方」

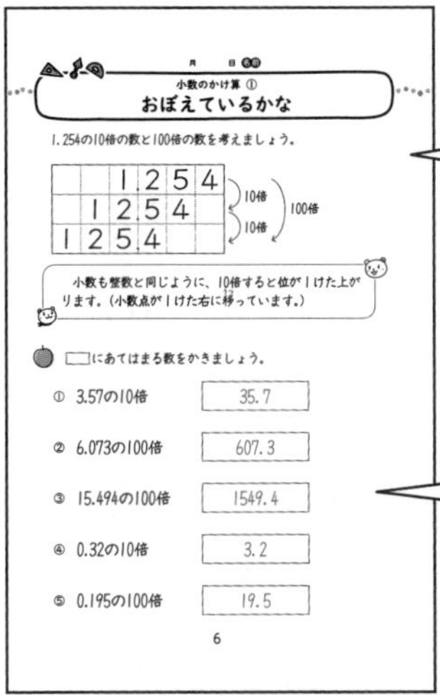

取り外せる別冊解答で、答え合わせがしやすい。

問題は白黒、答えが色つき(赤)だから、
答えが一目でわかる。○つけがカンタン!

初級算数習熟プリント５年生　もくじ

小数のかけ算 ①〜⑧ ………………………… 6
おぼえているかな／整数×小数／小数×小数／0や小数点のしょり
真小数×真小数／積の大小

小数のわり算 ①〜⑩ ………………………… 14
整数÷小数／小数÷小数／わり進み／あまりを求める／商を四捨五入

まとめテスト 小数のかけ算／小数のわり算 ………… 24

整数の性質 ①〜⑱ ………………………… 26
奇数と偶数／倍　数／公倍数／最小公倍数／最小公倍数を求める
約　数／公約数／最大公約数／最大公約数を求める

まとめテスト 整数の性質 ………………………… 44

分　数 ①〜⑥ ………………………… 46
約　分／通　分／通分の練習

分数のたし算 ①〜⑩ ………………………… 52
2つの数をかける型／一方の数に合わせる型／その他の型／帯分数
いろいろな型／答えに約分あり

分数のひき算 ①〜⑩ ………………………… 62
2つの数をかける型／一方の数に合わせる型／その他の型／帯分数
いろいろな型／答えに約分あり

まとめテスト 分数のたし算／分数のひき算 ………… 72

小数と分数 ①〜④ ………………………… 74
わり算と分数／小数と分数／わり算・小数・分数

図形の合同 ①〜⑩ ………………………… 78
合同とは／ちょう点、辺、角／合同な三角形／三角形のかき方
三角形をかく／四角形のかき方

まとめテスト 図形の合同 ………………………… 88

図形の性質 ①〜⑧ ………………………… 90
三角形の角／四角形の角／多角形の角／円周とは／円周の長さ
直径を求める／周りの長さ

まとめテスト 図形の性質 ………………………… 98

体　積 ①〜⑧ ………………………………… 100
体積の求め方（cm^3）／直方体の体積／立方体の体積
直方体・立方体の体積／組み合わせた形／体積の求め方（m^3）
$1m^3=1000000cm^3$

まとめテスト 体　積 ………………………………… 108

角柱と円柱 ①〜④ ………………………………… 110
角柱・円柱とは／角柱・円柱の性質／角柱の展開図／円柱の展開図

単位量あたりの大きさ ①〜⑩ ………………………………… 114
平均とは／平均を求める／混みぐあい／1mあたり／1本あたり
$1m^2$あたり／1mあたり／1Lあたり／$1km^2$あたり

速　さ ①〜⑩ ………………………………… 124
速さ比べ／速さを求める／道のりを求める／時間を求める
秒速・分速・時速／いろいろな問題

まとめテスト 単位あたりの大きさ／速　さ ………………………………… 134

図形の面積 ①〜⑫ ………………………………… 136
平行四辺形／三角形／台形／ひし形／等しい面積

まとめテスト 図形の面積 ………………………………… 148

割合とグラフ ①〜⑫ ………………………………… 150
割　合／百分率／比べられる量／もとにする量／ねだんで比べる
いろいろな問題／帯グラフ／円グラフ

まとめテスト 割合とグラフ ………………………………… 162

かんたんな比例 ①〜② ………………………………… 164
比例とは

別冊解答

月　　日 名前

小数のかけ算 ①

おぼえているかな

1.254の10倍の数と100倍の数を考えましょう。

		1.	2	5	4
	1	2.	5	4	
1	2	5.	4		

10倍　10倍　100倍

小数も整数と同じように、10倍すると位が1けた上がります。(小数点が1けた右に移(うつ)っています。)

□にあてはまる数をかきましょう。

① 3.57の10倍 □

② 6.073の100倍 □

③ 15.494の100倍 □

④ 0.32の10倍 □

⑤ 0.195の100倍 □

月　　日 名前

小数のかけ算 ②

おぼえているかな

□にあてはまる数をかきましょう。

① 312.5の$\frac{1}{10}$ （$\frac{1}{10}$にするときは、小数点を1けた左に移します。） 31.25

② 312.5の$\frac{1}{100}$ （$\frac{1}{100}$にするときは、小数点を2けた左に移します。） 3.125

③ 3.6の$\frac{1}{10}$ □

④ 0.01の$\frac{1}{10}$ □

⑤ 37.6の$\frac{1}{100}$ □

⑥ 9.9の$\frac{1}{100}$ □

⑦ 68.3の$\frac{1}{10}$ □

⑧ 237の$\frac{1}{100}$ □

⑨ 50.8の$\frac{1}{100}$ □

⑩ 6.2の$\frac{1}{100}$ □

月　　日 名前

小数のかけ算 ③

整数×小数

1 たて3cm、横4.5cmの長方形の面積を求めましょう。

式　3×4.5

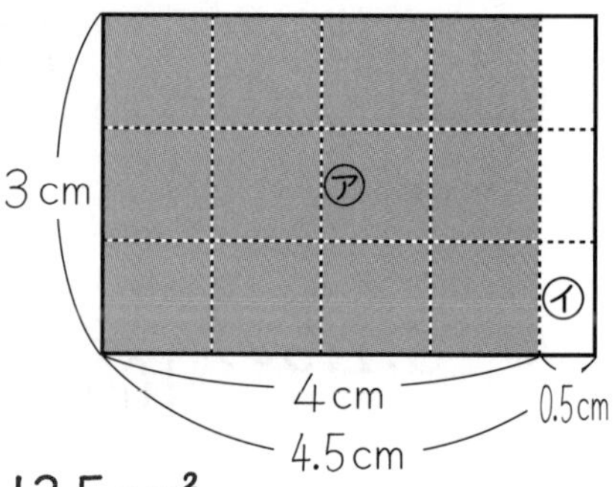

㋐　■は　3×4＝12

全体は、12cm²より少し大きい。

㋑　㋑が2つで1cm²。

3つだから1.5cm²。

㋒　全部で12cm²と1.5cm²だから、13.5cm²。

		3
×	4.	5
	1	5
1	2	
1	3.	5

…小数点より右のけた数は1つ

↓

…小数点より右のけた数は1つ

3×4.5＝13.5

答え　13.5cm²

2 次の計算をしましょう。

①

		4
×	3.	6

②

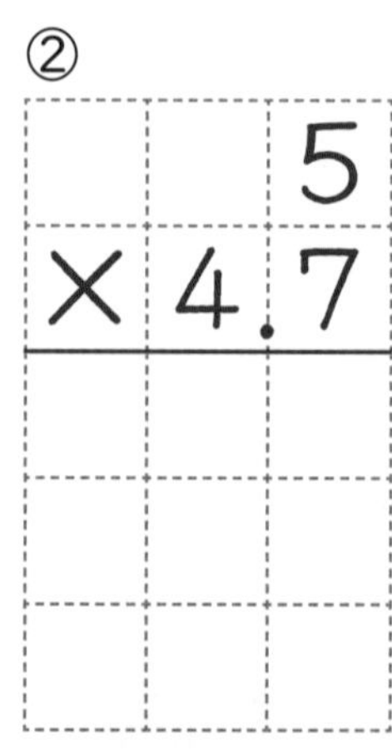

		5
×	4.	7

③

		7
×	6.	3

月　　日 名前

小数のかけ算 ④

小数×小数

1 たて3.5cm、横4.5cmの長方形の面積を求めましょう。

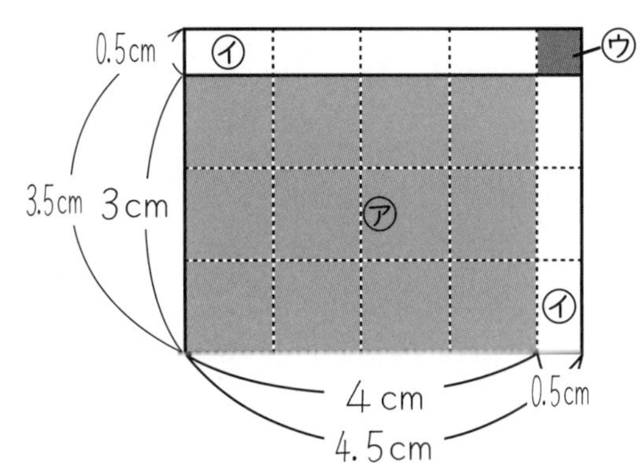

式　3.5×4.5

㋐は、12cm²。
㋑が、7つで3.5cm²。
㋒は、0.5cm²の半分。
だから、0.25cm²。
㋓　全部で12と3.5と0.25。
だから、15.75cm²。

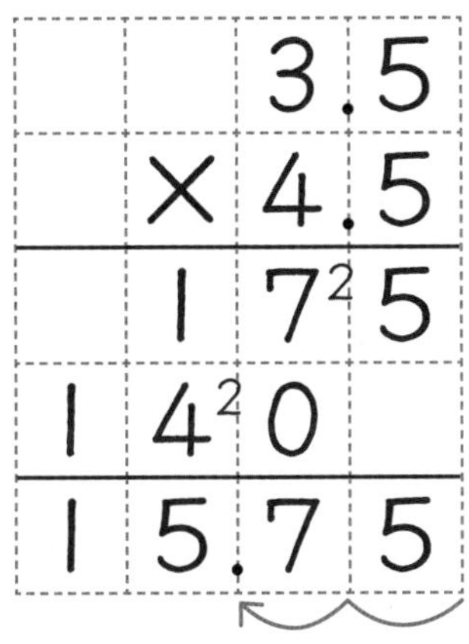

…小数点より右のけた数は1つ
…小数点より右のけた数は1つ
…小数点より右のけた数は2つ

3.5×4.5＝15.75

答え　15.75cm²

2 次の計算をしましょう。

①

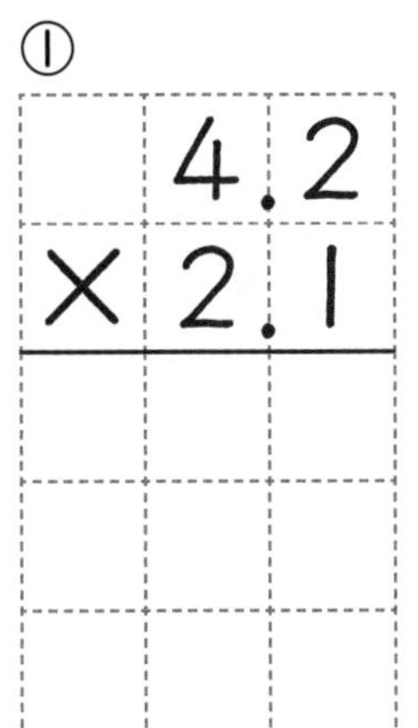

②

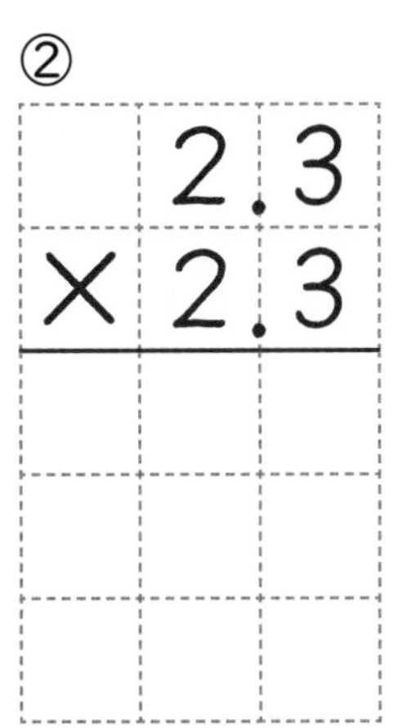

③

	3	.1
×	3	.2

月　　日 名前

小数のかけ算 ⑤

小数×小数

次の計算をしましょう。

①

$$\begin{array}{r} 1.8 \\ \times\ 4.3 \\ \hline \end{array}$$

②

$$\begin{array}{r} 1.7 \\ \times\ 4.5 \\ \hline \end{array}$$

③

$$\begin{array}{r} 1.9 \\ \times\ 3.5 \\ \hline \end{array}$$

④

$$\begin{array}{r} 2.8 \\ \times\ 8.4 \\ \hline \end{array}$$

⑤

$$\begin{array}{r} 6.9 \\ \times\ 8.9 \\ \hline \end{array}$$

⑥

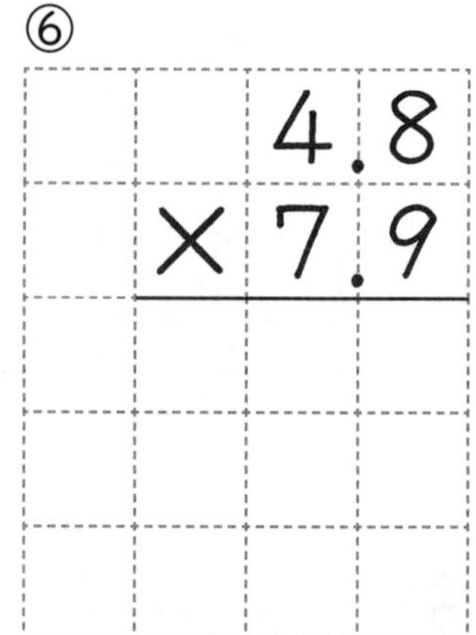

$$\begin{array}{r} 4.8 \\ \times\ 7.9 \\ \hline \end{array}$$

⑦

$$\begin{array}{r} 2.6 \\ \times\ 4.8 \\ \hline \end{array}$$

⑧

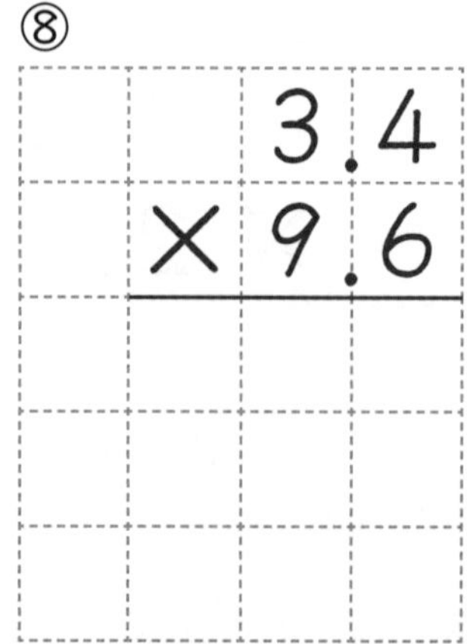

$$\begin{array}{r} 3.4 \\ \times\ 9.6 \\ \hline \end{array}$$

⑨

$$\begin{array}{r} 3.9 \\ \times\ 6.3 \\ \hline \end{array}$$

月　日　名前

小数のかけ算 ⑥

0や小数点のしょり

次の計算をしましょう。

①

		5.	4
	×	7.	5
	2	7	0
3	7	8	
4	0.	5	0

…小数点があるとき
右はしの0は消す。

②

		2.	5
	×	6.	2

③

		3.	6
	×	9.	5

④

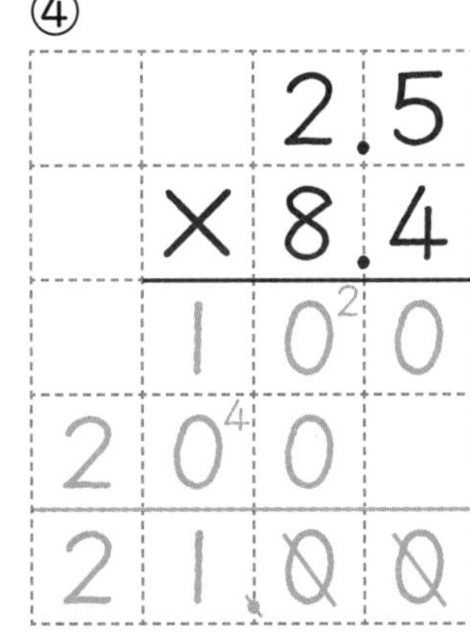

⑤

		3.	6
	×	7.	5

⑥

		6.	8
	×	2.	5

⑦

		2.	5
	×	4.	8

月　　日 名前

小数のかけ算 ⑦

真小数×真小数

次の計算をしましょう。

①

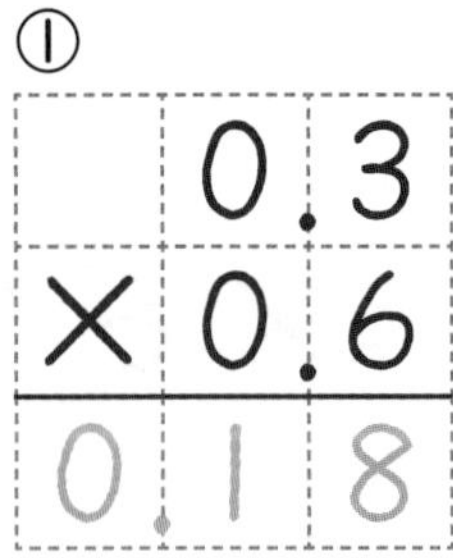

	0.	3
×	0.	6
0.	1	8

小数点より下のけた数が2つになるように、0と小数点をかく。

②

	0.	7
×	0.	3

③

	0.	8
×	0.	6

④

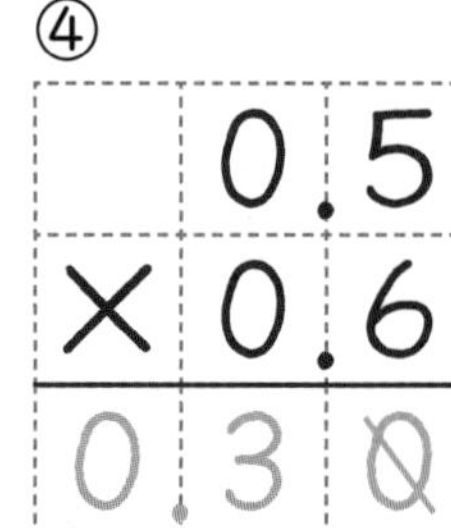

	0.	5
×	0.	6
0.	3	0

小数点より下のけた数が2つになるように、0と小数点をかく。
右はしの0を消す。

⑤

	0.	5
×	0.	2

⑥

	0.	5
×	0.	8

⑦

	0.	6
×	0.	5

⑧

	0.	2
×	0.	3
0.	0	6

小数点より下のけた数が2つになるように、0と小数点をかく。

⑨

	0.	4
×	0.	2

月　　日 名前

小数のかけ算 ⑧

積の大小

1 積が2.5より大きくなるもの、同じもの、小さくなるものを選び、(　　)の中に①〜⑤の番号をかきましょう。

① 2.5×1.2　　② 2.5×1.1

③ 2.5×1　　④ 2.5×0.9

⑤ 2.5×0.8

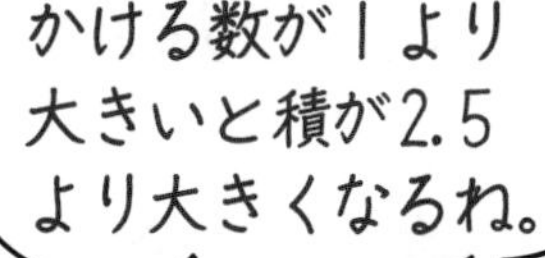
かける数が1より
大きいと積が2.5
より大きくなるね。

㋐ 大きくなるもの (　　　　　　)

㋑ 同じもの (　　　　　　)

㋒ 小さくなるもの (　　　　　　)

2 積が、かけられる数より小さくなるものを、○で囲(かこ)みましょう。

① 5×0.3　　② 7×3　　③ 4×0.6

④ 3×0.7　　⑤ 6×1.9　　⑥ 9×4.5

3 1mが4.5gの重さのはり金があります。6.3mの重さは、何gですか。

式

答え

小数のわり算 ①

整数÷小数

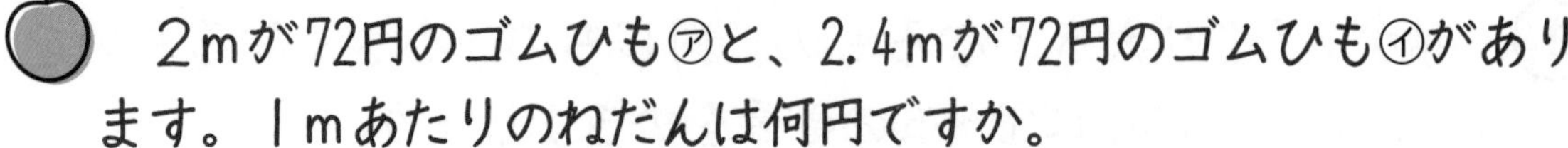

2mが72円のゴムひも㋐と、2.4mが72円のゴムひも㋑があります。1mあたりのねだんは何円ですか。

1mあたりのねだんを出すので、わり算をします。

式　代金 ÷ 長さ ＝ 1mあたりのねだん

㋐　72 ÷ 2 ＝ □

㋑　72 ÷ 2.4 ＝ □

㋐

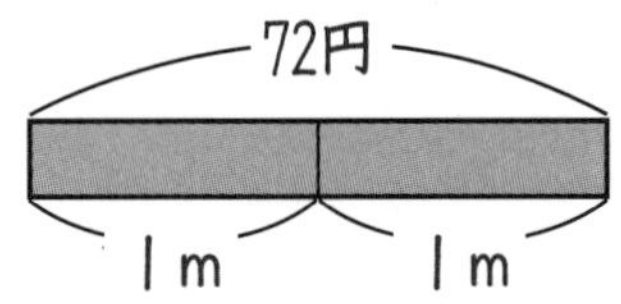

㋑

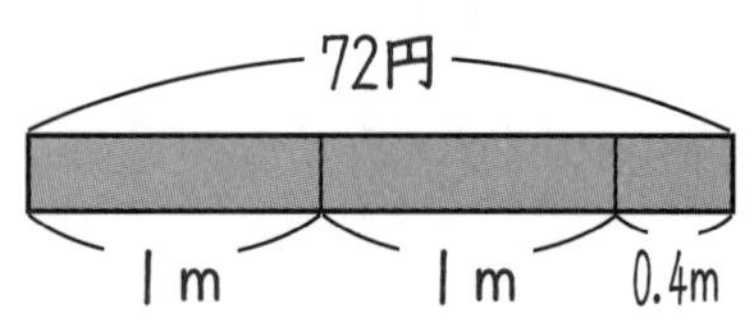

(0.1mが24こある)

```
   36
2)72
  6
  12
  12
   0
```

```
      30
2.4)72.0
    72
      0
```

①　②

・計算のしかた・

① わる数の小数点を右へ1けた移(うつ)します。

② わられる数も①と同じように小数点を右へ1けた移します。(0をつけます。)

答え　　　　円

答え　　　　円

月　　日 名前

小数のわり算 ②
整数÷小数

次の計算をしましょう。

①

3.2)16.0 → 答え 5
160
0

- わる数（3.2）の小数点を、1けた右へ移す。
- わられる数（16.）の小数点を1けた右へ移す（0をつける）。

※実際(じっさい)には16なので、小数点はありません。

②

4.5)27

③

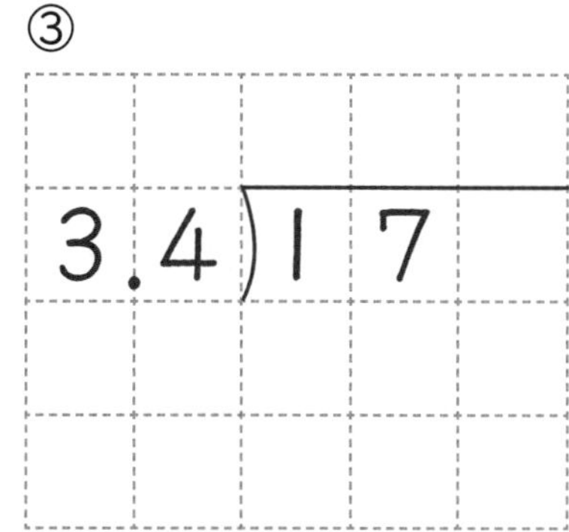

3.4)17

④

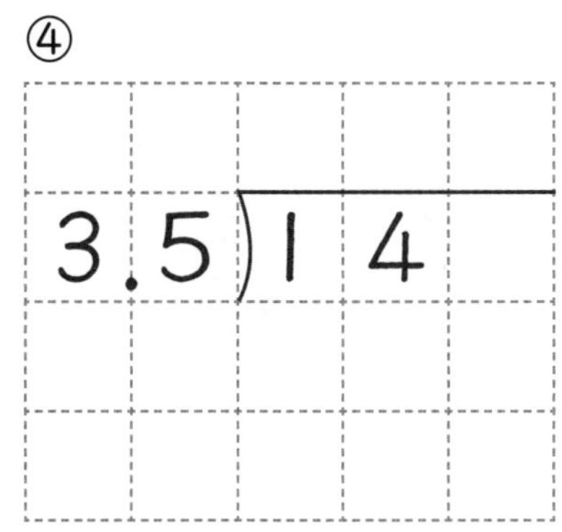

3.5)14

⑤

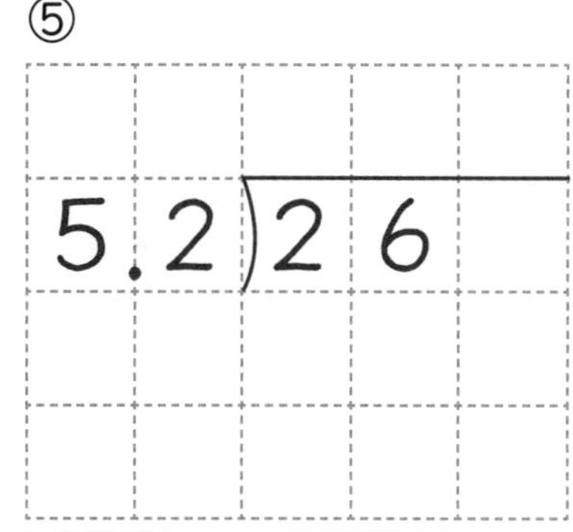

5.2)26

月　日 名前

小数のわり算 ③

小数÷小数

次の計算をしましょう。

①

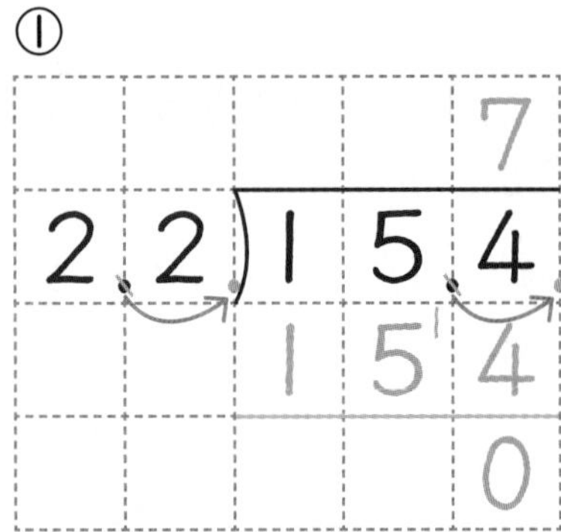

- わる数(2.2)の小数点を、1けた右へ移(うつ)す。
- わられる数(15.4)の小数点を、1けた右へ移す。

②

5.2)20.8

③

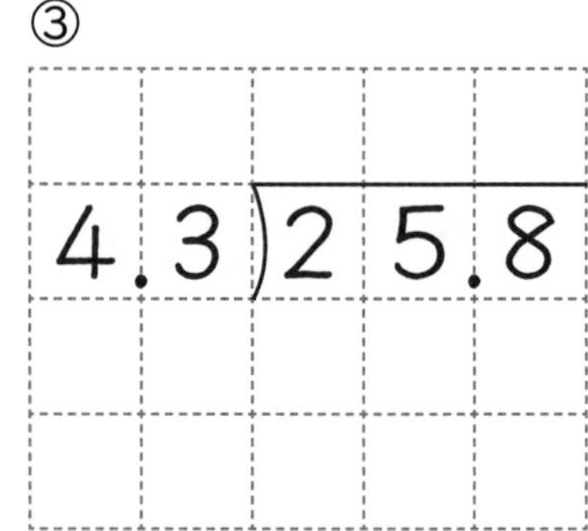

④

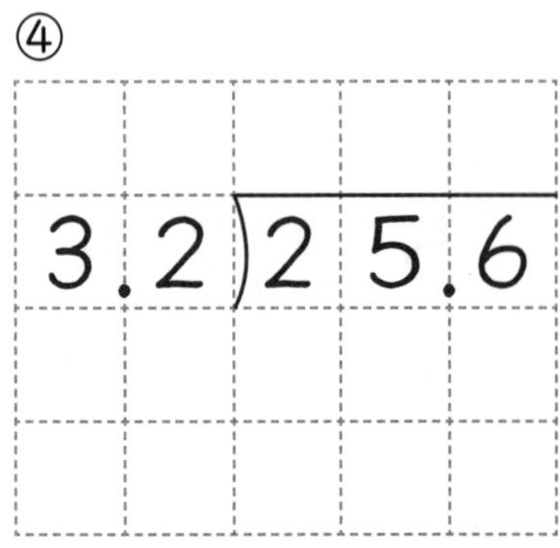

⑤

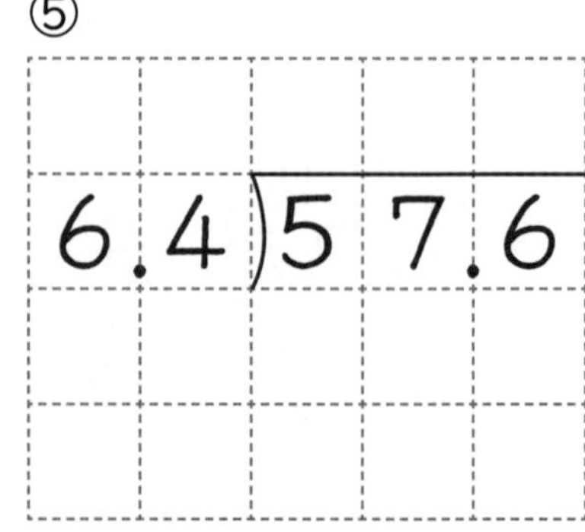

月　　日 名前

小数のわり算 ④

小数÷小数

次の計算をしましょう。

① $1.3\overline{)18.2}$

14
13
52
52
0

- わる数（1.3）の小数点を、1けた右へ移す。
- わられる数（18.2）の小数点を、1けた右へ移す。

② $1.8\overline{)23.4}$

③ $2.4\overline{)28.8}$

④ $1.2\overline{)25.2}$

⑤ $2.1\overline{)67.2}$

小数のわり算 ⑤

わり進み

わり切れるまで計算をしましょう。

①

$$\begin{array}{r} 8.5 \\ 0.2\overline{)1.7} \\ 16 \\ \hline 10 \\ 10 \\ \hline 0 \end{array}$$

㋐ わる数、わられる数の小数点を移(うつ)す。

㋑ わり進むとき0を下ろす。

㋒ わられる数の移した小数点の上に、商の小数点をうつ。

② $0.5\overline{)3.6}$

③ $0.4\overline{)2.6}$

④ $0.8\overline{)5.2}$

⑤ $0.6\overline{)2.7}$

月　日 名前

小数のわり算 ⑥
わり進み

わり切れるまで計算をしましょう。

① $3.5 \div 2.5 = 1.4$

```
         1.4
    ┌─────
2.5 ) 3.5
      2 5
      1 0 0
      1 0 0
          0
```

② $1.4 \overline{)7.7}$

③ $2.6 \overline{)9.1}$

④ $4.5 \overline{)8.1}$

⑤ $2.8 \overline{)4.2}$

⑥ $1.5 \overline{)9.9}$

月　　日 名前

小数のわり算 ⑦
わり進み

わり切れるまで計算をしましょう。

①

0.5
0.8)0.4 0
　　4 0
　　　0

- わる数、わられる数の小数点を1けた右へ移(うつ)す。
- 一の位に商がたたないので、0と小数点をかいて、次へ進む。
- 小数第一位に商をたてて計算する。

②

0.5)0.3

③

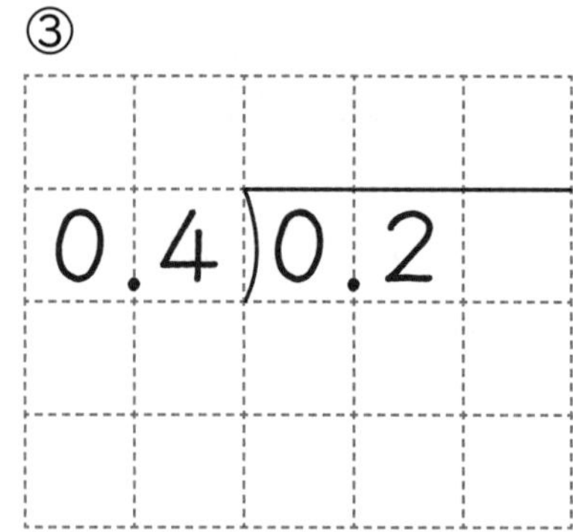

④

1.5)0.3

⑤

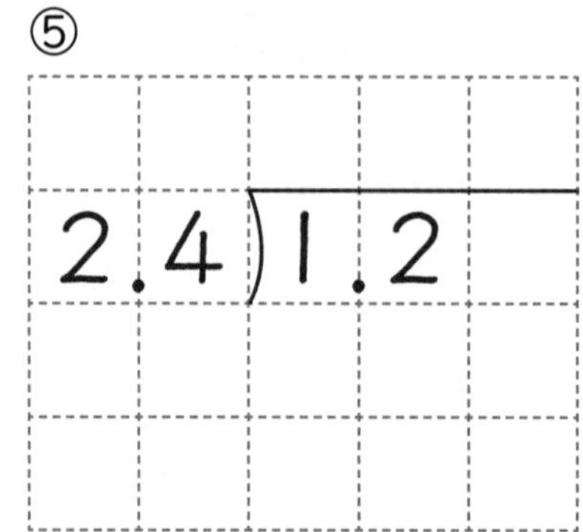

月　　日 名前

小数のわり算 ⑧

わり進み

わり切れるまで計算をしましょう。

① $6.4 \overline{)4.8}$

$$
\begin{array}{r}
0.75 \\
6.4\overline{)4.80} \\
4\,48 \\ \hline
320 \\
320 \\ \hline
0
\end{array}
$$

② $2.5 \overline{)2.3}$

③ $1.2 \overline{)0.9}$

④ $5.6 \overline{)9.8}$

⑤ $3.6 \overline{)5.4}$

小数のわり算 ⑨

あまりを求める

商を整数（一の位）で出し、あまりも出しましょう。

①

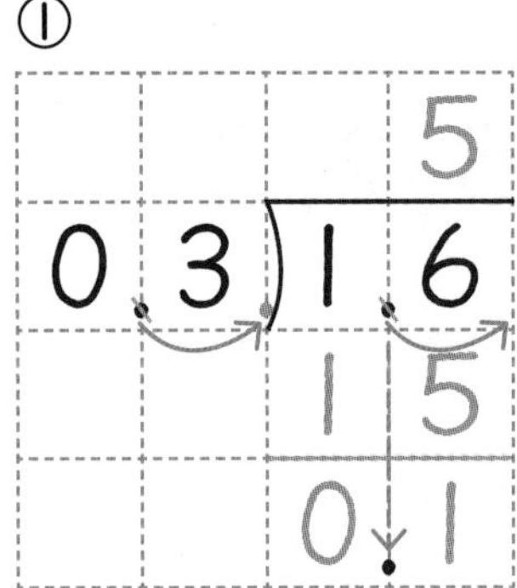

・あまりは、もとの小数点を下ろします。

② 0.5)2.8

③ 0.7)2

④ 1.4)2

⑤ 2.6)5.8

⑥ 1.8)43.7

		2	4
1.8)	4	3.	7
	3	6	
		7	7
		7	2
		0.	5

⑦ 0.3)17.3

⑧ 0.8)57.1

小数のわり算 ⑩

商を四捨五入

商は、上から2けたのがい数で表しましょう。(上から3けためを四捨五入(ししゃごにゅう)します。)

①

$$
\begin{array}{r}
2.28 \\
0.7\overline{)1.6} \\
1\,4 \\
\hline
2\,0 \\
1\,4 \\
\hline
6\,0 \\
5\,6 \\
\hline
4
\end{array}
$$

(答え: 2.3)

②

$1.2\overline{)3.4}$

③

$1.7\overline{)7.3}$

④

$3.3\overline{)4.1}$

まとめテスト

月　　日 名前

まとめ ①

小数のかけ算

／50点

① 次の計算をしましょう。

（1つ5点／30点）

① 4.3×5.6

② 7.4×3.9

③ 2.5×6.8

④ 0.9×0.4

⑤ 0.2×0.3

⑥ 0.6×0.5

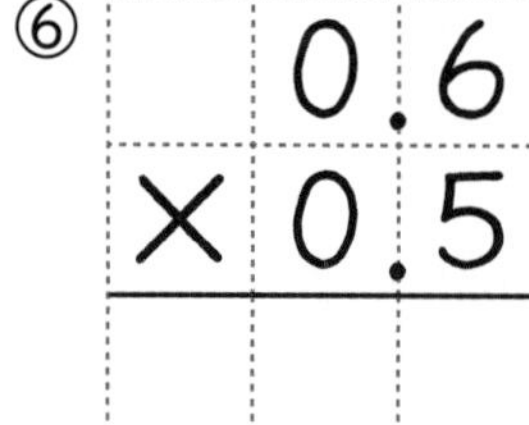

② 積がかけられる数より小さくなるものを○で囲（かこ）みましょう。

（1つ5点／10点）

① 4×1.2　② 5×0.7　③ 2×1.1

④ 3×1.9　⑤ 6×1.4　⑥ 4×0.3

③ 1mの重さが5.5kgの鉄のぼうがあります。この鉄のぼう2.7mの重さは何kgですか。

（10点）

式

答え

まとめテスト　　月　　日　名前

まとめ ②

小数のわり算

/50点

① 次の計算をしましょう。

（1つ5点／25点）

① 1.4)5.6　　② 3.6)21.6　　③ 4.2)33.6

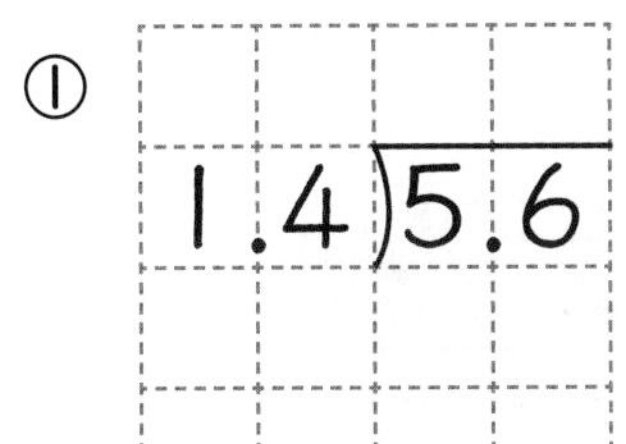

④ わり切れるまで計算しましょう。

5.6)4.2

⑤ 商は整数で求め、あまりも出しましょう。

1.8)41.9

② 商が15より大きくなる式を○で囲みましょう。

（1つ5点／15点）

① 15÷1.5　　② 15÷0.2　　③ 15÷2.4

④ 15÷0.6　　⑤ 15÷1.2　　⑥ 15÷0.3

③ 2Lの水を0.5Lずつコップに分けます。コップ何ばい分になりますか。

（10点）

式

答え

整数の性質 ①

奇数と偶数

出席番号順に、席に着きました。

先生

18	17	10	9	2	1
20	19	12	11	4	3
22	21	14	13	6	5
24	23	16	15	8	7

① 左側の列の数を、2でわってみましょう。

$2 \div 2 = 1$

$4 \div 2 = 2$

$6 \div 2 = 3$

⋮

$22 \div 2 = \square$

$24 \div 2 = \square$

② 右側の列の数を、2でわってみましょう。

$1 \div 2 = 0$ あまり 1

$3 \div 2 = 1$ あまり 1

$5 \div 2 = 2$ あまり 1

⋮

$21 \div 2 = \square$ あまり $\square$

$23 \div 2 = \square$ あまり $\square$

2でわり切れる整数を、偶数（ぐうすう）といいます。
2でわり切れない整数を、奇数（きすう）といいます。
0は偶数とします。

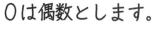

月　　日 名前

整数の性質 ②

奇数と偶数

1 0～11の数を、偶数と奇数に分けてかきましょう。

偶数（　　　　　　　　　　　　　　　）

奇数（　　　　　　　　　　　　　　　）

2 次の整数を、偶数と奇数に分けてかきましょう。

35、36、63、64、88、89、90、91

偶数（　　　　　　　　　　　　　　　）

奇数（　　　　　　　　　　　　　　　）

3 偶数か奇数かは、一の位の数でわかります。次の数が、偶数なら「ぐ」、奇数なら「き」を（　　）にかきましょう。

① 892（　　　）　② 3569（　　　）

③ 4501（　　　）　④ 37776（　　　）

⑤ 837504（　　　）

⑥ 9988773（　　　）

⑦ 26584431（　　　）

⑧ 26853396（　　　）

月　　日 名前

整数の性質 ③

倍　数

2を整数倍（2×1、2×2、2×3、……）してできる数（2、4、6、……）を2の倍数といいます。倍数のとき、0はのぞきます。

1 2の倍数に○をつけましょう。

1、2、3、4、5、6、7、8、9、10、

11、12、13、14、15、16、17、18、19、20、

21、22、23、24、25、26、27、28　……

2 3の倍数に○をつけましょう。

1、2、3、4、5、6、7、8、9、10、

11、12、13、14、15、16、17、18、19、20、

21、22、23、24、25、26、27、28　……

3 4の倍数を小さい方から3つかきましょう。

〈ヒント〉
4×1＝4
4×2＝8
4×3＝12
⋮

月　　日 名前

整数の性質 ④

倍　数

次の倍数を小さい方から、3つかきましょう。

① 5の倍数

5×1＝□、5×2＝□、5×3＝□

② 6の倍数

6×1＝□、6×2＝□、6×3＝□

③ 7の倍数

7×1＝□、7×2＝□、7×3＝□

④ 8の倍数

8×1＝□、8×2＝□、8×3＝□

⑤ 9の倍数

9×1＝□、9×2＝□、9×3＝□

⑥ 10の倍数

10×1＝□、10×2＝□、10×3＝□

⑦ 11の倍数

11×1＝□、11×2＝□、11×3＝□

整数の性質 ⑤

公倍数

2の倍数にも3の倍数にもなっている数を
2と3の公倍数といいます。

1 2の倍数、3の倍数の両方にある数を見つけましょう。

2の倍数　2、4、6、8、10、12、14、16、18……

3の倍数　3、6、9、12、15、18、21……

2と3の公倍数を、かきましょう。

2 次の数の公倍数を、下の数から見つけましょう。

① 3と4の公倍数

3の倍数　3、6、9、12、15、18、21、24、27…

4の倍数　4、8、12、16、20、24、28、32……

3と4の公倍数（　　　　　　　　）

② 2と4の公倍数

2の倍数　2、4、6、8、10、12、14、16……

4の倍数　4、8、12、16……

2と4の公倍数（　　　　　　　　）

月　　日 名前

整数の性質 ⑥
公倍数

次の数の公倍数を、下の数から見つけましょう。

① 3と6の公倍数

3の倍数　3、6、9、12、15、18……

6の倍数　6、12、18……

3と6の公倍数は（　　　　　　　）

② 6と9の公倍数

6の倍数　6、12、18、24、30、36……

9の倍数　9、18、27、36……

6と9の公倍数は（　　　　　　　）

③ 8と10の公倍数

8の倍数　8、16、24、32、40、48……

10の倍数　10、20、30、40、50……

8と10の公倍数は（　　　　　　　）

整数の性質 ⑦

最小公倍数

公倍数のうち、一番小さい数を最小公倍数といいます。

次の公倍数の中から、最小公倍数を見つけましょう。

① 2と3の公倍数

6、12、18、…

2と3の最小公倍数は（　　　　）

② 3と4の公倍数

12、24、36、…

3と4の最小公倍数は（　　　　）

③ 2と4の公倍数

4、8、12、16、…

2と4の最小公倍数は（　　　　）

④ 3と6の公倍数

6、12、18、24、…

3と6の最小公倍数は（　　　　）

整数の性質 ⑧

最小公倍数を求める

最小公倍数の求め方①

2つの数をかける型

2と3の最小公倍数

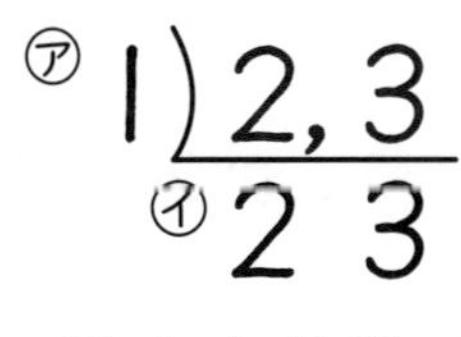

最小公倍数6

㋐　2と3をわれる数を見つける。

1

㋑　2÷1、3÷1の答えを下にかく。

㋒　1×2×3の積（かけ算の答え）6が最小公倍数。

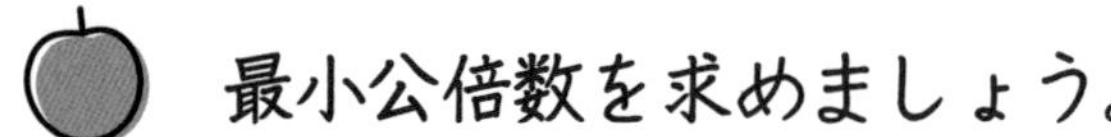

最小公倍数を求めましょう。

① 1) 3,2 → (　　)
　　3　2

② 3,5 → (　　)

③ 4,5 → (　　)

④ 4,7 → (　　)

⑤ 5,6 → (　　)

⑥ 2,5 → (　　)

⑦ 6,7 → (　　)

⑧ 7,3 → (　　)

整数の性質 ⑨

最小公倍数を求める

最小公倍数の求め方②

一方の数に合わせる型（かた）

2と4の最小公倍数

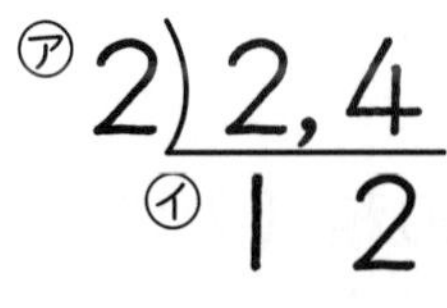

最小公倍数4

㋐　2と4をわれる数を見つける。

2

㋑　2÷2、4÷2の答えを下にかく。

㋒　2×1×2の積4が最小公倍数。

最小公倍数を求めましょう。

① 4,2 →（　　）　2）4,2　2 1

② 3,6 →（　　）

③ 4,8 →（　　）

④ 9,3 →（　　）

⑤ 5,10 →（　　）

⑥ 12,6 →（　　）

⑦ 7,14 →（　　）

⑧ 6,2 →（　　）

整数の性質 ⑩

最小公倍数を求める

最小公倍数の求め方③

その他の型

4と6の最小公倍数

㋐ 2) 4, 6
㋑ 　 2　3

最小公倍数12

㋐　4と6をわれる数を見つける。

2

㋑　4÷2、6÷2の答えを下にかく。

㋒　2×2×3の積12が最小公倍数。

最小公倍数を求めましょう。

① 2) 6, 4 → (　　)
　 　 3　2

② 6, 9 → (　　)

③ 6, 8 → (　　)

④ 4, 10 → (　　)

⑤ 8, 12 → (　　)

⑥ 10, 15 → (　　)

⑦ 12, 9 → (　　)

⑧ 15, 20 → (　　)

月　　日 名前

整数の性質 ⑪

約　数

12をわり切ることができる整数を、12の約数といいます。

12の約数について考えましょう。□に式をかきましょう。

12を１でわります。 ⟶ 12÷１＝12 わり切れます。

答えの12でも、わり切れますね。

□ わり切れます。

１ と 12 が約数です。

12を２でわります。 ⟶ □ わり切れます。

２ と ６ も約数です。

12を３でわります。 ⟶ □ わり切れます。

３ と ４ も約数です。

３の次の整数は４です。もうわる数は“おしまい”。

12の約数（１とその数は、いつも約数になる）

①、②、③、④、５、⑥、７、８、９、10、11、⑫

約数を２つずつ見つけていきます。

月　　日 名前

整数の性質 ⑫

約　数

1 次の数の約数に○をつけましょう。

① 2の約数　1、2

② 3の約数　1、2、3

③ 10の約数　1、2、3、4、5、6、7、8、9、10

2 次の数の約数を全部かきましょう。

① 15の約数　□□□□

② 16の約数　□□□□□

③ 18の約数　□□□□□□

④ 20の約数　□□□□□□

⑤ 21の約数　□□□□

月　　日 名前

整数の性質 ⑬

公約数

1 8と12の約数について考えましょう。

8の約数	1、2、4、8
12の約数	1、2、3、4、6、12

8の約数と12の約数の中で、共通する数をかきましょう。

（　　，　　，　　）

1、2、4のように、8と12に共通な約数を、8と12の公約数といいます。

2 次の数の公約数をかきましょう。

① 4と6の公約数（　　，　　）

4の約数	1、2、4
6の約数	1、2、3、6

② 12と16の公約数（　　，　　，　　）

12の約数	1、2、3、4、6、12
16の約数	1、2、4、8、16

月　　日 名前

整数の性質 ⑭

公約数

次の数の公約数を求めましょう。

① 10と15の公約数（　　,　　）

10の約数

15の約数

② 12と18の公約数（　　,　　,　　,　　）

12の約数

18の約数

③ 20と８の公約数（　　,　　,　　）

20の約数

８の約数

④ 16と24の公約数（　　,　　,　　,　　）

16の約数

24の約数

⑤ ５と９の公約数（　　）

５の約数

９の約数

月　　日 名前

整数の性質 ⑮

最大公約数

公約数のうち、一番大きい数を
最大公約数といいます。

次の最大公約数を求めましょう。

① 12と4の最大公約数 (　　　　)

12と4の公約数　1、2、4

② 14と8の最大公約数 (　　　　)

14と8の公約数　1、2

③ 20と10の最大公約数 (　　　　)

20と10の公約数　1、2、5、10

④ 24と12の最大公約数 (　　　　)

24と12の公約数　1、2、3、4、6、12

⑤ 10と30の最大公約数 (　　　　)

10と30の公約数　1、2、5、10

月　　日 名前

整数の性質 ⑯

最大公約数を求める

最大公約数を計算で求めましょう。

①
㋐ 2）12,4
㋑ 2）6,2
　　3　1

㋐ 12と4を2でわります。
下に答えをかきます。
㋑ また2でわります。
3と1をわる数は1だけです。
“おしまい”。

左側の数をかけます。

2×2＝4　最大公約数は（　4　）

②
2）20,10
5）10,5
　　2　1

最大公約数は（　　　）
2×5

③
2）24,12
2）12,6
3）6,3
　　2　1

最大公約数は（　　　）

まず、÷2をします。また÷2をします。できなかったら÷3をします。また÷3をします。できなかったら÷5をします。÷7、÷11、があるかもしれません。

月　　日 名前

整数の性質 ⑰

最大公約数を求める

次の数の最大公約数を求めましょう。

① 4, 6 (　　　)

$$\begin{array}{r|rr} 2 & 4, & 6 \\ \hline & 2 & 3 \end{array}$$

② 8, 6 (　　　)

③ 14, 8 (　　　)

④ 20, 12 (　　　)

⑤ 24, 10 (　　　)

⑥ 28, 20 (　　　)

⑦ 28, 8 (　　　)

⑧ 18, 24 (　　　)

月　　日 名前

整数の性質 ⑱

最大公約数を求める

次の数の最大公約数を求めましょう。

① 9,27 (　　　)　　② 16,20 (　　　)

③ 30,20 (　　　)　　④ 16,8 (　　　)

⑤ 21,28 (　　　)　　⑥ 22,33 (　　　)

⑦ 3,4 (　　　)　　⑧ 5,7 (　　　)

まとめテスト　月　日 名前

まとめ ③

整数の性質

/50点

1 次の数の倍数を、小さい方から３つかきましょう。（1つ5点／10点）

① 4（　　　　　　）

② 7（　　　　　　）

2 次の２つの数の公倍数を小さい方から３つかきましょう。（1つ5点／10点）

① 2、3（　　　　　　）

② 4、6（　　　　　　）

3 次の２つの数の最小公倍数を求めましょう。（1つ5点／30点）

① 3,5（　　）　② 9,4（　　）

③ 8,4（　　）　④ 5,15（　　）

⑤ 15,9（　　）　⑥ 12,8（　　）

まとめテスト　月　日 名前

まとめ ④

整数の性質

1 次の数の約数をすべてかきましょう。（1つ5点／10点）

① 9（　　　　）

② 24（　　　　）

2 次の２つの数の公約数をすべてかきましょう。（1つ5点／10点）

① 8、24（　　　　）

② 12、36（　　　　）

3 次の２つの数の最大公約数を求めましょう。（1つ5点／30点）

① 3,12（　　　）　② 24,8（　　　）

③ 16,24（　　　）　④ 20,30（　　　）

⑤ 18,27（　　　）　⑥ 21,35（　　　）

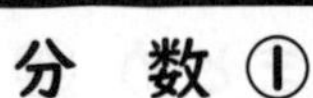

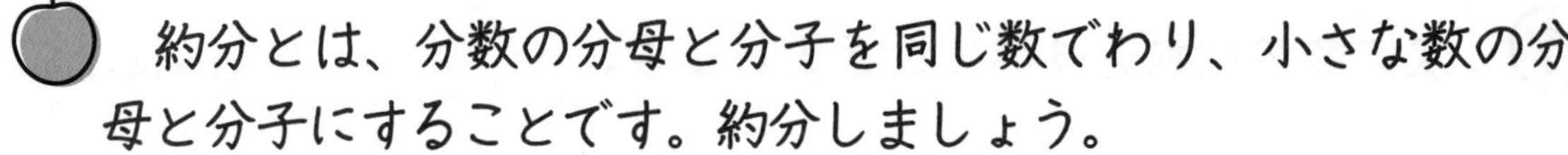

月　日 名前

分数①

約分

約分とは、分数の分母と分子を同じ数でわり、小さな数の分母と分子にすることです。約分しましょう。

2 でわる練習

① $\frac{2}{4}=\frac{1}{2}$　② $\frac{2}{6}=$　③ $\frac{10}{12}=$

④ $\frac{12}{14}=$　⑤ $\frac{8}{10}=$　⑥ $\frac{14}{20}=$

⑦ $\frac{8}{18}=$　⑧ $\frac{2}{8}=$　⑨ $\frac{4}{18}=$

3 でわる練習

① $\frac{3}{6}=\frac{1}{2}$　② $\frac{3}{9}=$　③ $\frac{6}{9}=$

④ $\frac{3}{12}=$　⑤ $\frac{3}{15}=$　⑥ $\frac{12}{15}=$

⑦ $\frac{6}{15}=$　⑧ $\frac{9}{15}=$　⑨ $\frac{9}{12}=$

分数②

約分

約分しましょう。

5 でわる練習

① $\frac{5}{15} = \frac{1}{3}$　② $\frac{5}{10} =$　③ $\frac{10}{15} =$

④ $\frac{5}{25} =$　⑤ $\frac{15}{25} =$　⑥ $\frac{10}{35} =$

⑦ $\frac{25}{35} =$　⑧ $\frac{5}{45} =$　⑨ $\frac{20}{45} =$

7 でわる練習

① $\frac{7}{21} = \frac{1}{3}$　② $\frac{7}{35} =$　③ $\frac{7}{28} =$

④ $\frac{21}{28} =$　⑤ $\frac{21}{35} =$　⑥ $\frac{14}{21} =$

⑦ $\frac{7}{42} =$　⑧ $\frac{7}{49} =$　⑨ $\frac{42}{49} =$

分数③

通　分

分数の分母をそろえることを通分するといいます。

次の分数を通分しましょう。大きい分数に○をつけましょう。

2つの数をかける型（かた）

① $\frac{1}{2}=\frac{1\times3}{2\times3}=\frac{3}{6}$ と $\frac{1}{3}=\frac{1\times2}{3\times2}=\frac{2}{6}$

② $\frac{1}{4}=\frac{1\times}{4\times}=\frac{\quad}{\quad}$ と $\frac{1}{3}=\frac{1\times}{3\times}=\frac{\quad}{\quad}$

③ $\frac{3}{4}=\frac{3\times}{4\times}=\frac{\quad}{\quad}$ と $\frac{4}{7}=\frac{4\times}{7\times}=\frac{\quad}{\quad}$

④ $\frac{2}{3}=\frac{2\times}{3\times}=\frac{\quad}{\quad}$ と $\frac{3}{5}=\frac{3\times}{5\times}=\frac{\quad}{\quad}$

⑤ $\frac{5}{6}=\frac{5\times}{6\times}=\frac{\quad}{\quad}$ と $\frac{2}{5}=\frac{2\times}{5\times}=\frac{\quad}{\quad}$

⑥ $\frac{3}{4}=\frac{3\times}{4\times}=\frac{\quad}{\quad}$ と $\frac{4}{5}=\frac{4\times}{5\times}=\frac{\quad}{\quad}$

分　数 ④

通　分

次の分数を通分しましょう。大きい分数に○をつけましょう。

一方の数に合わせる型

① $\frac{1}{2} = \frac{1 \times 2}{2 \times 2} = \frac{2}{4}$ と $\frac{3}{4}$

② $\frac{1}{2} = \frac{1 \times}{2 \times} = -$ と $\frac{5}{6}$

③ $\frac{3}{4} = \frac{3 \times}{4 \times} = -$ と $\frac{1}{8}$

④ $\frac{2}{3} = \frac{2 \times}{3 \times} = -$ と $\frac{5}{9}$

⑤ $\frac{1}{4} = \frac{1 \times}{4 \times} = -$ と $\frac{7}{12}$

⑥ $\frac{9}{10}$ と $\frac{4}{5} = \frac{4 \times}{5 \times} = -$

月　　日 名前

分　数⑤

通　分

次の分数を通分しましょう。大きい分数に○をつけましょう。

$$3 \enclose{longdiv}{\ \frac{1}{6}\ と\ \frac{1}{9}\ }$$

2　3

その他の型

公約数3でわる。答えの2、答えの3を、それぞれもう一方の分数にかけ合わせる。

① $\frac{1}{6}=\frac{1\times3}{6\times3}=\frac{3}{18}$, $\frac{1}{9}=\frac{1\times2}{9\times2}=\frac{2}{18}$

② $\frac{1}{4}=\frac{1\times}{4\times}=$ ―, $\frac{1}{6}=\frac{1\times}{6\times}=$ ―

③ $\frac{1}{9}=\frac{1\times}{9\times}=$ ―, $\frac{1}{6}=\frac{1\times}{6\times}=$ ―

④ $\frac{1}{10}=\frac{1\times}{10\times}=$ ―, $\frac{1}{15}=\frac{1\times}{15\times}=$ ―

⑤ $\frac{1}{8}=\frac{1\times}{8\times}=$ ―, $\frac{1}{6}=\frac{1\times}{6\times}=$ ―

⑥ $\frac{1}{8}=\frac{1\times}{8\times}=$ ―, $\frac{5}{12}=\frac{5\times}{12\times}=$ ―

月　　日 名前

分数⑥

通分の練習

次の分数を通分し、大きい分数に○をつけましょう。

① $\frac{4}{5}=\frac{4\times}{5\times}=—$, $\frac{2}{3}=\frac{2\times}{3\times}=—$

② $\frac{1}{4}=\frac{1\times}{4\times}=—$, $\frac{5}{12}$

③ $\frac{1}{7}=\frac{1\times}{7\times}=—$, $\frac{3}{14}$

④ $\frac{5}{8}=\frac{5\times}{8\times}=—$, $\frac{7}{12}=\frac{7\times}{12\times}=—$

⑤ $\frac{7}{8}=\frac{7\times}{8\times}=—$, $\frac{5}{6}=\frac{5\times}{6\times}=—$

⑥ $\frac{5}{9}=\frac{5\times}{9\times}=—$, $\frac{7}{12}=\frac{7\times}{12\times}=—$

分数のたし算 ①

2つの数をかける型

次の計算をしましょう。

① $\frac{1}{2}+\frac{1}{3}=\frac{1\times3}{2\times3}+\frac{1\times2}{3\times2}$

←分母の数を、たがいに分母・分子にかける。

$=\frac{3}{6}+\frac{2}{6}$

$=\frac{5}{6}$

なぞりながら計算しましょう。

② $\frac{1}{4}+\frac{2}{3}=\frac{1\times3}{4\times3}+\frac{2\times4}{3\times4}$

$=$

$=$

③ $\frac{1}{5}+\frac{1}{4}=\frac{1\times4}{5\times4}+\frac{1\times5}{4\times5}$

$=$

$=$

月　　日 名前

分数のたし算 ②

２つの数をかける型

次の計算をしましょう。

① $\frac{1}{2}+\frac{2}{7}=$

$=$

$=$

② $\frac{1}{3}+\frac{1}{4}=$

$=$

$=$

③ $\frac{2}{3}+\frac{2}{7}=$

$=$

$=$

月　　日 名前

分数のたし算 ③

一方の数に合わせる型

次の計算をしましょう。

① $\frac{1}{2}+\frac{3}{8}=\frac{1\times4}{2\times4}+\frac{3}{8}$

$=\frac{4}{8}+\frac{3}{8}$

$=\frac{7}{8}$

⬅分母を８に合わせるため、２に４をかける。

② $\frac{1}{3}+\frac{2}{9}=\frac{1\times3}{3\times3}+\frac{2}{9}$

$=$

$=$

③ $\frac{3}{8}+\frac{1}{4}=\frac{3}{8}+\frac{1\times2}{4\times2}$

$=$

$=$

月　　日 名前

分数のたし算 ④

一方の数に合わせる型

次の計算をしましょう。

① $\frac{1}{4}+\frac{1}{8}=$

$=$

$=$

② $\frac{1}{5}+\frac{1}{10}=$

$=$

$=$

③ $\frac{2}{5}+\frac{2}{15}=$

$=$

$=$

分数のたし算 ⑤

その他の型

次の計算をしましょう。

① $\dfrac{1}{4}+\dfrac{1}{6}=\dfrac{1\times3}{4\times3}+\dfrac{1\times2}{6\times2}$ ←分母の最小公倍数を見つける。

2) 4　6
　　2　3

$=\dfrac{3}{12}+\dfrac{2}{12}$

$=\dfrac{5}{12}$

② $\dfrac{1}{6}+\dfrac{1}{8}=\dfrac{1\times4}{6\times4}+\dfrac{1\times3}{8\times3}$

2) 6　8
　　3　4

=

=

③ $\dfrac{1}{9}+\dfrac{1}{12}=\dfrac{1\times4}{9\times4}+\dfrac{1\times3}{12\times3}$

3) 9　12
　　3　4

=

=

月　　日 名前

分数のたし算 ⑥

その他の型

次の計算をしましょう。

① $\frac{3}{8}+\frac{1}{6}=$

$=$

$=$

② $\frac{1}{9}+\frac{1}{15}=$

$=$

$=$

③ $\frac{3}{10}+\frac{1}{4}=$

$=$

$=$

分数のたし算 ⑦

帯分数

① $\frac{2}{3}+\frac{2}{5}$ の計算のしかたを考えましょう。(答えは帯分数にしましょう。)

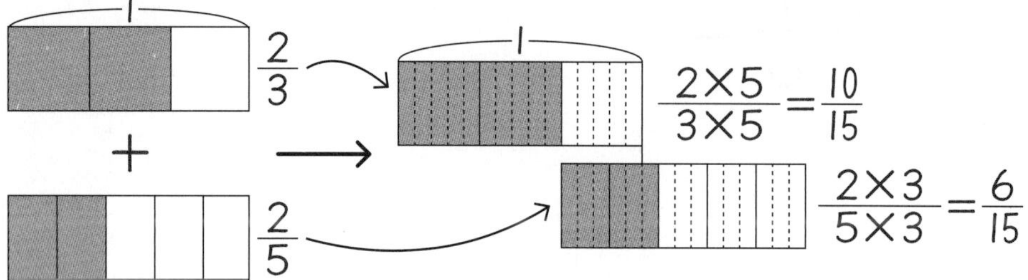

$\frac{2}{3}+\frac{2}{5}=\frac{2\times5}{3\times5}+\frac{2\times3}{5\times3}$

$=\square$

$=\square$

答えが仮分数(かぶんすう)になったら、帯分数に直しましょう。

② 次の計算をしましょう。(答えは帯分数にしましょう。)

① $\frac{2}{5}+\frac{3}{4}=$

$=$

$=$

② $\frac{6}{7}+\frac{4}{5}=$

$=$

$=$

分数のたし算 ⑧

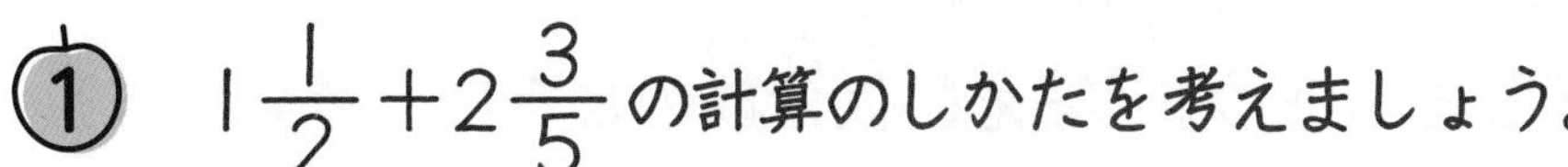

帯分数

1 $1\frac{1}{2}+2\frac{3}{5}$ の計算のしかたを考えましょう。

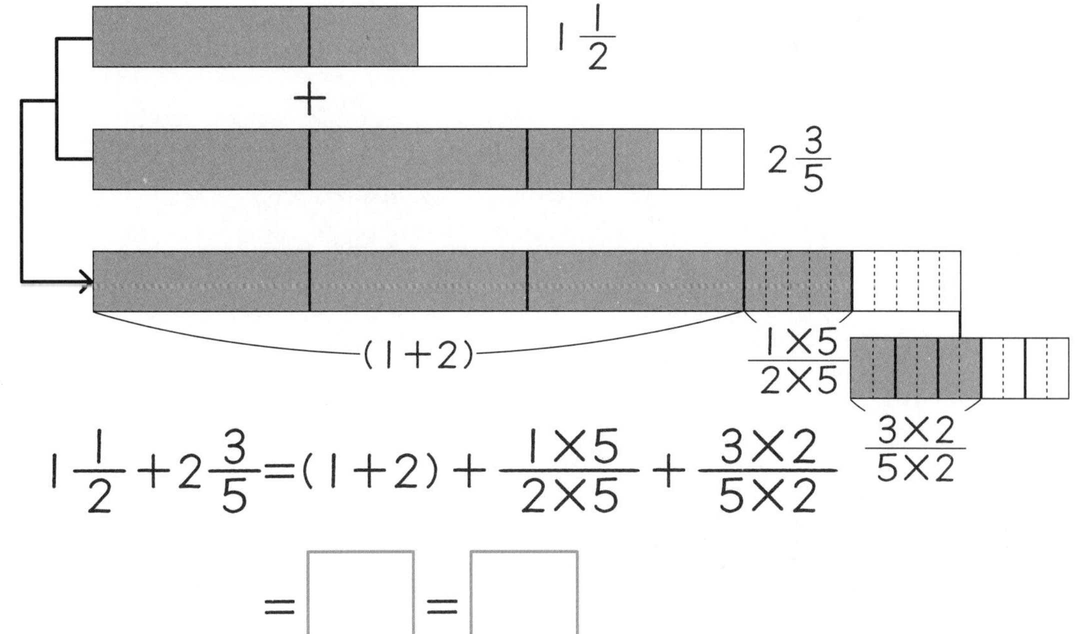

$$1\frac{1}{2}+2\frac{3}{5}=(1+2)+\frac{1\times5}{2\times5}+\frac{3\times2}{5\times2}$$

$=\square=\square$

2 次の計算をしましょう。

① $2\frac{2}{3}+1\frac{3}{4}=$

$=$

$=$

② $1\frac{5}{6}+3\frac{1}{3}=$

$=$

$=$

月　　日 名前

分数のたし算 ⑨

いろいろな型

次の計算をしましょう。(答えが仮分数のときは、帯分数に)

① $\frac{1}{2}+\frac{1}{7}=$

$=$

$=$

② $\frac{1}{3}+\frac{5}{6}=$

$=$

$=$

③ $\frac{3}{4}+\frac{1}{10}=$

$=$

$=$

月　　日 名前

分数のたし算 ⑩

答えに約分あり

次の計算をしましょう。（答えは、約分する）

① $\frac{1}{2}+\frac{1}{6}=$

$=$

$=$

② $\frac{5}{6}+\frac{1}{10}=$

$=$

$=$

③ $\frac{1}{3}+\frac{1}{15}=$

$=$

$=$

月　日　名前

分数のひき算 ①

2つの数をかける型

次の計算をしましょう。

① $\frac{2}{3}-\frac{1}{4}=\frac{2\times4}{3\times4}-\frac{1\times3}{4\times3}$

$=\frac{8}{12}-\frac{3}{12}$

$=\frac{5}{12}$

←分母の数をたがいに分母・分子にかける。

② $\frac{1}{2}-\frac{2}{5}=\frac{1\times5}{2\times5}-\frac{2\times2}{5\times2}$

$=$

$=$

③ $\frac{3}{5}-\frac{1}{4}=\frac{3\times4}{5\times4}-\frac{1\times5}{4\times5}$

$=$

$=$

月　　日 名前

分数のひき算 ②

2つの数をかける型

次の計算をしましょう。

① $\frac{1}{6}-\frac{1}{7}=$

$=$

$=$

② $\frac{2}{7}-\frac{1}{5}=$

$=$

$=$

③ $\frac{2}{5}-\frac{1}{3}=$

$=$

$=$

月　　日 名前

分数のひき算 ③

一方の数に合わせる型

次の計算をしましょう。

① $\frac{1}{2}-\frac{1}{4}=\frac{1\times2}{2\times2}-\frac{1}{4}$

$=\frac{2}{4}-\frac{1}{4}$

$=\frac{1}{4}$

←分母を4に合わせるため、2に2をかける。

② $\frac{1}{3}-\frac{1}{9}=\frac{1\times3}{3\times3}-\frac{1}{9}$

$=$

$=$

③ $\frac{3}{4}-\frac{1}{8}=\frac{3\times2}{4\times2}-\frac{1}{8}$

$=$

$=$

月　　日 名前

分数のひき算 ④

一方の数に合わせる型

次の計算をしましょう。

① $\frac{1}{5}-\frac{1}{15}=$

$=$

$=$

② $\frac{5}{6}-\frac{5}{12}=$

$=$

$=$

③ $\frac{1}{7}-\frac{1}{21}=$

$=$

$=$

分数のひき算 ⑤

その他の型

次の計算をしましょう。

①
$$\frac{3}{8}-\frac{1}{6}=\frac{3\times3}{8\times3}-\frac{1\times4}{6\times4}$$

2) 8　6
　　4　3

←分母の最小公倍数を見つける。

$$=\frac{9}{24}-\frac{4}{24}$$

$$=\frac{5}{24}$$

②
$$\frac{5}{6}-\frac{1}{4}=\frac{5\times2}{6\times2}-\frac{1\times3}{4\times3}$$

2) 6　4
　　3　2

=

=

③
$$\frac{1}{9}-\frac{1}{15}=\frac{1\times5}{9\times5}-\frac{1\times3}{15\times3}$$

3) 9　15
　　3　5

=

=

月　　日 名前

分数のひき算 ⑥
その他の型

次の計算をしましょう。

① $\frac{1}{4}-\frac{1}{6}=$

$=$

$=$

② $\frac{5}{6}-\frac{3}{8}=$

$=$

$=$

③ $\frac{2}{9}-\frac{1}{6}=$

$=$

$=$

分数のひき算 ⑦

帯分数

$1\frac{1}{4}-\frac{1}{2}$ の計算のしかたを考えましょう。

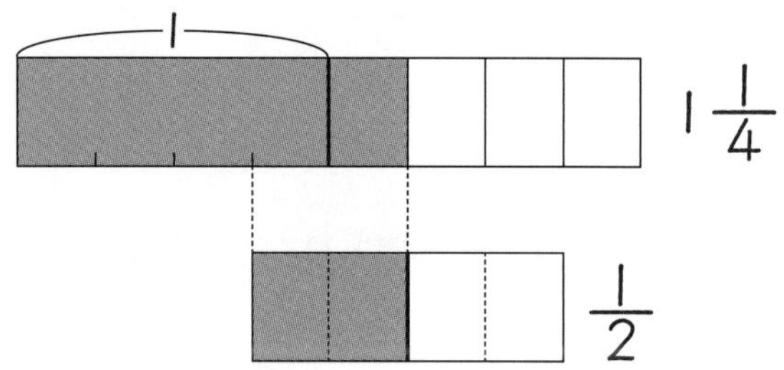

$$1\frac{1}{4}-\frac{1}{2}=\frac{5}{4}-\frac{1\times2}{2\times2}$$

$$=\square$$

分数部分がひけないときは、帯分数を仮分数（かぶんすう）に直してから計算します。

② 次の計算をしましょう。

① $1\frac{1}{5}-\frac{2}{3}=$

$=$

$=$

② $1\frac{2}{5}-\frac{7}{9}=$

$=$

$=$

月　　日 名前

分数のひき算 ⑧

帯分数

$2\frac{2}{3}-1\frac{4}{5}$ の計算のしかたを考えましょう。

$$2\frac{2}{3}-1\frac{4}{5}=\frac{8}{3}-\frac{9}{5}$$

$$=\frac{8\times5}{3\times5}-\frac{9\times3}{5\times3}$$

$$=\square-\square$$

$$=\square$$

帯分数を仮分数にし、通分して計算する方法もあります。

② 次の計算をしましょう。

① $2\frac{1}{2}-1\frac{6}{7}=$

$=$

$=$

② $4\frac{3}{5}-3\frac{2}{3}=$

$=$

$=$

分数のひき算 ⑨

いろいろな型

次の計算をしましょう。

① $\frac{1}{2}-\frac{1}{3}=$

$=$

$=$

② $\frac{1}{4}-\frac{1}{10}=$

$=$

$=$

③ $1\frac{2}{3}-\frac{5}{7}=$

$=$

$=$

月　　日 名前

分数のひき算 ⑩

答えに約分あり

次の計算をしましょう。（答えは、約分する）

① $\frac{1}{2}-\frac{1}{6}=$

$=$

$=$

② $\frac{3}{4}-\frac{1}{12}=$

$=$

$=$

③ $\frac{5}{12}-\frac{1}{6}=$

$=$

$=$

まとめテスト　月　日　名前

まとめ ⑤

分数のたし算

/50点

1 次の分数を約分しましょう。（各5点／15点）

① $\frac{6}{8}$（　　）　② $\frac{12}{15}$（　　）　③ $\frac{16}{24}$（　　）

2 次の計算をしましょう。（各5点／25点）

① $\frac{1}{3}+\frac{3}{5}=$

② $\frac{1}{2}+\frac{5}{6}=$

③ $\frac{5}{12}+\frac{3}{8}=$

④ $1\frac{3}{4}+\frac{1}{6}=$

⑤ $\frac{4}{5}+\frac{3}{10}=$

3 ジュースを、きのう$\frac{5}{6}$L、きょうは$\frac{8}{9}$L飲みました。
あわせて何L飲みましたか。（10点）

式

答え

まとめテスト

月　　日　名前

まとめ ⑥

分数のひき算

1 次の分数を通分しましょう。

（各５点／20点）

① $\left(\frac{2}{3}\ \ \frac{3}{4}\right)$ →（　　　）　② $\left(\frac{3}{8}\ \ \frac{1}{4}\right)$ →（　　　）

③ $\left(\frac{3}{10}\ \ \frac{2}{15}\right)$ →（　　　）　④ $\left(\frac{7}{8}\ \ \frac{5}{6}\right)$ →（　　　）

2 次の計算をしましょう。

（各５点／20点）

① $\frac{5}{7}-\frac{1}{3}=$

② $\frac{9}{10}-\frac{4}{5}=$

③ $\frac{7}{12}-\frac{3}{8}=$

④ $2\frac{2}{9}-\frac{5}{12}=$

3 みかんが $\frac{6}{7}$ kg、いちごが $\frac{2}{5}$ kgあります。ちがいは何kgですか。

（10点）

式

答え

小数と分数 ①

わり算と分数

① 2Lのジュースを3等分します。1つ分はいくらですか。分数で表しましょう。

式　2÷3

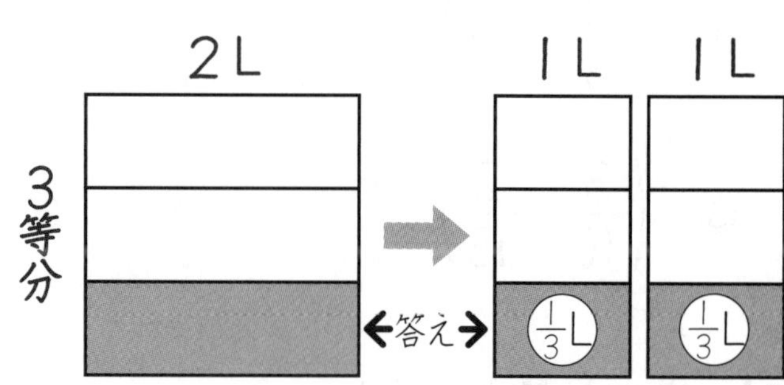

図を見ると、答えは

$2÷3=\frac{2}{3}$

答え ＿＿＿＿＿＿＿＿

わり算の答えは、㋐わられる数を分子、㋑わる数を分母とする分数で表せます。

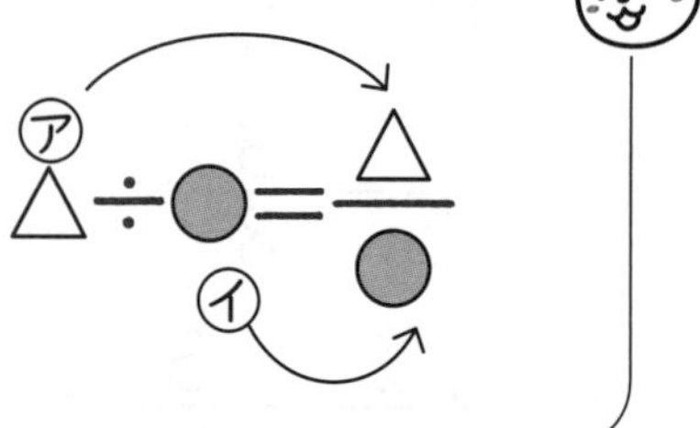

② わり算の答えを、分数で表しましょう。

① $1÷6=\frac{1}{6}$　　② $3÷7=$

③ $2÷5=$　　④ $8÷9=$

⑤ $5÷3=$　　⑥ $10÷7=$

⑦ $9÷4=$　　⑧ $11÷8=$

小数と分数 ②

小数と分数

1 分数を小数に直しましょう。

① $\frac{2}{5} = 2 \div 5 = 0.4$ ➡

$$\begin{array}{r} 0.4 \\ 5\overline{)2.0} \\ \underline{2\,0} \\ 0 \end{array}$$

② $\frac{1}{7} = 1 \div 7 = 0.14\cdots$ ➡

$$\begin{array}{r} 0.14\cancel{2} \\ 7\overline{)1.000} \\ \underline{7} \\ 30 \\ \underline{28} \\ 20 \\ \underline{14} \\ 6 \end{array}$$

わり切れないものもあります。小数第三位を四(し)捨(しゃ)五(ご)入(にゅう)しましょう。

③ $\frac{3}{2} =$

④ $\frac{7}{4} =$

2 小数を分数に直しましょう。

$0.1 = \frac{1}{10}$　　$0.01 = \frac{1}{100}$

① $0.3 = \frac{3}{10}$　　② $0.7 = \frac{\quad}{\quad}$

③ $0.01 = \frac{1}{100}$　　④ $0.03 = \frac{\quad}{\quad}$

⑤ $0.17 = \frac{\quad}{\quad}$　　⑥ $0.57 = \frac{\quad}{\quad}$

月　日 名前

小数と分数 ③

わり算・小数・分数

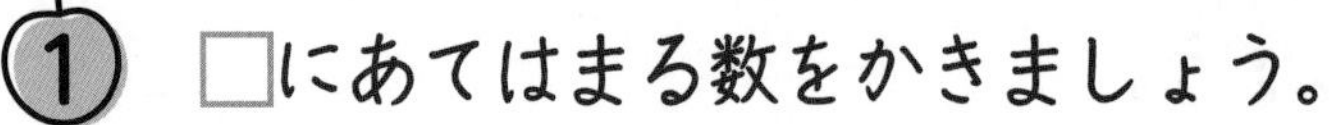

1 □にあてはまる数をかきましょう。

① $\frac{3}{7}=\square\div7$　　② $\frac{5}{2}=5\div\square$

③ $\frac{1}{4}=\square\div\square$　　④ $\frac{13}{6}=\square\div\square$

⑤ $8\div3=\frac{\square}{\square}$　　⑥ $8\div15=\frac{\square}{\square}$

2 次の分数を小数や整数で表しましょう。

① $\frac{3}{5}$　　② $\frac{3}{4}$

③ $\frac{9}{2}$　　④ $\frac{14}{7}$

3 次の小数を分数で表しましょう。

① $0.3=\frac{\square}{\square}$　　② $0.08=\frac{\square}{\square}$

③ $0.37=\frac{\square}{\square}$　　④ $1.9=\frac{\square}{\square}$

月　日　名前

小数と分数 ④

わり算・小数・分数

1 どちらが大きいですか。□に不等号をかきましょう。

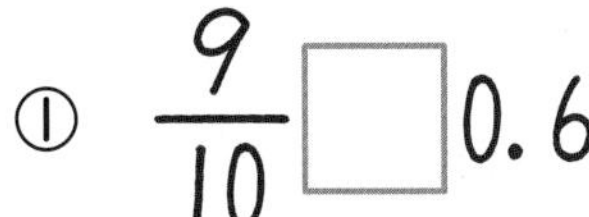

① $\frac{9}{10}$ □ 0.6　　② 0.15 □ $\frac{7}{20}$

③ 1.2 □ $1\frac{2}{5}$　　④ $1\frac{3}{4}$ □ 1.6

2 小数を分数に直して計算しましょう。

① $\frac{4}{5}+0.3=$

② $0.67-\frac{13}{20}=$

3 分数で答えましょう。

① 15mは4mの何倍ですか。　（　　　）

② 5kgは18kgの何倍ですか。　（　　　）

③ 5Lは2Lの何倍ですか。　（　　　）

④ 6cmは30cmの何倍ですか。　（　　　）

図形の合同 ①

合同とは

はがきや百円玉を重ねたら、どうなりますか。

きちんと重ね合わせることができる２つの図形は、合同であるといいます。

あと合同な図形を見つけて、記号をかきましょう。

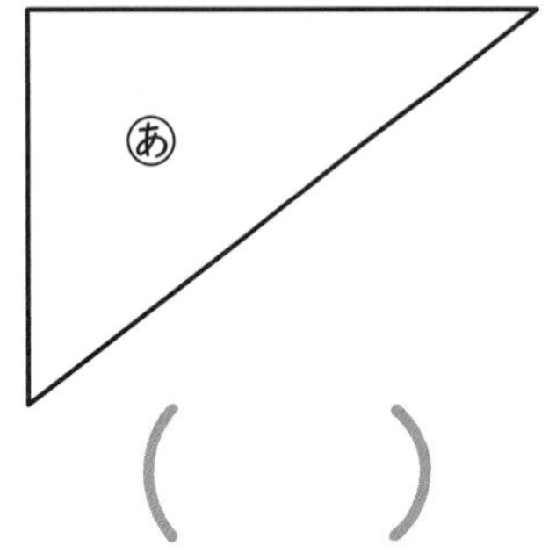

（　　　）

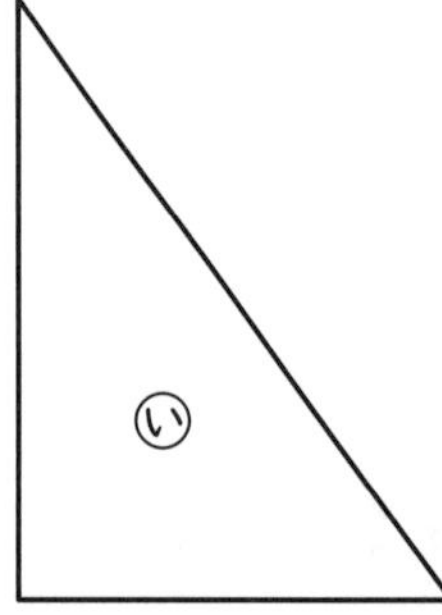

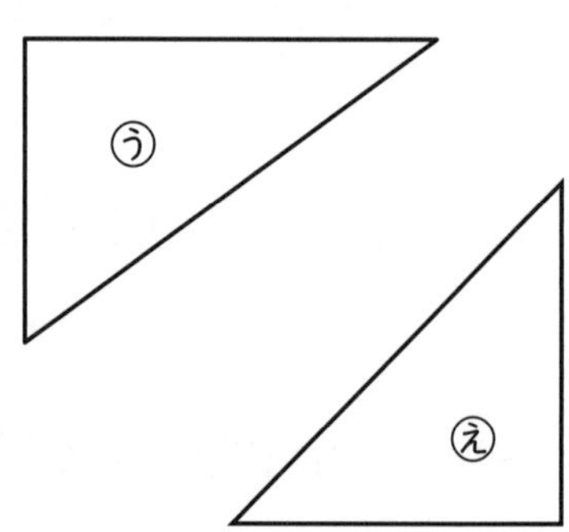

月　　日 名前

図形の合同 ②

ちょう点、辺、角

1 合同な図形の組を（　　）にかきましょう。

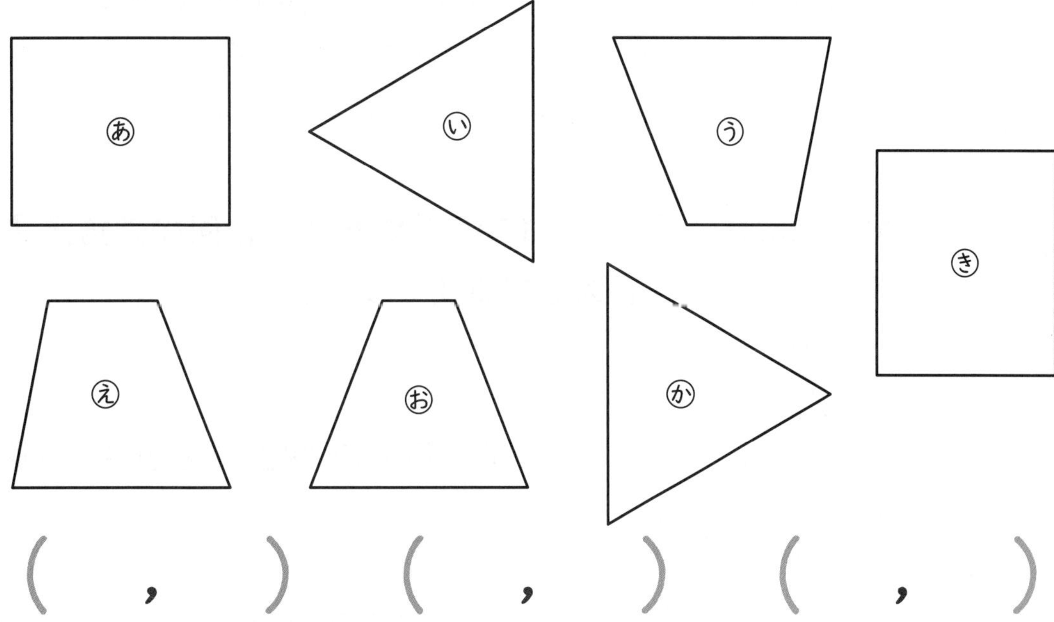

（　　，　　）（　　，　　）（　　，　　）

2 ２つの三角形は合同です。

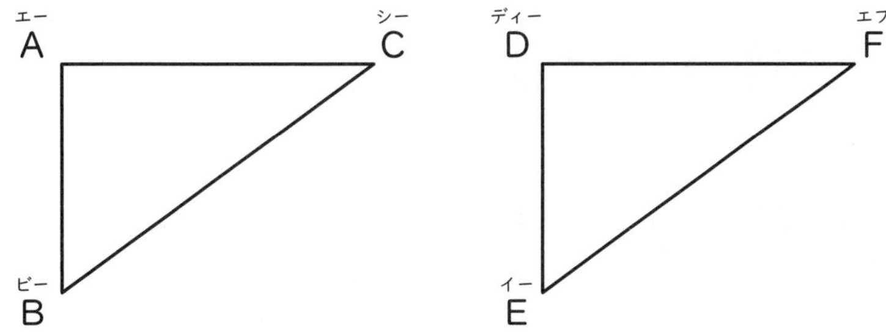

① 重なりあうちょう点をかきましょう。

（Aと　）（Bと　）（Cと　）

② 重なりあう辺の組をかきましょう。

（辺ABと　　）（辺BCと　　）（辺CAと　　）

③ 重なりあう角の組をかきましょう。

（角Aと　　）（角Bと　　）（角Cと　　）

月　　日 名前

図形の合同 ③

対応する点、辺、角

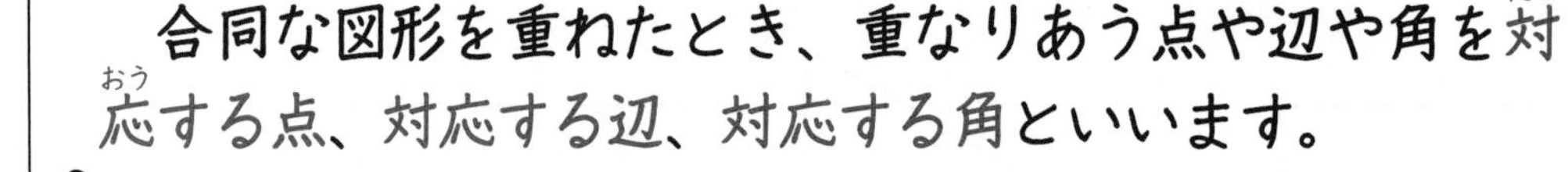

合同な図形を重ねたとき、重なりあう点や辺や角を対(たい)応(おう)する点、対応する辺、対応する角といいます。

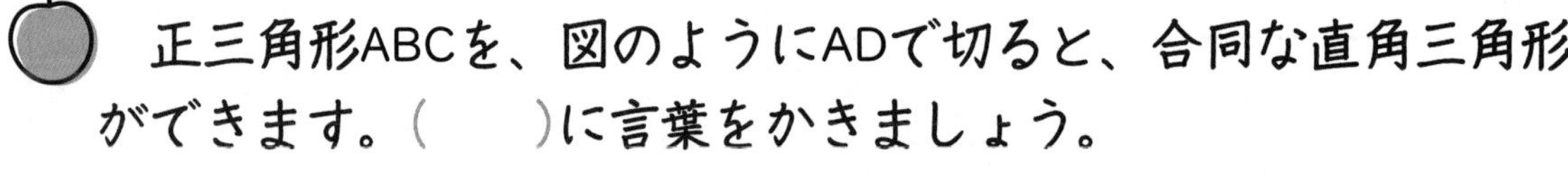

正三角形ABCを、図のようにADで切ると、合同な直角三角形ができます。(　　)に言葉をかきましょう。

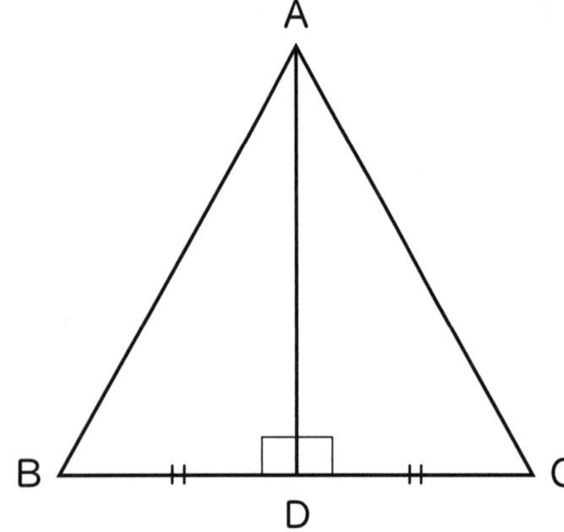

① 辺ABと対応する辺ACの長さは(　　　　　)。

※正三角形の辺の長さはみんな等しい。

② 辺BDと対応する辺CDの長さは(　　　　　)。

③ 角Bと対応する角Cの大きさは(　　　　　)。
※正三角形の角はみんな60°。

④ 角BDAと対応する角CDAの大きさは(　　　　　)。
※直線180°を半分に分けると、どちらも90°。

合同な図形では、対応する辺の長さは等しく、対応する角の大きさも等しくなっています。

図形の合同 ④

合同な三角形

四角形を、２本の対角線で４つの三角形に切り分けました。その中で合同な三角形を見つけましょう。合同な三角形に同じ印をつけましょう。（合同な三角形がない場合もあります。）

①

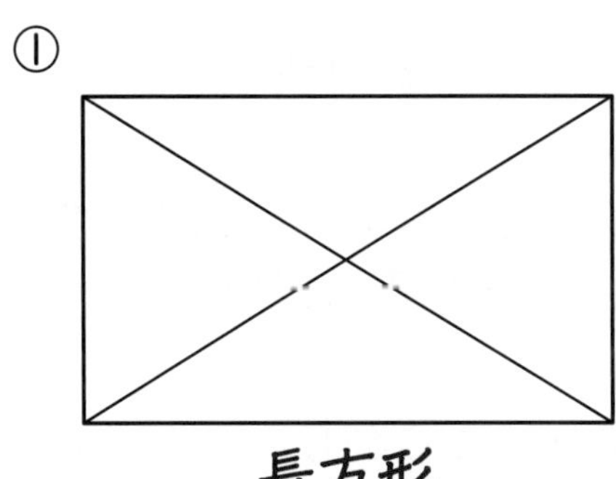

長方形

②

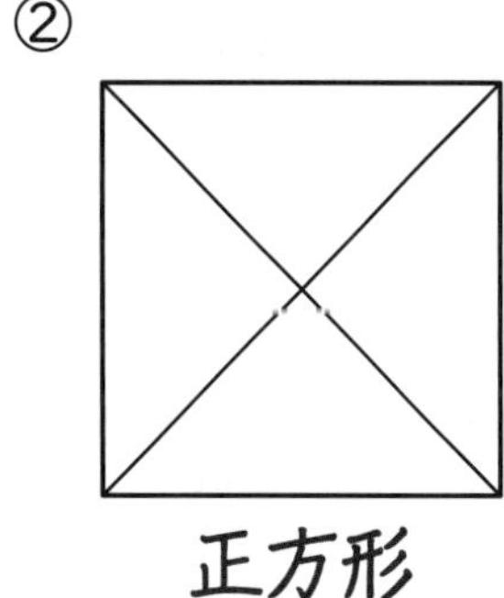

正方形

③

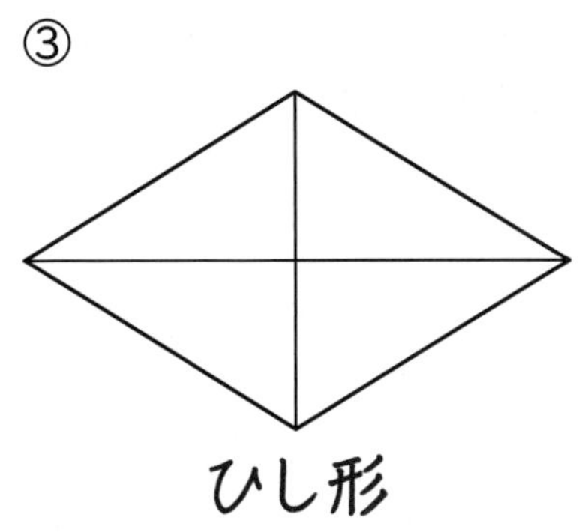

ひし形

④

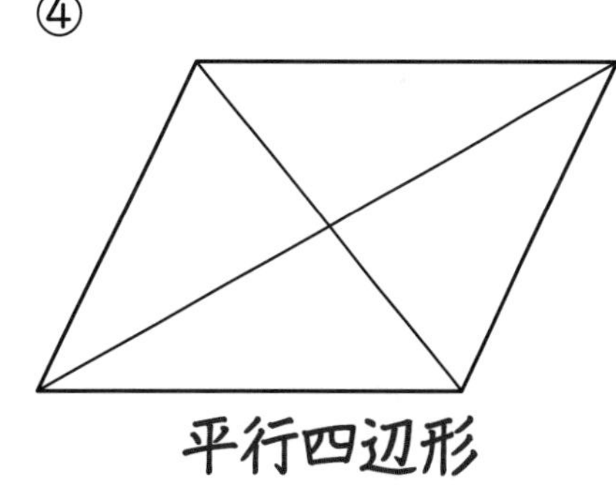

平行四辺形

⑤

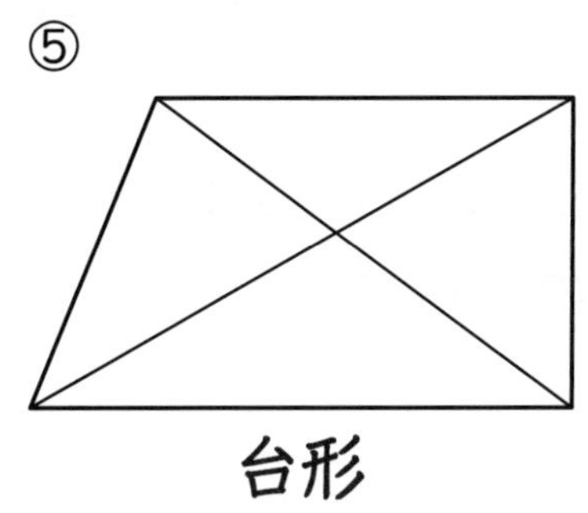

台形

⑥

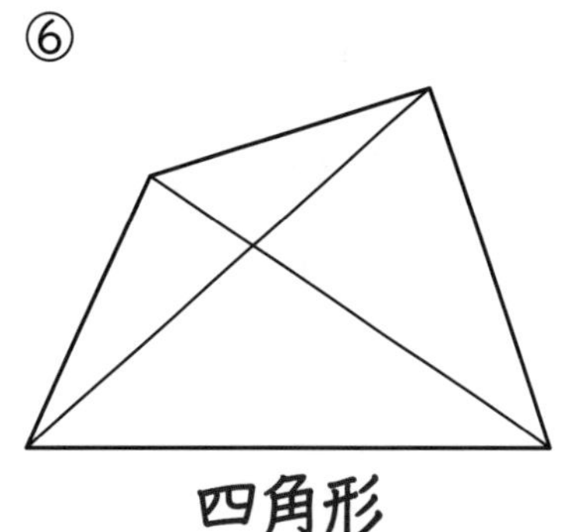

四角形

図形の合同 ⑤

三角形のかき方

決まった大きさの三角形をかくのに、3つの方法があります。

その1　3つの辺の長さが決まっている。
3つの辺の長さが6cm、4cm、3cmの三角形。

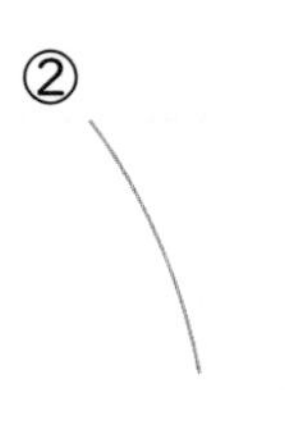

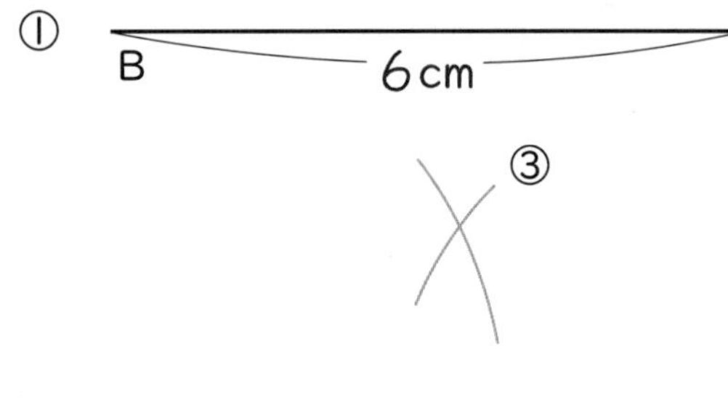

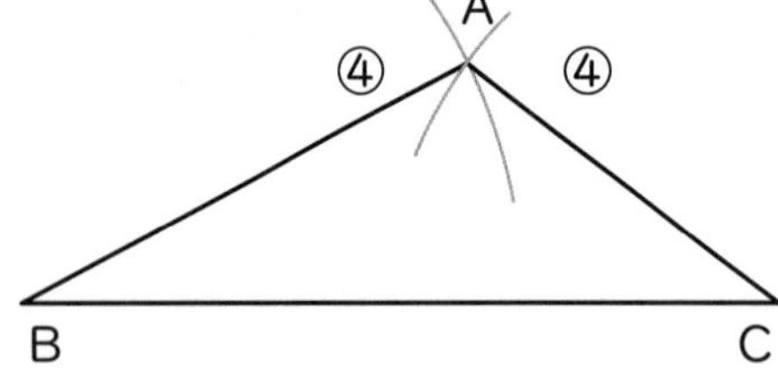

① 6cmの直線（辺）をひく。

② ちょう点Bからコンパスで、半径4cmの円の部分をかく。

③ ちょう点Cから、コンパスで半径3cmの円の部分をかく。

④ ②、③の交わった点をAとして、辺AB、辺ACをかく。

でき上がり。

※コンパスでかいた線は消さなくてもよい。

次の三角形をかきましょう。

① 辺の長さが、3cm、4cm、5cm

5cm

② 辺の長さが、2cm、3cm、4cm

4cm

月　　日 名前

図形の合同 ⑥

三角形のかき方

その2　2つの辺の長さと、その間の角の大きさが決まっている。
辺の長さが3cm、4cm。その間の角が50°の三角形。

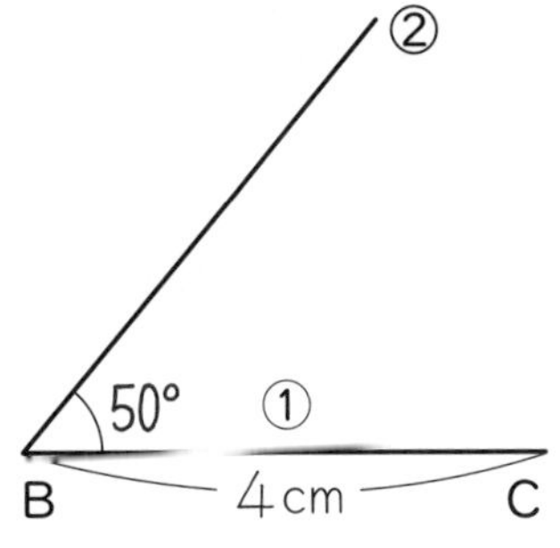
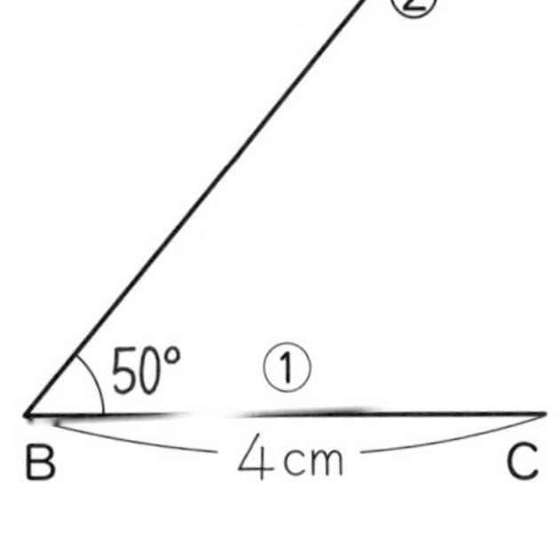

①　4cmの直線（辺）をひく。

②　ちょう点Bから、分度器で50°をはかり、線をひく。

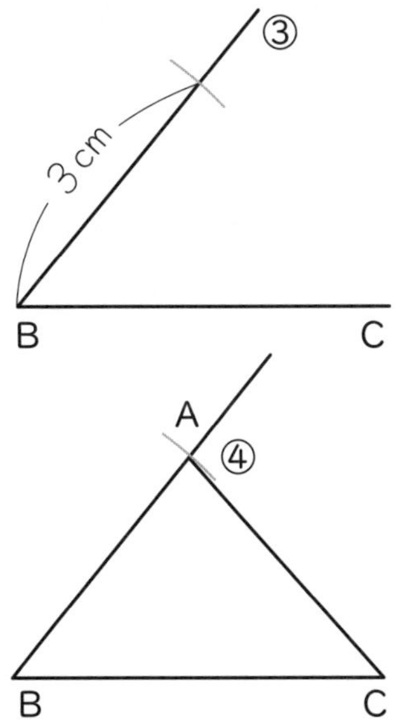

③　ちょう点Bから、コンパスを使って半径3cmの円の部分を②の線と交わるようにかく。
※コンパスのかわりに定規を使ってもよい。

④　ちょう点Aとちょう点Cを結ぶ。

でき上がり。
※長くのびた50°の線やコンパスでかいた線は消さなくてもよい。

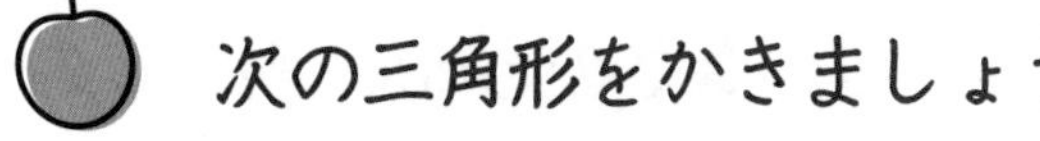

次の三角形をかきましょう。

①　辺の長さが3cm、4cm。その間の角が60°。

②　辺の長さが3cm、5cm。その間の角が45°。

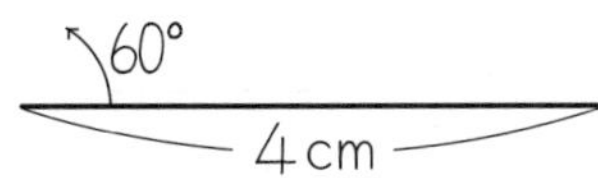

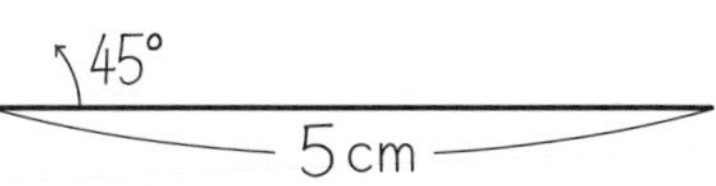

月　　日 名前

図形の合同 ⑦

三角形のかき方

その3　1つの辺の長さと、その両はしの角の大きさが決まっている。
辺の長さが4cm、両はしの角度が45°と30°の三角形。

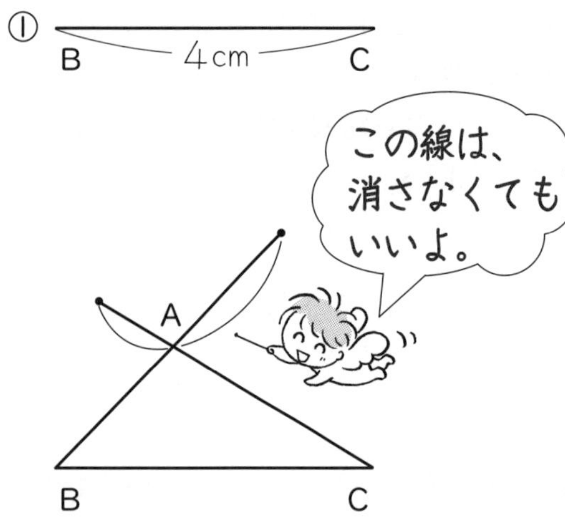

① 4cmの直線（辺）をひく。

② 角Bが45°になるように、分度器を使って印をつける。

③ 角Cが30°になるように印をつける。

④ Bと②でつけた印を直線で結び、Cと③でつけた印を直線で結ぶ。

でき上がり。

※三角形の外までのびている線は消さなくてもよい。

次の三角形をかきましょう。

① 辺の長さが5cm、両はしの角度が50°と40°。

② 辺の長さが6cm、両はしの角度が30°と60°。

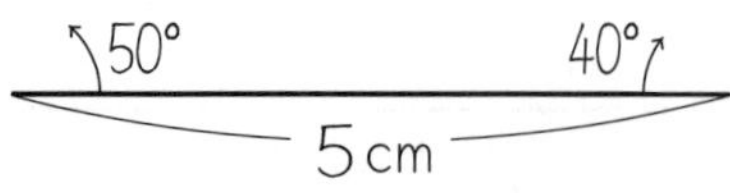

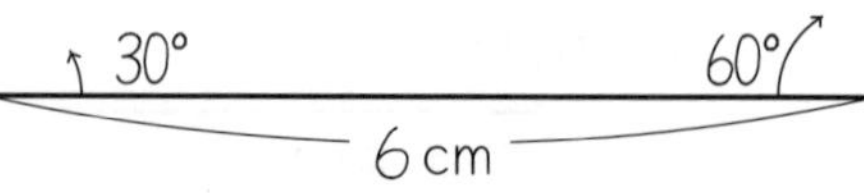

図形の合同 ⑧

三角形をかく

次の三角形ABCをかきましょう。

① 辺AB 4cm
辺BC 5cm
辺CA 5cm

B　　　　C

② 辺AB 6cm
辺BC 5cm
角B 40°

B　　　　C

③ 辺BC 5cm
角B 60°
角C 50°

B　　　　C

④ 辺AB 5cm
角B 50°
辺BC 6cm

B　　　　C

図形の合同 ⑨

四角形のかき方

下の図は、どれも辺の長さが、4cm、3cm、2cm、3.5cmの四角形です。

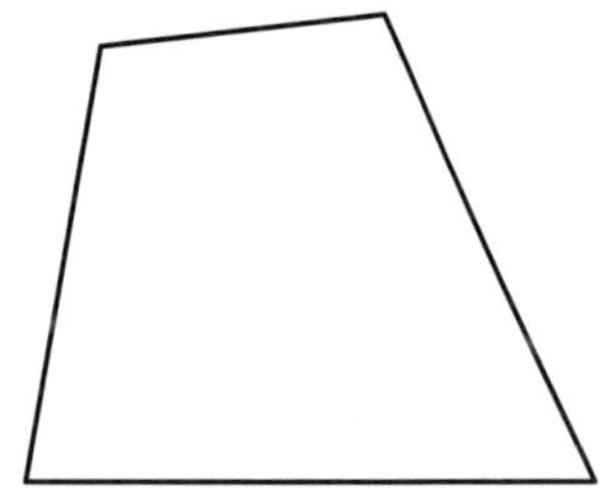
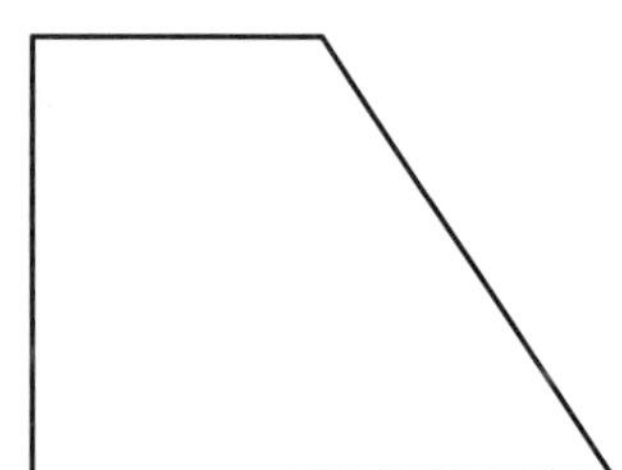
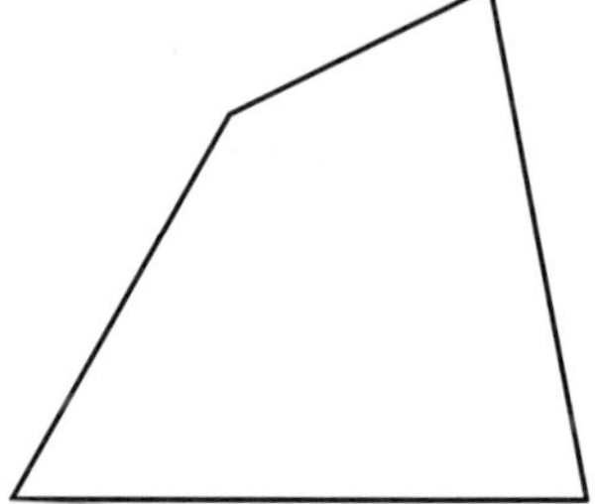

四角形をかく場合は、辺の長さがわかっただけでは、いろいろな四角形ができてしまいます。

その1　合同な四角形をかく場合は、4つの辺の長さと、どこか1つの角の大きさを決めます。

1 次の四角形と合同な四角形をかきましょう。

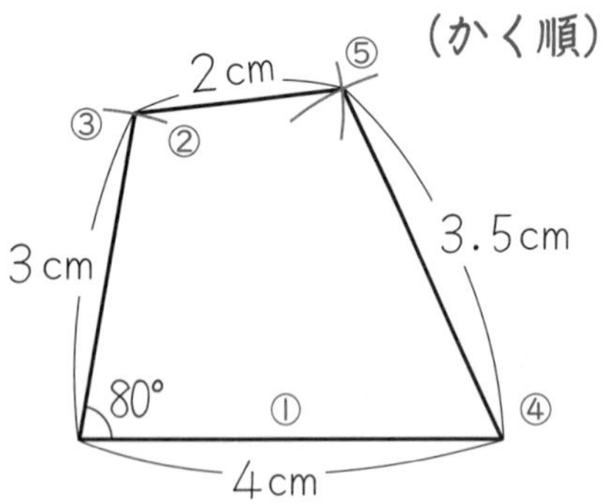

2 上の図の80°の角を90°にしてかいてみましょう。

月　　日 名前

図形の合同 ⑩

四角形のかき方

その2　合同な四角形をかく場合、４つの辺の長さと１本の対角線の長さを決めます。

① 次の四角形と合同な四角形をかきましょう。

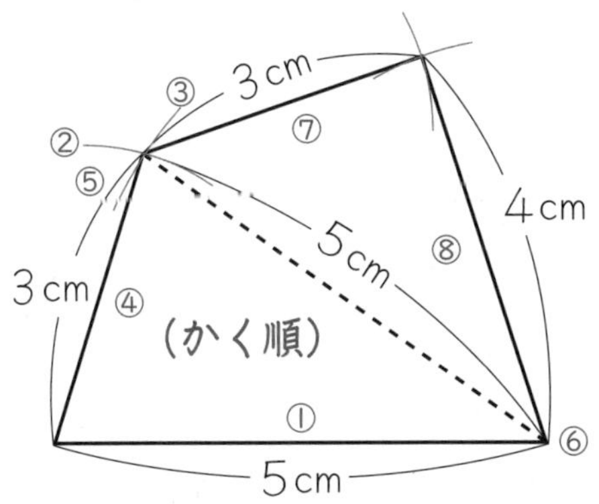

② 次の四角形をかきましょう。辺AB ４cm、辺BC ６cm、辺CD ５cm、辺DA ３cmで、対角線ACの長さが５cmの四角形。

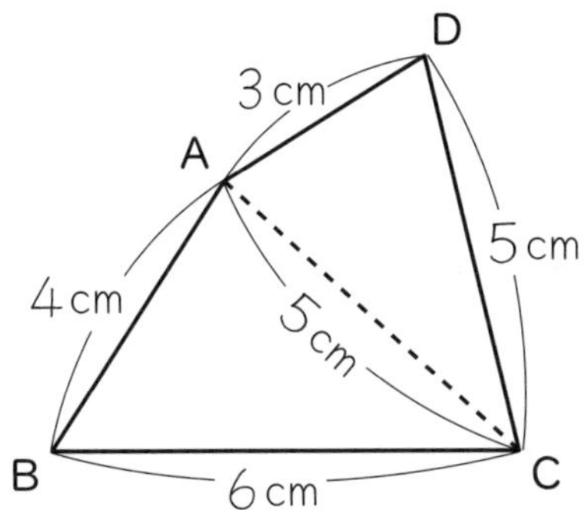

B　　　　　　　　　　C

まとめテスト　月　日 名前

まとめ ⑦

図形の合同

/50点

1 ㋐と合同な図形をすべて選んで○をつけましょう。 （1つ5点／10点）

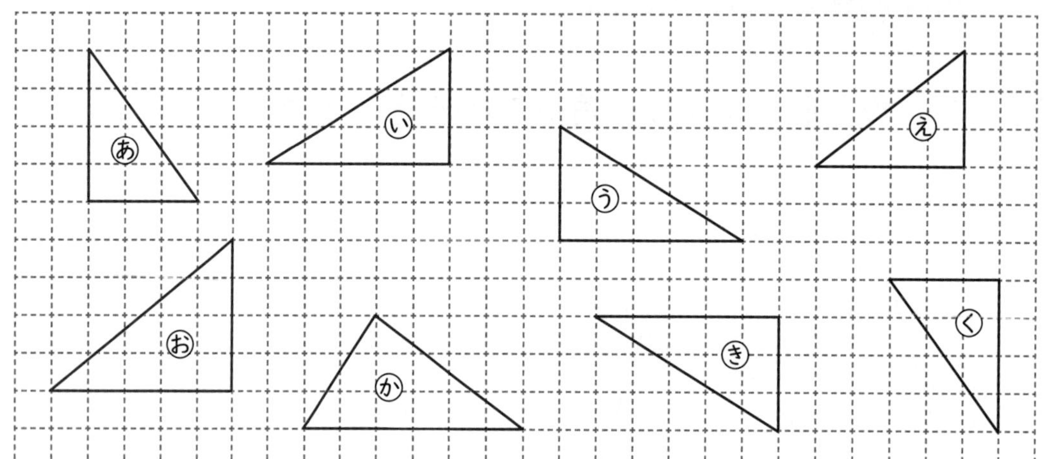

2 2つの四角形は合同です。それぞれに対応する角、辺、ちょう点をかきましょう。 （1つ5点／40点）

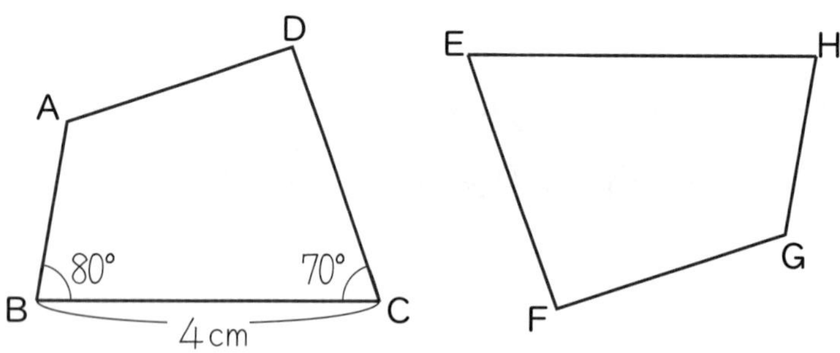

① 角A　（　　　）　② 角E　（　　　）

③ 辺AB　（　　　）　④ 辺FG　（　　　）

⑤ ちょう点D　（　　　）　⑥ ちょう点H　（　　　）

⑦ 辺HEの長さは何cmですか。　（　　　）

⑧ 角Hの角度は何度ですか。　（　　　）

まとめテスト　　月　　日 名前

まとめ ⑧

図形の合同

／50点

1 次の三角形をかきましょう。（1つ10点／30点）

① 辺の長さが5cm、3cm、4cm。

② 辺の長さが4cm、5cm、その間の角が30°。

③ 辺の長さが6cm、両はしの角が60°と30°。

2 次の平行四辺形と合同な図形を必要な辺の長さや角度をはかってかきましょう。（20点）

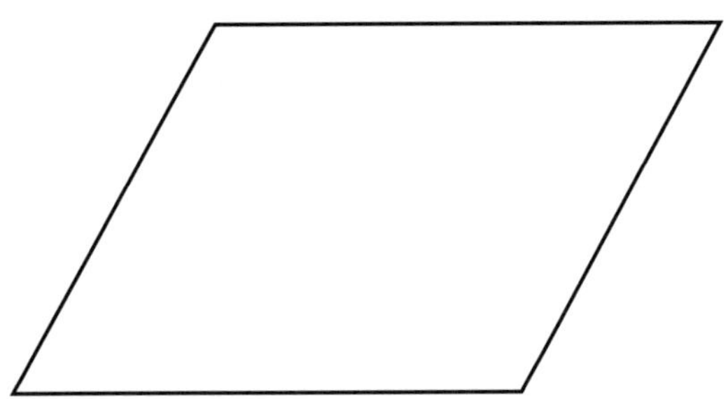

月　　日 名前

図形の性質 ①

三角形の角

三角形の３つの角の大きさの和は、180°です。

1 二等辺三角形は、角Bと角Cの大きさは同じです。角B、角Cの大きさを計算で求めましょう。

式　180−40=140

140÷　=

答え ＿＿＿＿＿＿＿＿

2 次の(　　)に角の大きさをかきましょう。

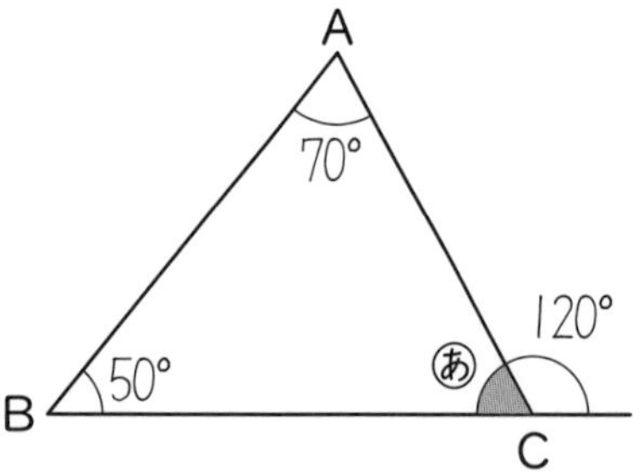

70°+50°+あ=(　　　　)

120°+あ=(　　　　)

あ=(　　　　)

3 次のあ、い、うの角の大きさを求めましょう。

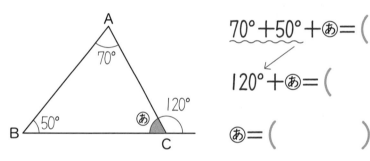

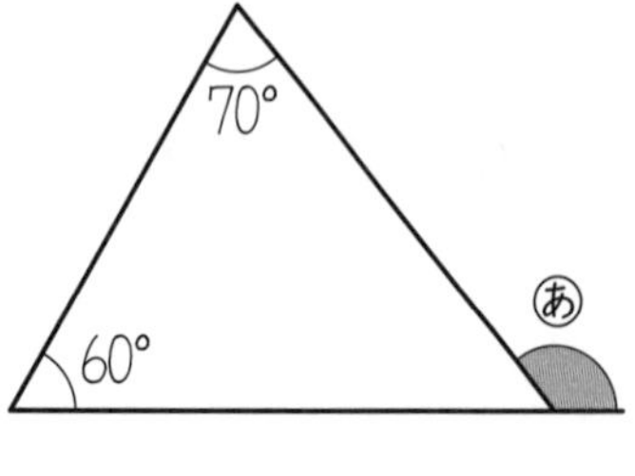

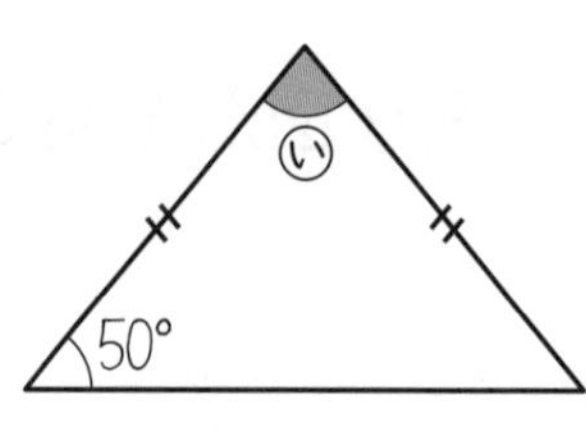

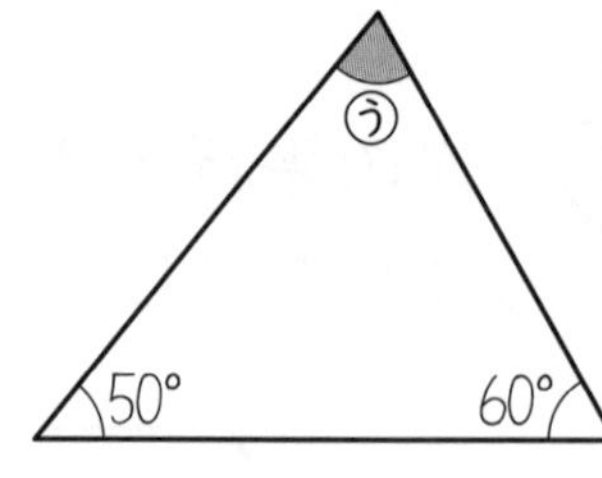

式

式

式

(　　　　)　(　　　　)　(　　　　)

月　　日 名前

図形の性質 ②

四角形の角

1 四角形の４つの角を切って１か所にはりました。

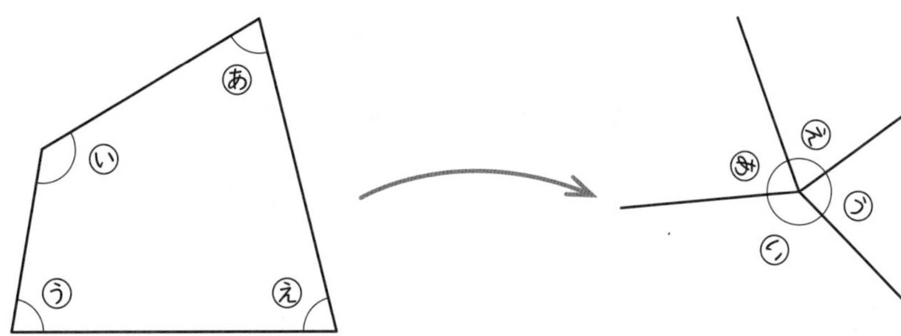

① あ、い、う、えの角の和は何度ですか。

（　　　）

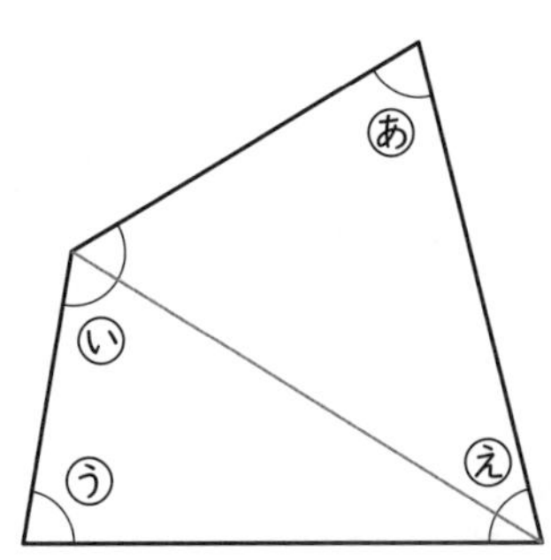

② 対角線で２つの三角形に分けて考えましょう。（180°が２つ）

四角形の４つの角の大きさの和は何度ですか。

式

（　　　）

四角形の４つの角の大きさの和は 360°です。

2 次のあ、い、うの角の大きさを求めましょう。

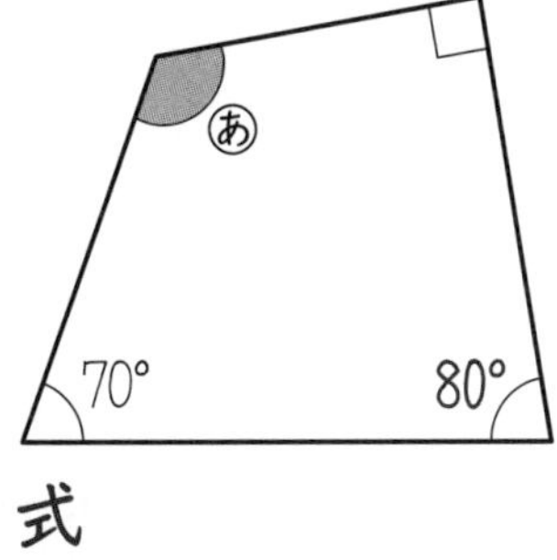

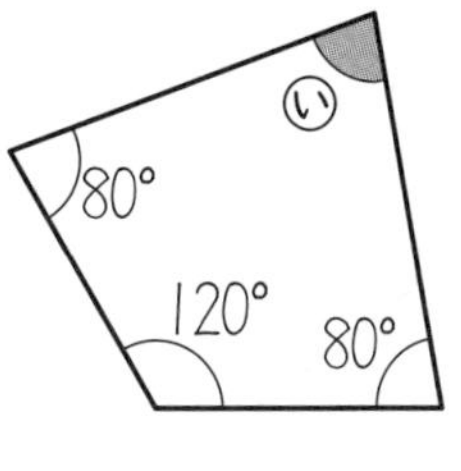

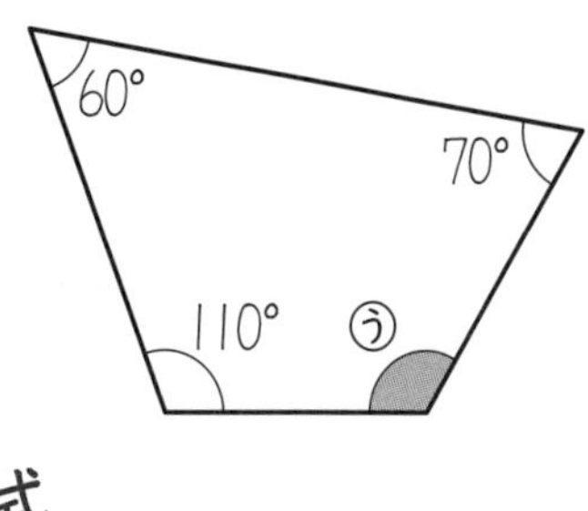

式　　　式　　　式

（　　　）（　　　）（　　　）

図形の性質 ③

多角形の角

① 5本の直線で囲(かこ)まれた形を五角形といいます。五角形の角の和を考えましょう。

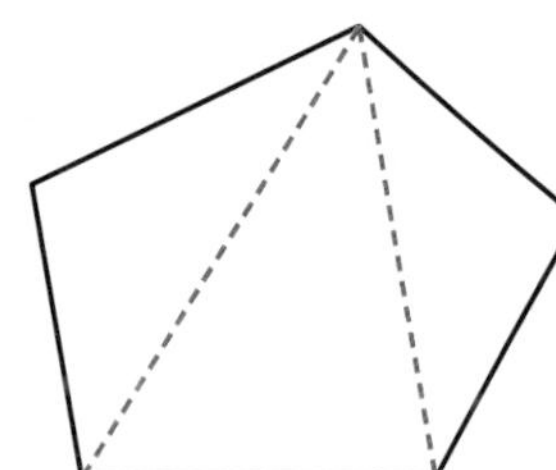

① 五角形に対角線をひいて三角形をつくりました。三角形は何個(こ)できましたか。

（　　　）

② 五角形の角の大きさの和は何度ですか。

式

（　　　）

三角形や四角形、五角形のように、直線で囲まれた図形を多角形といいます。

② 多角形の角の大きさの和を表にまとめましょう。

三角形

四角形

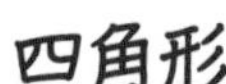

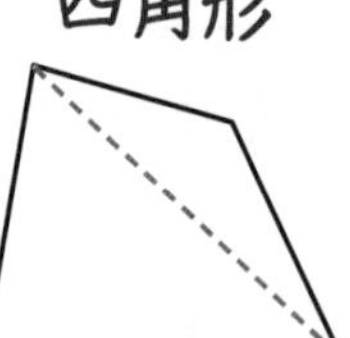

五角形

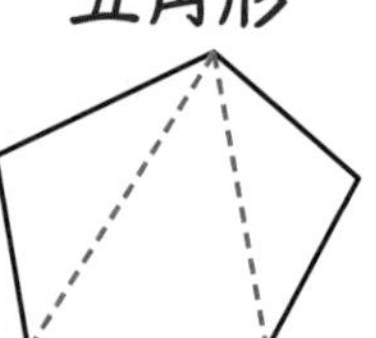

六角形

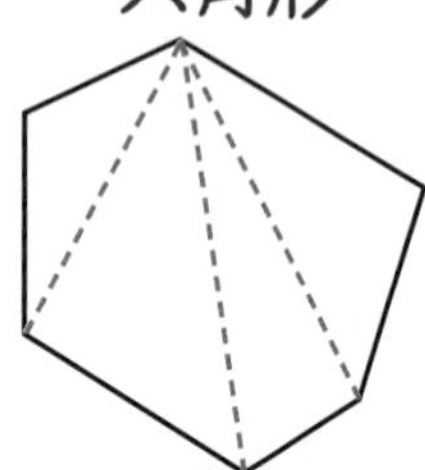

七角形

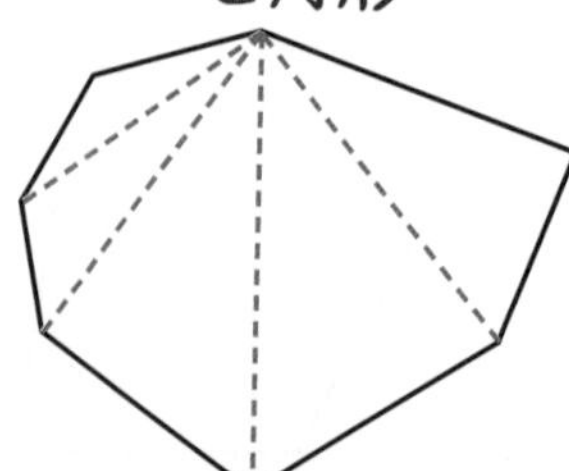

	三角形	四角形	五角形	六角形	七角形
三角形の数	1				
角の大きさの和	180°				

図形の性質 ④

多角形の角

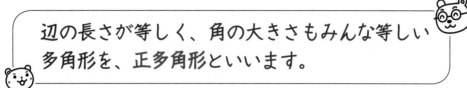

辺の長さが等しく、角の大きさもみんな等しい多角形を、正多角形といいます。

1 図形の名前を（　　）にかきましょう。

① 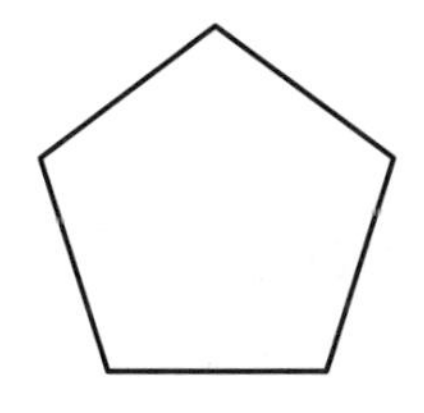

（　　　　　）

② 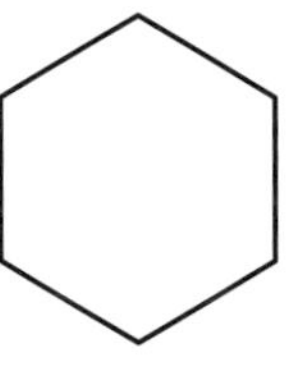

（　　　　　）

③ 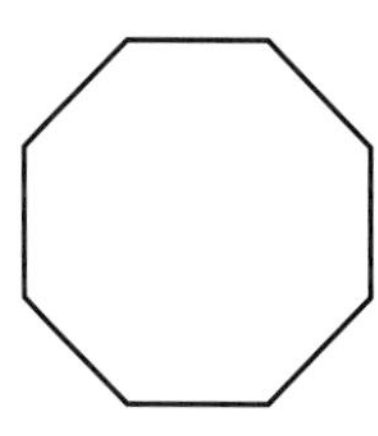

（　　　　　）

2 正六角形について調べましょう。

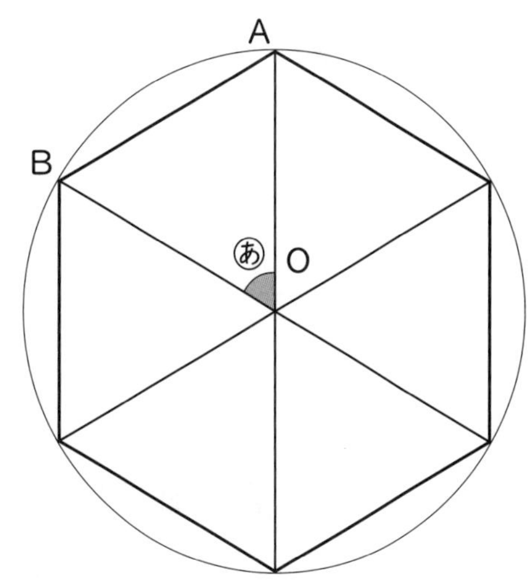

① 角あの大きさをはかりましょう。

（　　　　　）

② 角ABO、角BAOは、何度ですか。

角ABO（　　　　　）

角BAO（　　　　　）

③ 三角形ABOは、何という三角形ですか。

（　　　　　）

④ 辺ABと直線BO、直線AOの長さは同じですか。

（　　　　　）

図形の性質 ⑤

円周とは

円の周りを円周といいます。円周のように、曲がった（定規(じょうぎ)をあてててもぴったりしない）線を曲線といいます。

直径3cmの円を1回転させて、周りが何cmあるかはかりました。

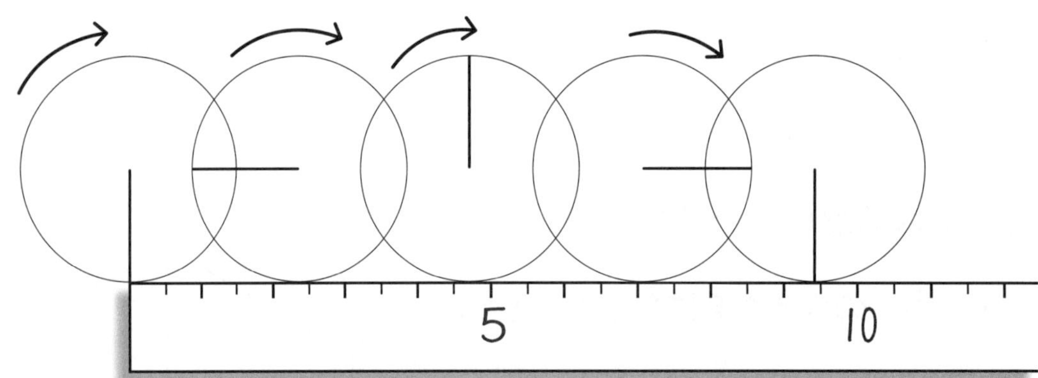

だいたい、9cm4mmでした。

円周÷直径は、どの円でも同じになります。

円周÷直径＝円周率(えんしゅうりつ)

円周率は、ふつう3.14を使います。

円周÷直径＝3.14

図形の性質 ⑥

円周の長さ

円周 ＝ 直径 × 円周率

円周の長さを求めましょう。(円周率は3.14とします。)

①

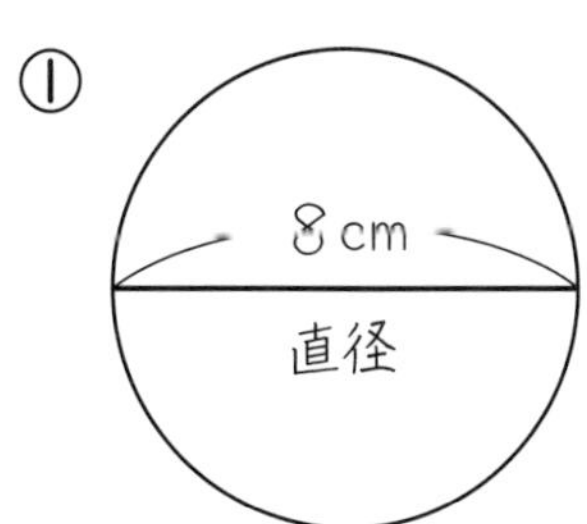

式

答え

②

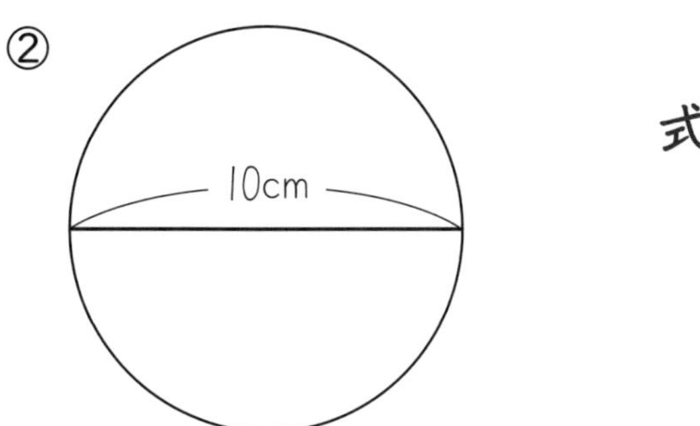

式

答え

③

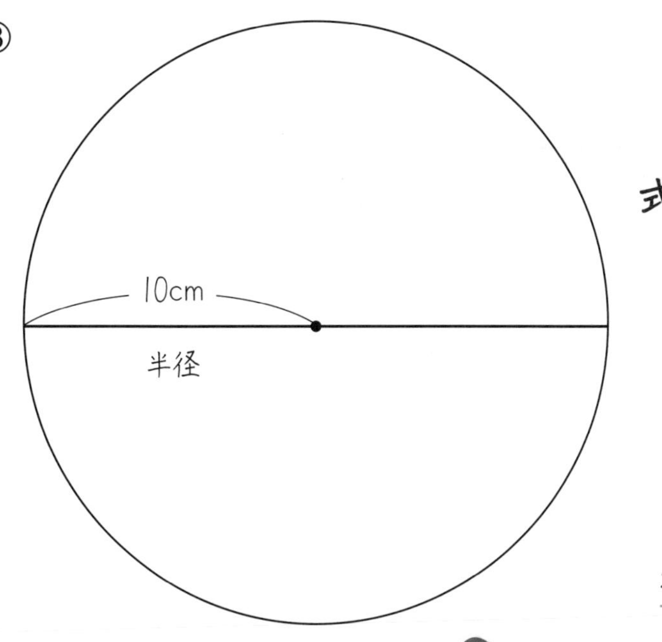

式

答え

月　　日 名前

図形の性質 ⑦

直径を求める

直径の長さを求めましょう。

- 円周＝直径×円周率
- 直径＝円周÷円周率

① 円周31.4cmの円

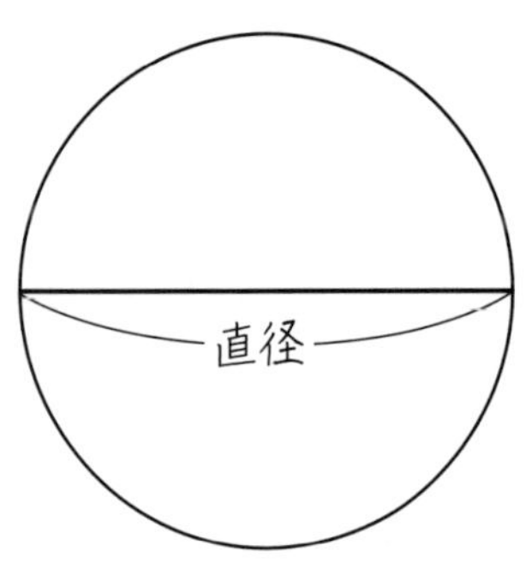

式

答え ______

② 円周62.8cmの円

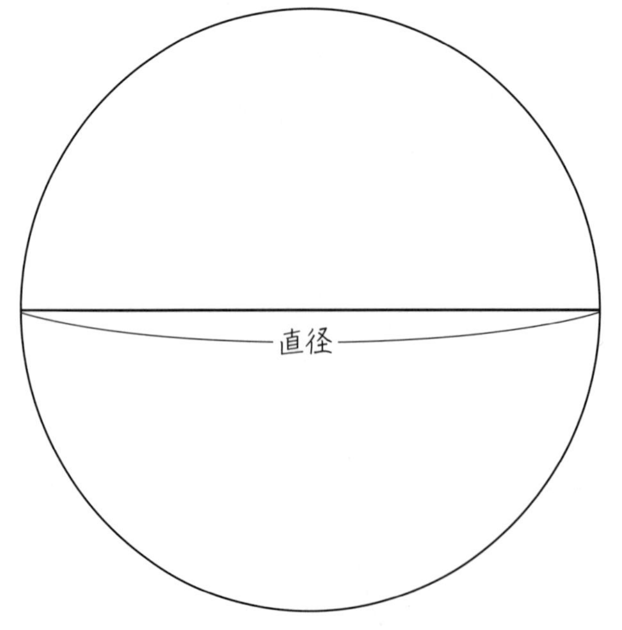

式

答え ______

図形の性質 ⑧

周りの長さ

① 図は、運動場にかいたトラックです。トラック1周の長さを求めましょう。（両はしは半円です。）

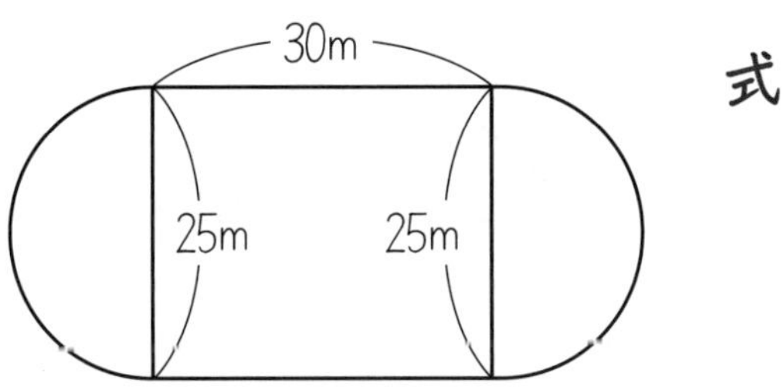

式

答え

② 木の幹(みき)の周りの長さをはかると、約3.14mありました。この木の直径は、約何mありますか。

式

答え

③ まるい柱の周りをはかったら、157cmありました。この柱の直径は、何cmですか。

式

答え

まとめテスト　　月　　日 名前

まとめ ⑨

図形の性質

／50点

次の㋐、㋑、㋒、㋓の角度を計算で求めましょう。（1つ10点／40点）

①

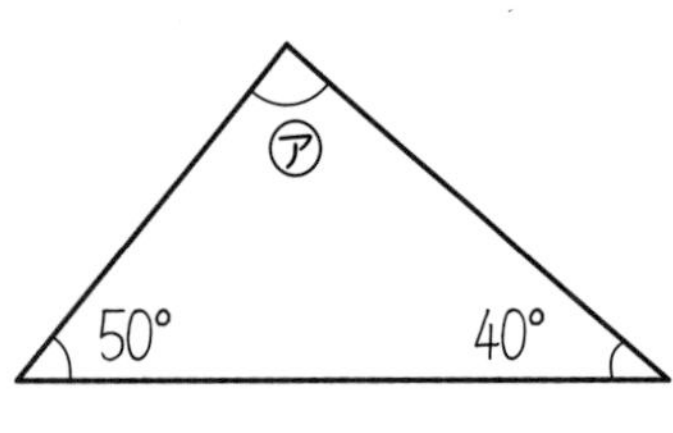

式

答え

② 二等辺三角形

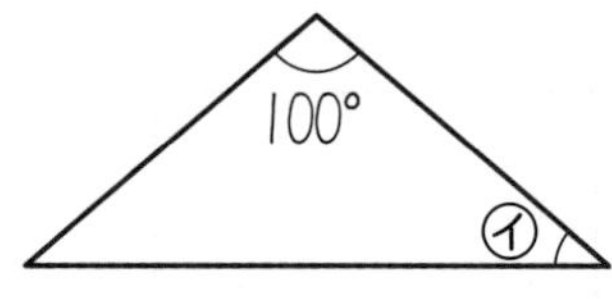

式

答え

③

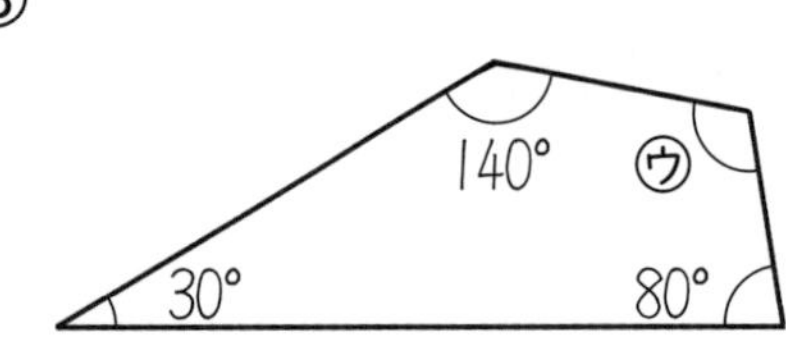

式

答え

④

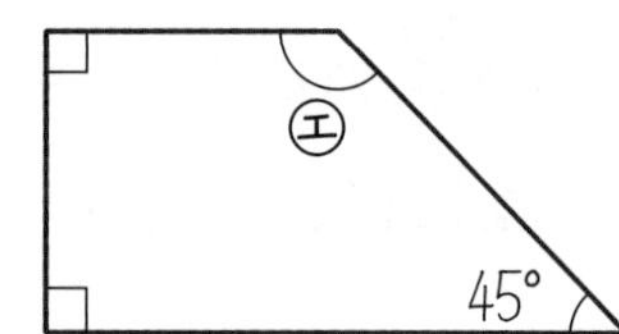

式

答え

五角形の角の大きさの和は何度ですか。（10点）

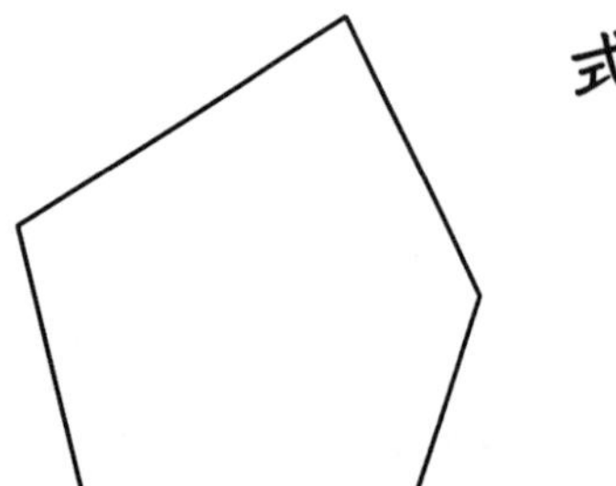

式

答え

まとめテスト

月　　日 名前

まとめ ⑩

図形の性質

1 次の長さを求めましょう。

（1つ10点／30点）

① 直径5cmの円の円周。

式

答え

② 半径3cmの円の円周。

式

答え

③ 円周が62.8cmの円の直径。

式

答え

2 図のまわりの長さを求めましょう。

（1つ10点／20点）

①

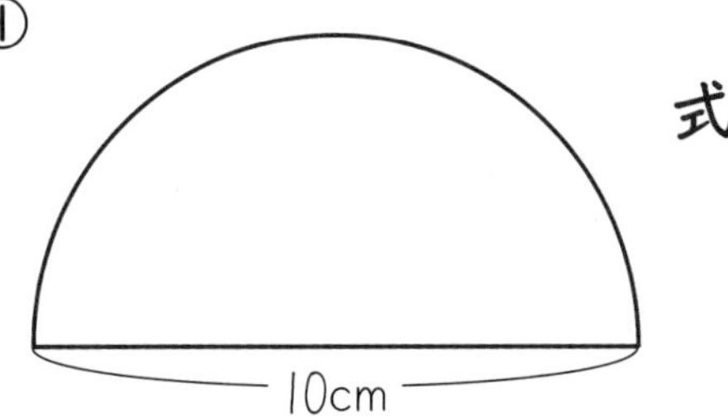

式

答え

②

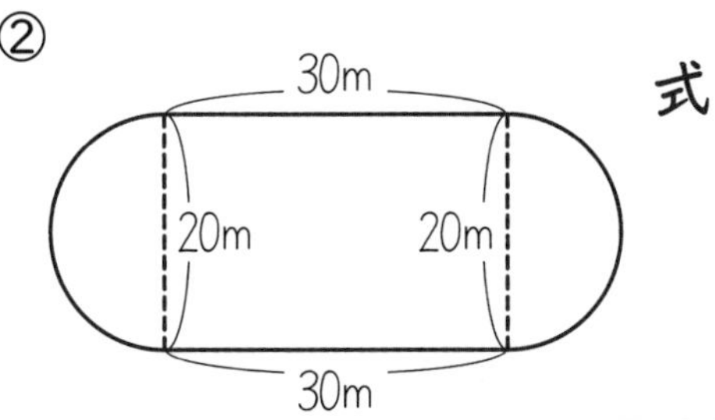

式

答え

体　積 ①

体積の求め方（cm³）

もののかさのことを体積といいます。
体積は、１辺が１cmの立方体がいくつ分あるかで表すことができます。

１辺が１cmの立方体の体積を
１cm³（一立方センチメートル）
といいます。cm³は体積の単位です。

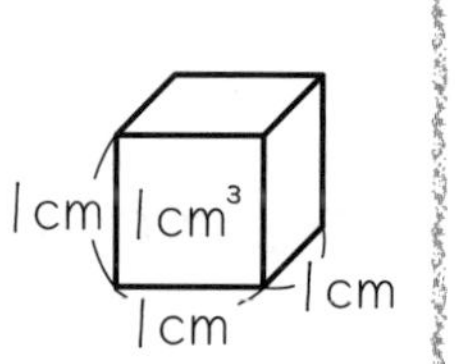

図を見ながら直方体の体積について考えましょう。

① １cm³の立方体がいくつありますか。

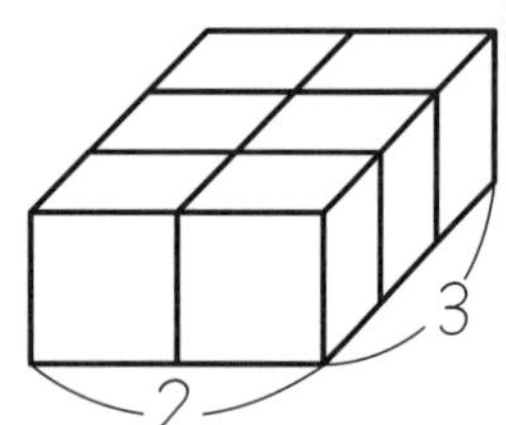

式

答え　　　　個（こ）

② ２だんに積むと、１cm³の立方体はいくつありますか。

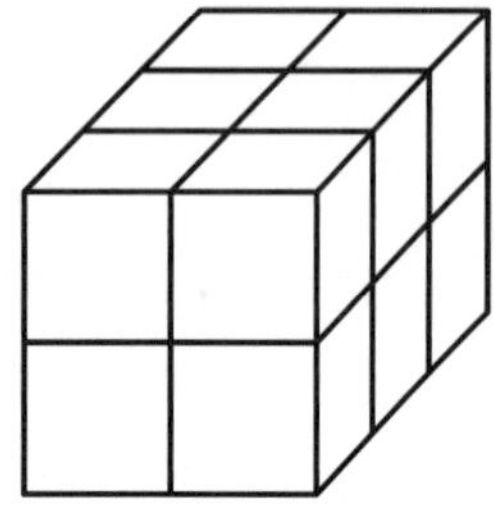

式　１だん×２（倍）

(３×２)×２＝□

答え　　　　個

③ ②の直方体の体積は、何cm³ですか。

答え

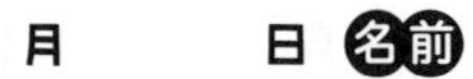

体　積②

直方体の体積

1

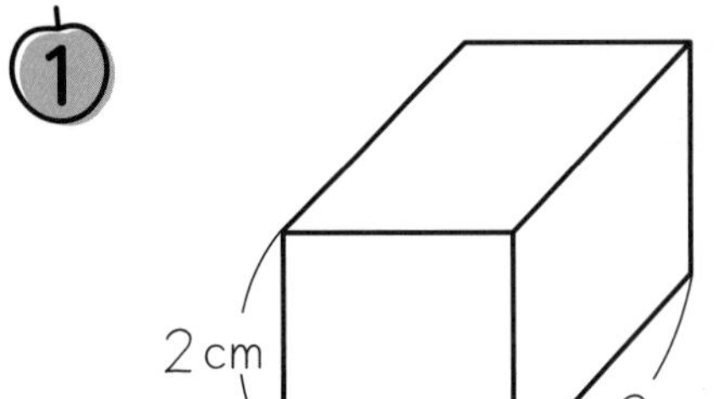

直方体の体積＝たて×横×高さ

左の立体の体積を、上の公式にあてはめて求めましょう。

答え

2　立体の体積を求めましょう。

①

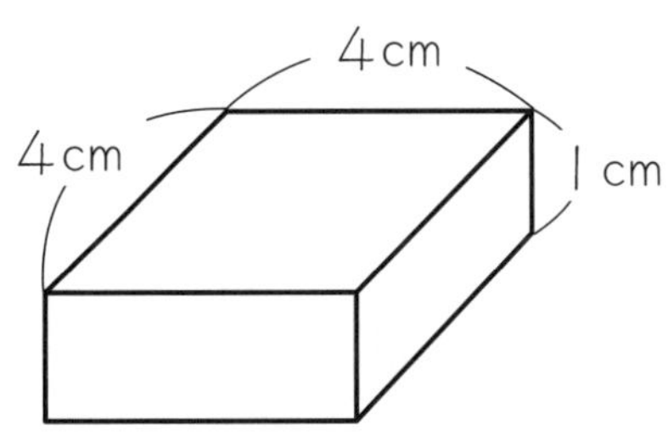

式

答え

②

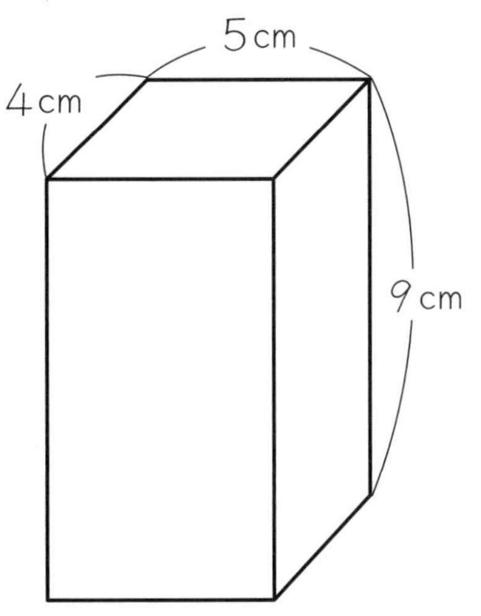

式

答え

月　　日 名前

体積③

立方体の体積

立方体の体積＝１辺×１辺×１辺

立方体の体積を求めましょう。

①

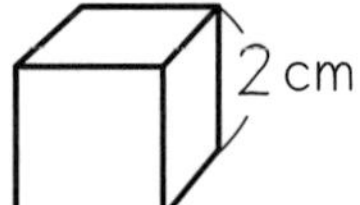

式

答え

②

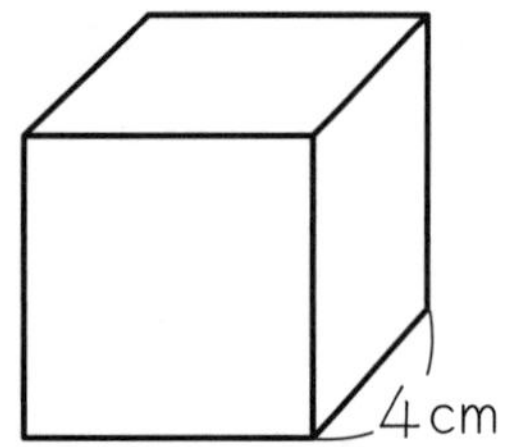

式

答え

③

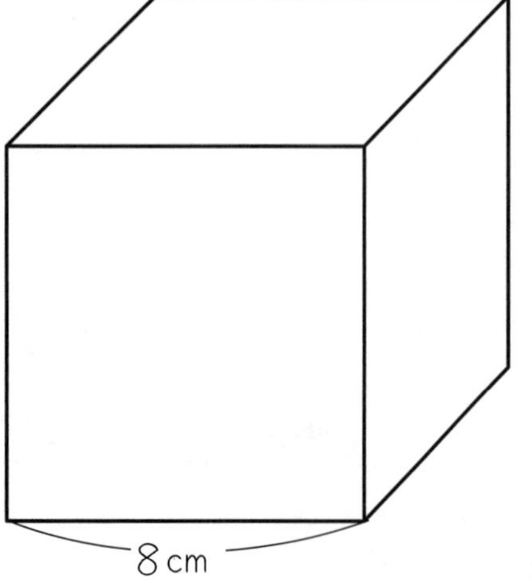

式

答え

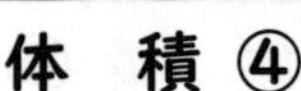

体　積 ④

直方体・立方体の体積

次の直方体や立方体の体積を求めましょう。

①

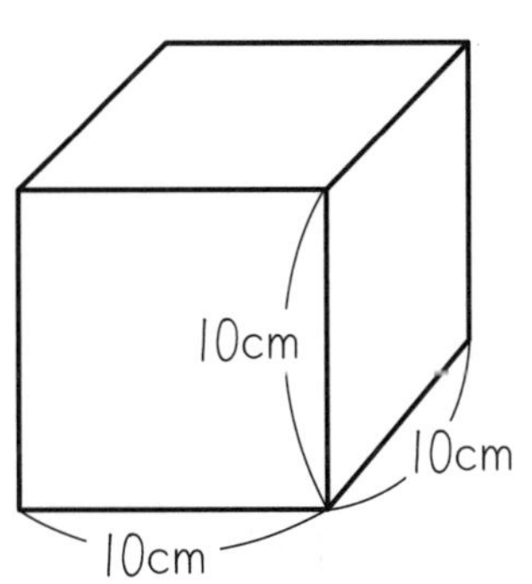

式

答え

②

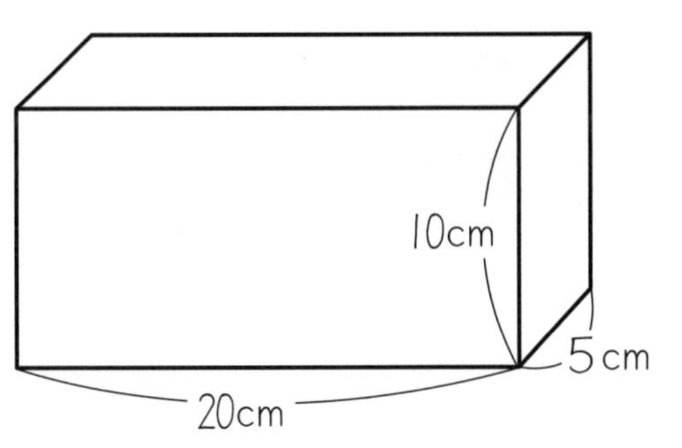

式

答え

③

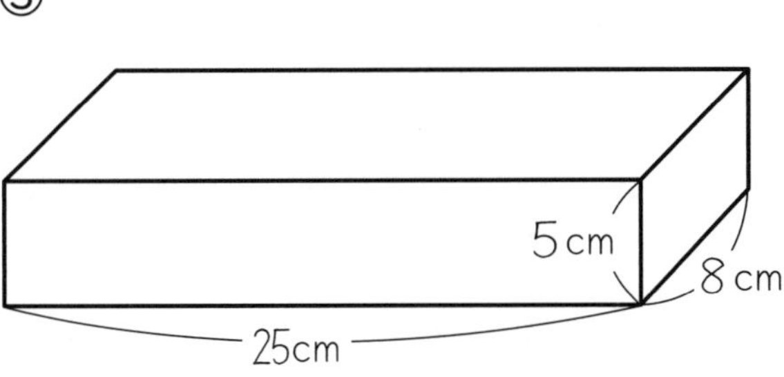

式

答え

月　　日 名前

体積⑤

組み合わせた形

次の立体の体積を求める方法を調べましょう。

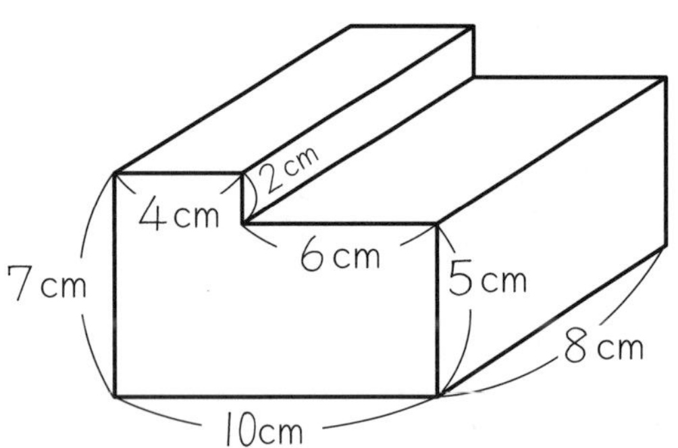

方法1　①　㋐と㋑の2つに分けてから、求めます。

㋐+㋑が全体の体積です。

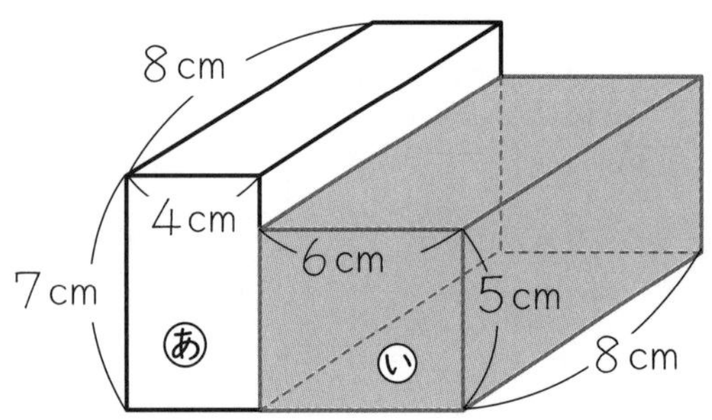

式　㋐　8×4×7=

㋑

㋐+㋑

答え

方法2　②　㋒と㋓の2つに分けてから、求めます。

式

㋒　8×4×2=

㋓

㋒+㋓

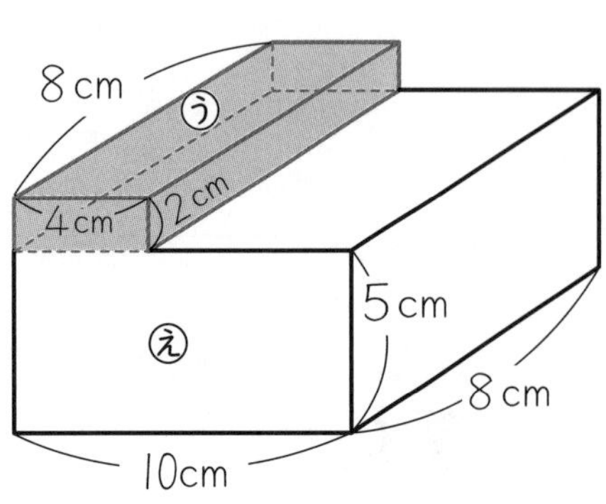

答え

体積⑥

組み合わせた形

① 次の立体の体積を求める方法を調べましょう。

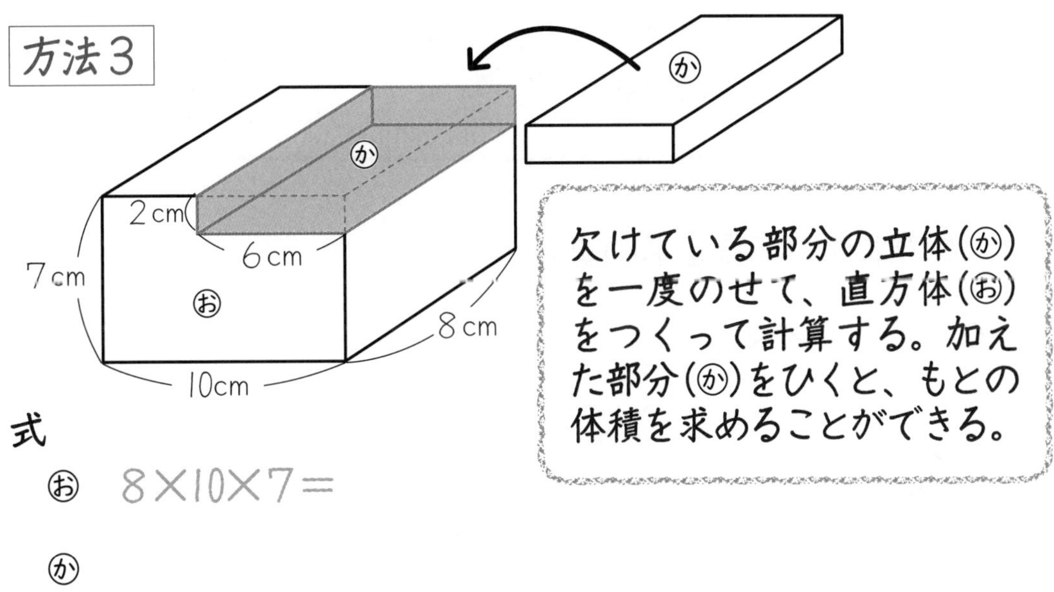

式

お　8×10×7＝

か

お－か

答え

② 立体の体積を求めましょう。

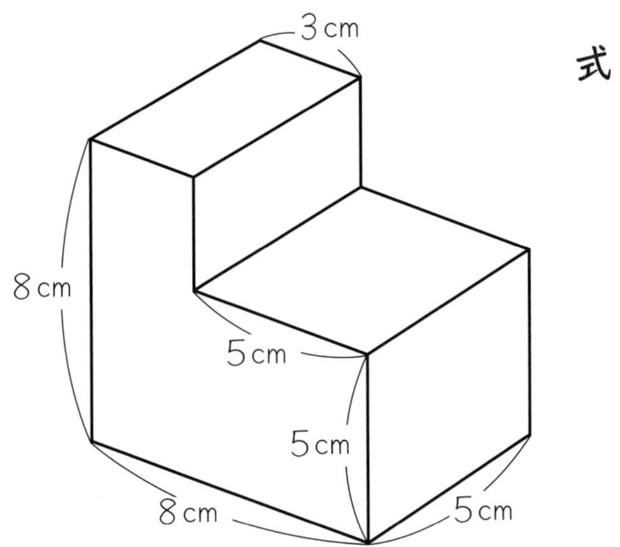

式

答え

月　日 名前

体積⑦

体積の求め方（m³）

｜辺が｜mの立方体の体積は
｜m³（一立方メートル）です。
m³は、体積の単位です。

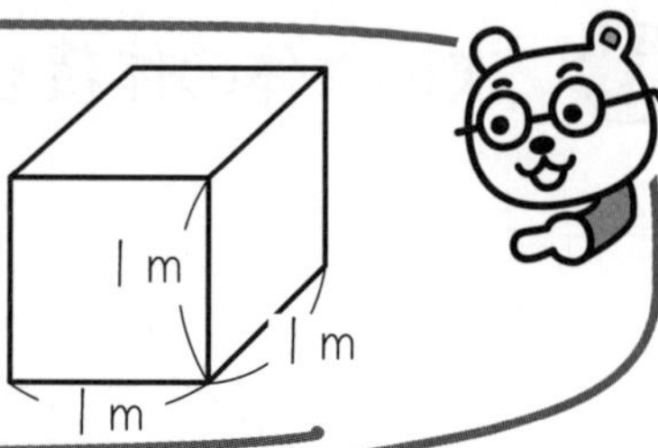

次の立体の体積を求めましょう。

①

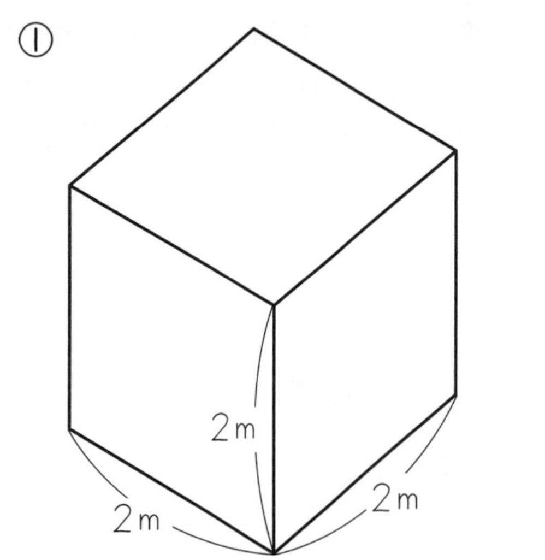

式

答え

② たて4m、横5m、高さ２mの直方体

式

答え

③ ｜辺5mの立方体

式

答え

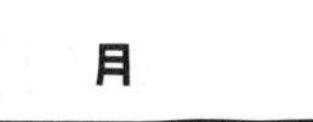

$1\,m^3 = 1000000cm^3$

1 1 m³について、調べましょう。

① 何cm³ですか。

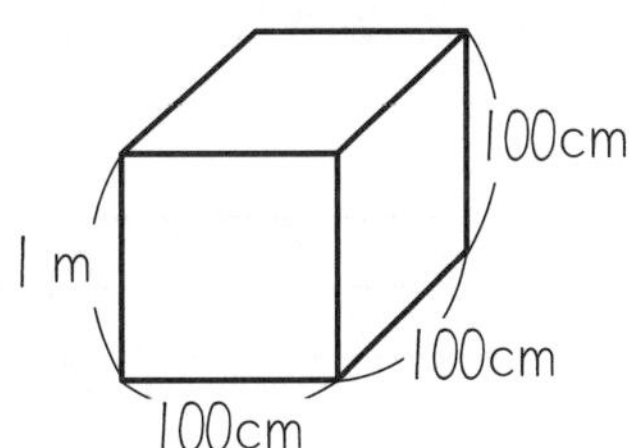

100×100×100＝1000000

1 m³＝　　　　cm³

② 何mLですか。

1 cm³＝1 mL

1 m³＝　　　　mL

③ 何Lですか。

1 Lは、たてに10個、横に10個、高さに10個で

10×10×10＝1000,　1 L＝1000mL

1 m³＝　　　　L

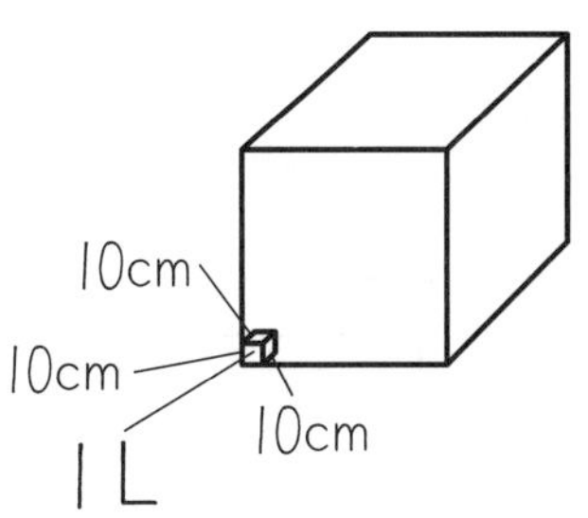

2 立体の体積を求めましょう。

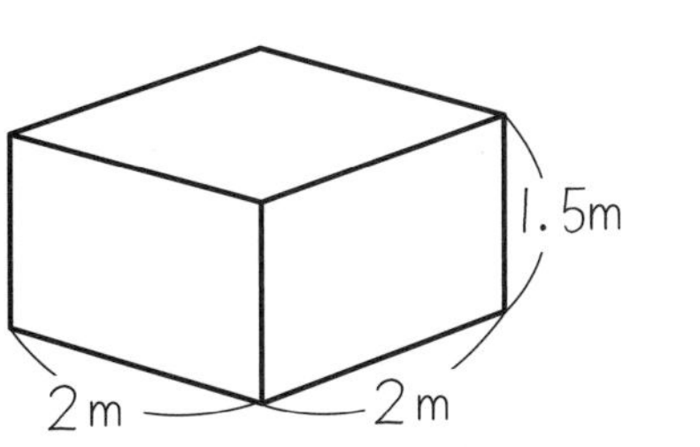

式

答え　　　m³,　　　L

まとめテスト　月　日 名前

まとめ ⑪

体積

／50点

1

１辺が１cmの立方体で次のような形をつくります。
体積を求めましょう。

（１つ５点／10点）

①

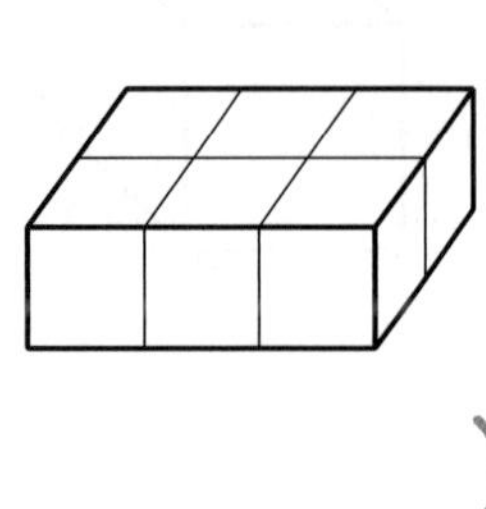

（　　　　）

②

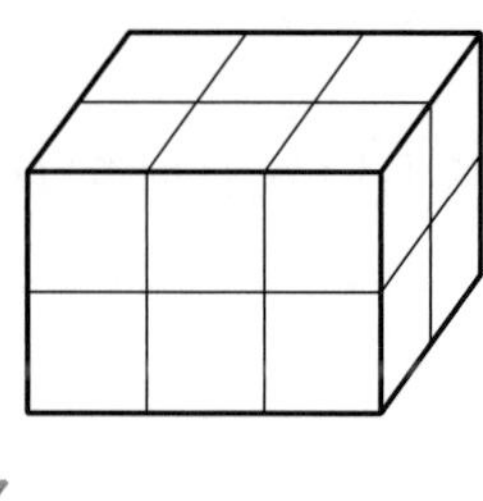

（　　　　）

2

次の立体の体積を求めましょう。

（１つ10点／40点）

①　たて５cm、横６cm、高さ４cmの直方体。

式

答え

②　１辺が４cmの立方体。

式

答え

③

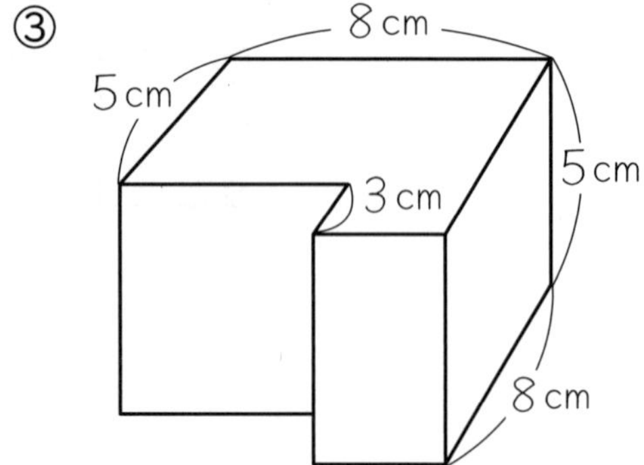

式

答え

④

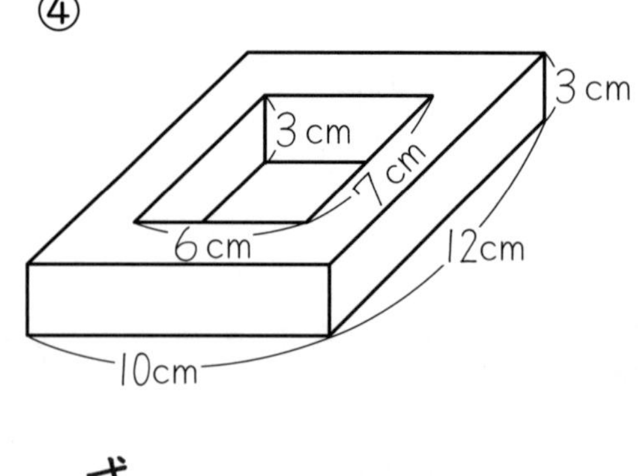

式

答え

まとめテスト　　月　　日 名前

まとめ ⑫

体　積

① （　　）にあてはまる数をかきましょう。（1つ5点／20点）

① 1 L＝（　　　）cm^3　② 1 cm＝（　　　）mL

③ 1 m^3＝（　　　）cm^3　④ 1 m^3＝（　　　）L

② 次の立体の体積を求めましょう。（1つ10点／20点）

① たて3m、横4m、高さ2mの直方体。

式

答え＿＿＿＿＿＿＿＿

② 1辺3mの立方体。

式

答え＿＿＿＿＿＿＿＿

③ 次の直方体の体積は何m^3ですか。また、それは何Lですか。（10点）

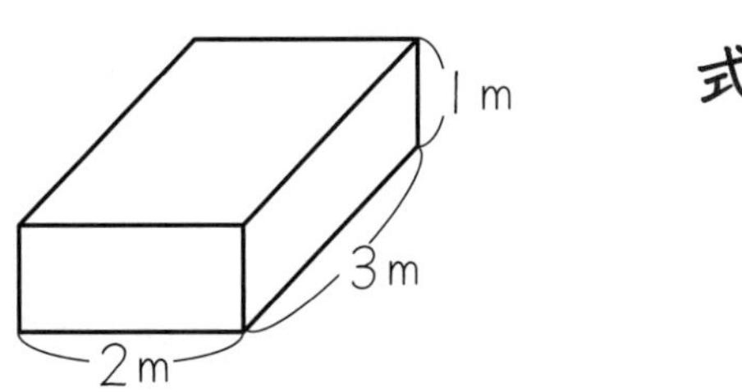

式

答え　　　m^3,　　　L

角柱・円柱 ①

角柱・円柱とは

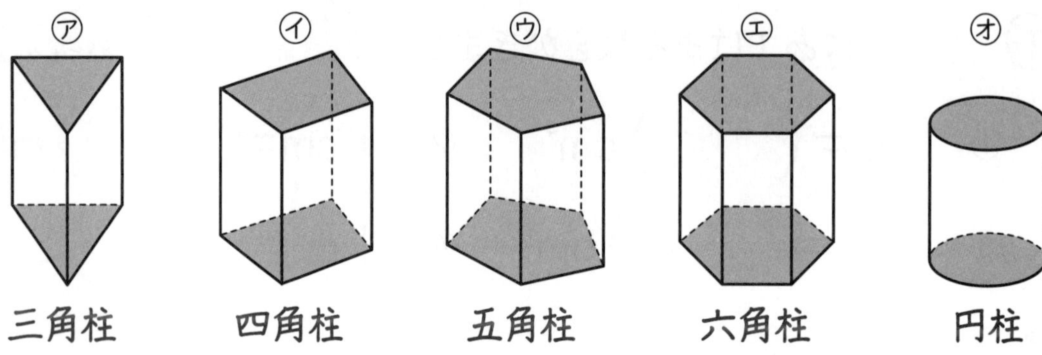

㋐、㋑、㋒、㋓のような立体を角柱といい、㋔を円柱といいます。形も大きさも同じで、平行な２つの面を底面といいます。周りの面を側面といいます。角柱の側面は長方形か正方形です。円柱の側面は曲面です。

（　　）に名前をかきましょう。

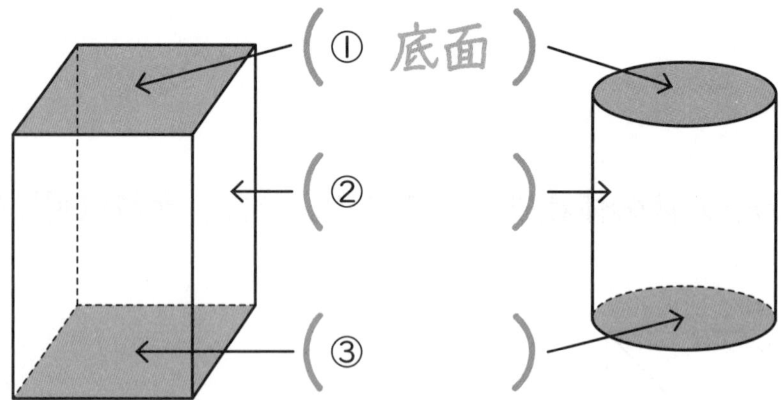

角柱は、底面の形によって名前をつけます。直方体や立方体は、四角柱とみることができます。

月　　日 名前

角柱・円柱 ②

角柱・円柱の性質

図を見て答えましょう。

㋐

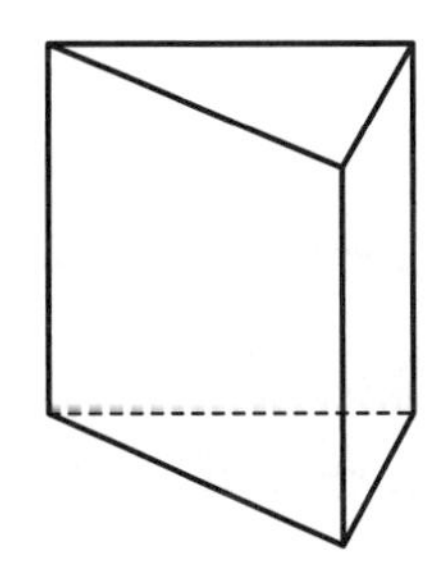

㋑

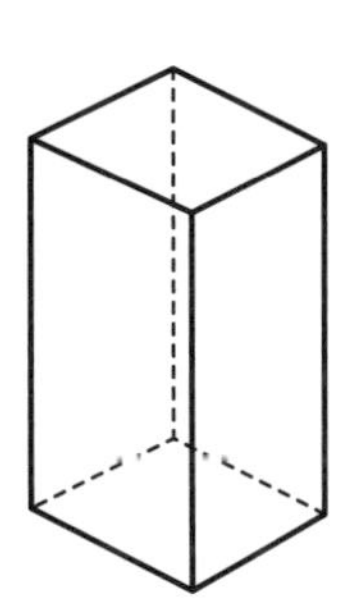

㋒

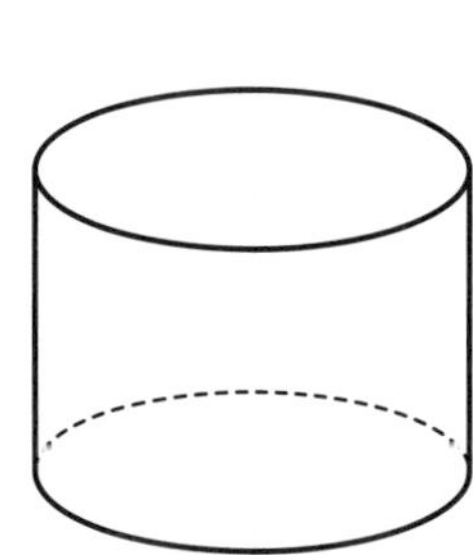

① 次の表にあう数や言葉をかき、表を完成させましょう。

	㋐	㋑	㋒
立体の名前			
ちょう点の数			――
辺の数			――
側面の数			
底面の形			

② あの面と平行な面に色をぬりましょう。

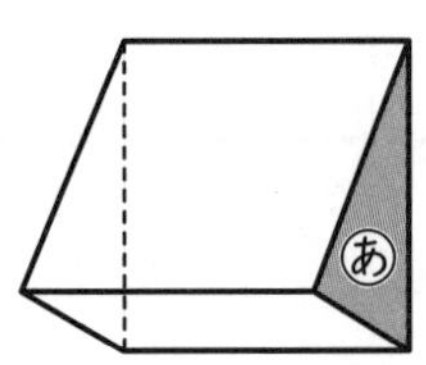

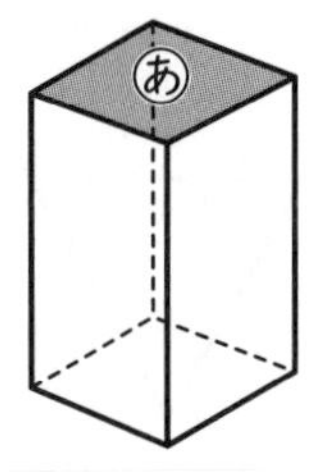

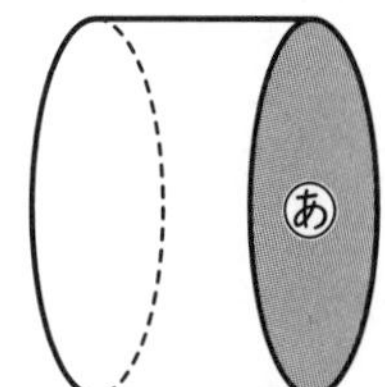

月　　日 名前

角柱・円柱 ③

角柱の展開図

三角柱の展開図(てんかいず)をかきましょう。

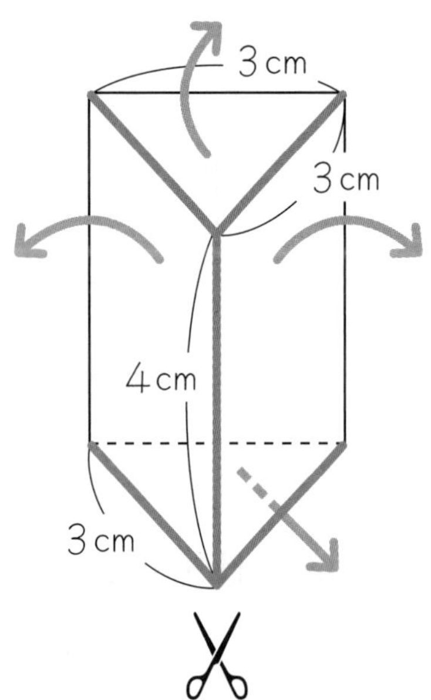

• 底面１辺が３cmの正三角形

• 高さ４cm

太い線の辺で切って
開くと考えましょう。

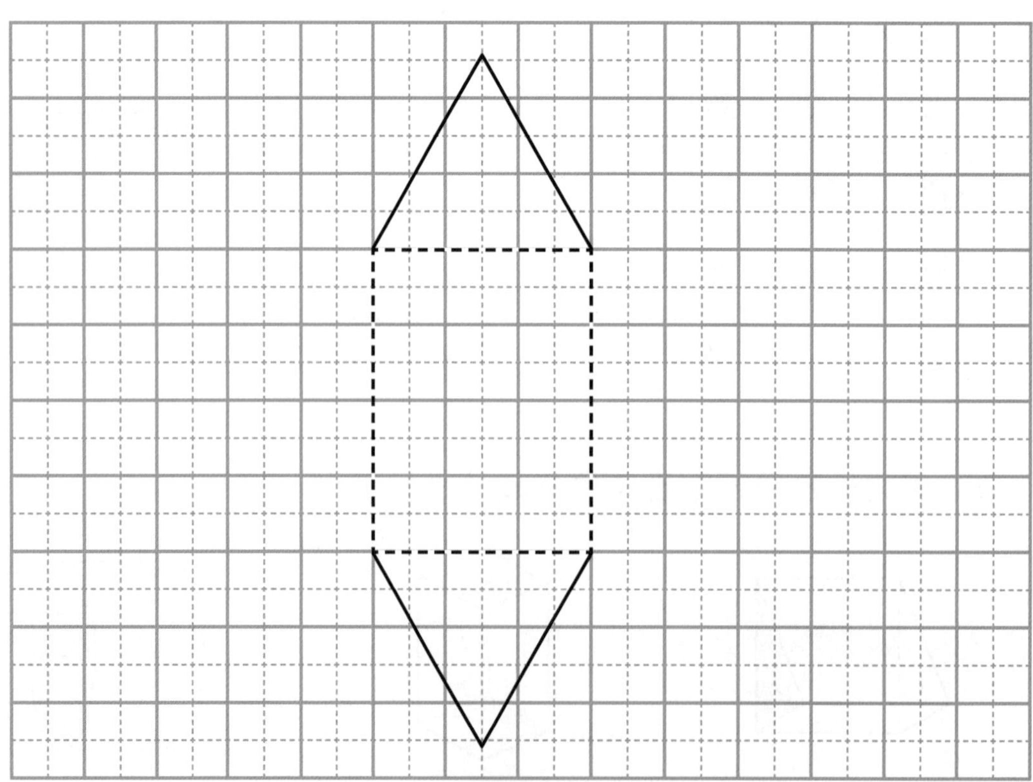

月　　日 名前

角柱・円柱 ④

円柱の展開図

円柱の展開図をかきましょう。(円周率は3.14)

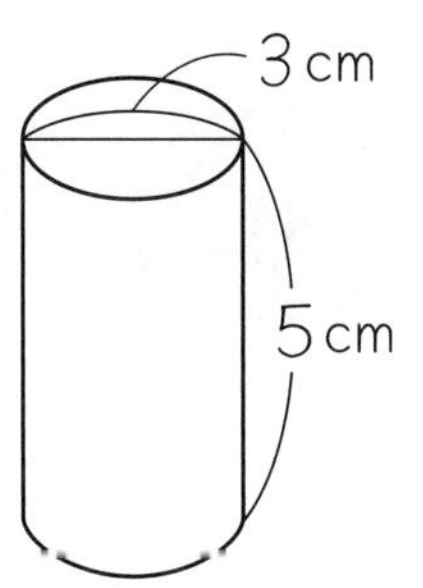

・底面の直径が3cm

・高さ5cm

※小数第二位を四捨五入(ししゃごにゅう)

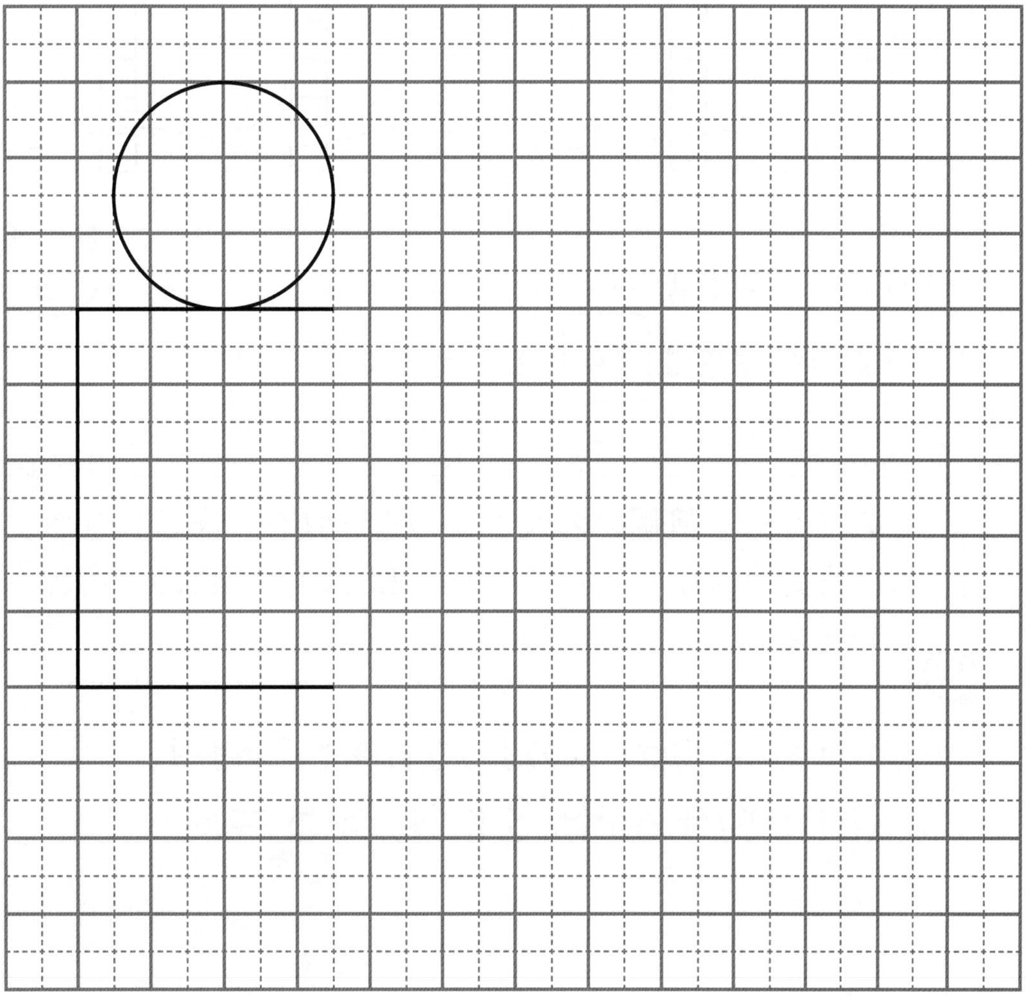

月　　日 名前

単位量あたりの大きさ ①

平均とは

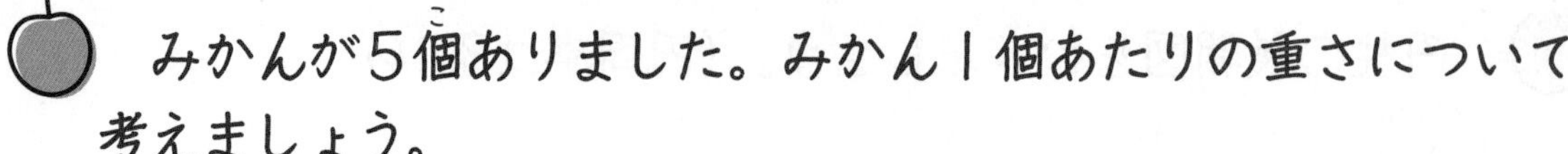

みかんが5個(こ)ありました。みかん1個あたりの重さについて考えましょう。

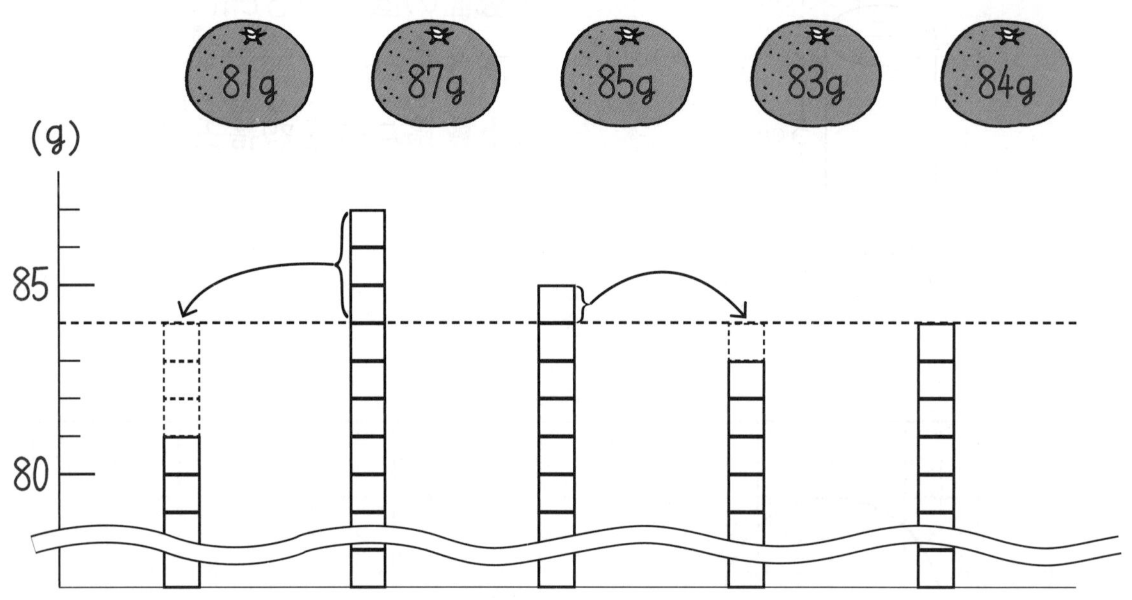

みんな同じになるように、ならしました。

1個あたりの重さは 84 gといえます。

このように、何個かの大きさの量や数を、同じ大きさになるようにならしたものを、もとの量や数の平均(へいきん)といいます。　平均＝合計÷個数

みかんの重さの平均は、次のような計算で求めます。

式　(81＋87＋85＋83＋84)÷5＝84
（合計）（個数）

答え

月　　日 名前

単位量あたりの大きさ ②

平均を求める

1 たまごの重さの平均は、何gですか。

60g　65g　66g　61g

式

答え

2 まきさんの漢字テストの平均点を求めましょう。

回	1回目	2回目	3回目
点数	80	90	100

式

答え

3 けんじさんは、4回の漢字テストの平均点が90点でした。

合計点は何点ですか。

□×4＝□

答え

単位量あたりの大きさ ③
混みぐあい

混(こ)みぐあいについて考えましょう。

① 朝、6両の電車に660人乗っていました。夕方、6両の電車に540人乗っていました。朝と夕方とでは、どちらが混んでいますか。

答え ＿＿＿＿＿＿

② 日曜日に、6両の電車に660人乗っていました。月曜日に8両の電車に660人乗っていました。日曜日と月曜日では、どちらが混んでいますか。

答え ＿＿＿＿＿＿

③ 1両あたりの人数を計算しましょう。

㋐ 6両に660人

660÷6＝

答え ＿＿＿＿＿＿

㋑ 6両に540人

答え ＿＿＿＿＿＿

㋒ 8両に660人

答え ＿＿＿＿＿＿

混みぐあいを比(くら)べるとき、1両あたり、1 m^2 あたり、たたみ1まいあたりなどのように単位量あたりの大きさを求めて比べることがあります。

月　　日 名前

単位量あたりの大きさ ④
混みぐあい

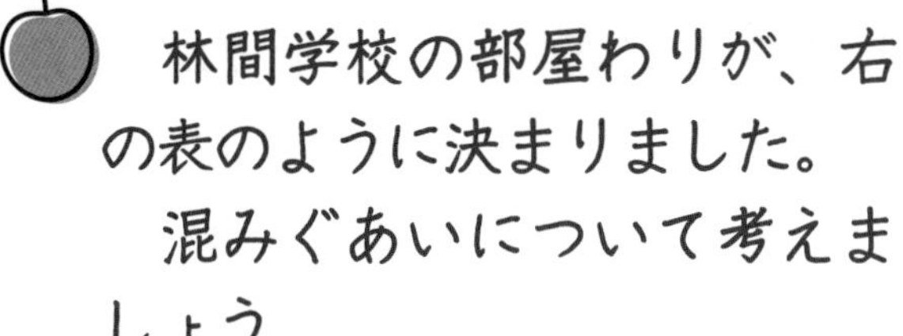

林間学校の部屋わりが、右の表のように決まりました。

混みぐあいについて考えましょう。

部屋名	10号	11号	12号
たたみの数	8	8	6
人　数	5	4	4

① 10号室と11号室（たたみの数が同じ）

人数が多い［　号室］が混んでいます。

② 11号室と12号室（人数が同じ）

たたみの数が少ない［　号室］が混んでいます。

③ 10号室と12号室（たたみの数も人数もちがう）

㋐ たたみ1まいあたりの人数

・10号室　［5÷8＝0.625］

・12号室　［4÷6＝0.666…］

たたみ1まいあたりたくさんの人がいる［　号室］が混んでいます。

㋑ 1人あたりのたたみのまい数

・10号室　［8÷5＝1.6］

・12号室　［6÷4＝1.5］

1人あたりのたたみのまい数が少ない［　号室］が混んでいます。

④ 混んでいる順に部屋番号をかきましょう。

（　号室）→（　号室）→（　号室）

単位量あたりの大きさ ⑤

1mあたり

① 5mで1000円のリボンがあります。このリボン1mのねだんは、いくらですか。

式

答え

② 3.5mで700円のリボンがあります。このリボン1mのねだんは、いくらですか。

式

答え

③ 0.8mで160円のリボンがあります。このリボン1mのねだんは、いくらですか。

式

答え

④ 2mで500円の赤いリボンと、3mで800円の青いリボンがあります。1mあたりで比(くら)べると、どちらが安いですか。

式

答え

単位量あたりの大きさ ⑥
1本あたり

① 3本で150円のえんぴつがあります。このえんぴつ1本あたりのねだんは、いくらですか。

式

答え ＿＿＿＿＿＿

② 5本で225円のえんぴつがあります。このえんぴつ1本あたりのねだんは、いくらですか。

式

答え ＿＿＿＿＿＿

③ 12本で600円のえんぴつがあります。このえんぴつ1本あたりのねだんは、いくらですか。

式

答え ＿＿＿＿＿＿

④ 1ダースで660円のえんぴつと、10本で530円のえんぴつがあります。1本あたりで比べると、どちらが安いですか。
（※1ダースは12本）

式

答え ＿＿＿＿＿＿

単位量あたりの大きさ ⑦

1 m^2あたり

① 5m^2の学習園に、600gの肥料(ひりょう)をまきました。1m^2あたり何gの肥料をまいたことになりますか。

式

答え

② 3m^2の学習園に、330gの肥料をまきました。1m^2あたり何gの肥料をまいたことになりますか。

式

答え

③ 学習園に、1m^2あたり100gの肥料をまきます。肥料は2kg必要です。学習園の面積を求めましょう。(1kg=1000g)

式

答え

④ 学習園5m^2に、500gの肥料をまきました。学習園全体に同じようにまくと、肥料が2.5kg必要です。学習園全体の広さは、何m^2ですか。

式

答え

月　　日 名前

単位量あたりの大きさ ⑧

1mあたり

① 1mあたりの重さが50gのはり金があります。このはり金5mの重さは、何gですか。

式

答え

② 1mあたりの重さが50gのはり金があります。このはり金6.8mの重さは、何gですか。

式

答え

③ 1mあたりの重さが50gのはり金が、1kg（1000g）ありました。はり金は何mありますか。

式

答え

④ 1200gのはり金がありました。50cm切り取って重さをはかったら、30gありました。はり金は、全部で何mありますか。

式

答え

月　日 名前

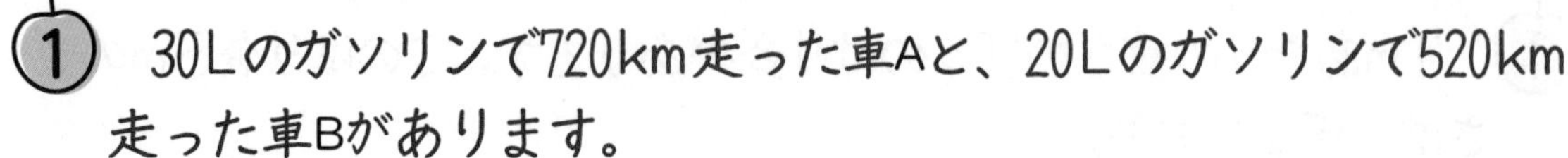

単位量あたりの大きさ ⑨
1Lあたり

① 30Lのガソリンで720km走った車Aと、20Lのガソリンで520km走った車Bがあります。
1Lあたりのガソリンで、たくさん走れる車はどちらですか。

式

答え

② 100km走るのに、ガソリンを5L使った車があります。
この車で500km走るには、何Lのガソリンが必要ですか。

式

答え

1Lのガソリンで何km走ることができるかを、車の燃費(ねんぴ)といいます。

月　　日 名前

単位量あたりの大きさ ⑩

1 km^2あたり

① 面積が8km^2で、人口24000人の町の1km^2あたりの人口は、何人ですか。

式

答え

② 面積が9km^2で、人口45000人の町の1km^2あたりの人口は、何人ですか。

式

答え

1km^2あたりの人口を人口密度(じんこうみつど)といいます。

③ 面積が日本の都市で一番せまい蕨(わらび)市(埼玉(さいたま)県)は、人口約7万5千人で、面積は約5km^2です(2022年蕨市HP)。蕨市の人口密度を整数で表しましょう。

式

答え

④ 面積が日本の都市で一番広い高山市(岐阜(ぎふ)県)は、人口約8万5千人で、面積は約2200km^2です(2022年高山市HP)。高山市の人口密度を整数で表しましょう。(小数第一位を四捨五入(ししゃごにゅう)しましょう。)

式

答え

速さ①

速さ比べ

1 みかさんとゆみさんとあゆさんの50m走の記録です。みかさんは8.6秒、ゆみさんは8.0秒、あゆさんは8.4秒でした。一番速く走ったのは、だれですか。

答え

2 表は、たけしさんとあきらさんとただしさんが、家へ帰ったときの記録です。だれの歩き方が速いか比べましょう。

	時間（分）	道のり（m）
たけし	15	1050
あきら	12	900
ただし	15	900

① たけしさんとただしさんは、同じ時間（15分間）にそれぞれ1050m、900m歩いています。どちらの歩き方が速いですか。

答え

② あきらさんとただしさんは、同じ道のり（900m）をそれぞれ12分、15分で歩いています。どちらの歩き方が速いですか。

答え

月　　　日 名前

速　さ②

速さ比べ

左の表において、たけしさんとあきらさんの歩く速さを比べたいのですが、かかった時間も、歩いた道のりもちがいます。

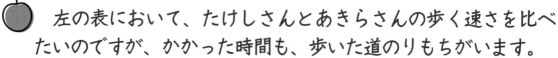

１分間あたりの道のりを比べます。

① たけしさんが１分間に歩いた道のりを計算しましょう。

式

答え ＿＿＿＿＿＿

② あきらさんが１分間に歩いた道のりを計算しましょう。

式

答え ＿＿＿＿＿＿

③ たけしさんとあきらさんでは、どちらが速く歩いていますか。

答え ＿＿＿＿＿＿

④ 前のページの結果から、歩くのが速い順に名前をかきましょう。

答え ＿＿＿＿＿＿

※ 速さを比べるとき、上のようにいくつかの比べ方がありますが、１時間あたりの速さ（または、１分間あたり、１秒間あたり）のように、単位量あたりの大きさで比べることができます。

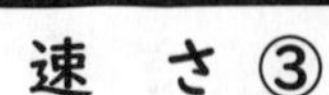

速さ③

速さを求める

速さは、単位時間あたりの道のりで表します。

速さ＝道のり÷時間

① ３時間で150kmの道のりを走る自動車の時速は、何kmですか。

式　150÷3＝

答え　時速□km

② ２時間で90kmの道のりを走る自動車の時速は、何kmですか。

式

答え

③ ５時間で450kmの道のりを走る自動車の時速は、何kmですか。

式

答え

月　　日 名前

速　さ ④

速さを求める

① 東海道新幹線(しんかんせん)は、東京・大阪間約500kmを、約2.5時間で走ります。新幹線の時速は、およそいくらですか。

式

答え 時速約

② 10分間に7000mの道のりを走る自動車は、分速何mですか。

式

答え

③ 8分間で480mの道のりを歩く人は、分速何mですか。

式

答え

④ 5秒間に1700m伝わる音は、秒速何mですか。

式

答え

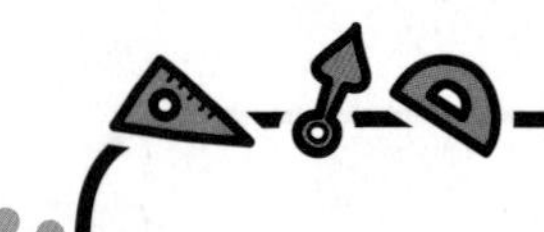

月　　日 名前

速さ⑤

道のりを求める

道のりは、次のようにして求められます。

道のり＝速さ×時間

① 時速50kmで走る自動車が、2時間に進む道のりは、何kmですか。

式 50×2＝

答え □km

② 時速80kmで走る自動車が、4時間に進む道のりは、何kmですか。

式

答え

③ 時速150kmで走る列車が、5時間に進む道のりは、何kmですか。

式

答え

月　　日 名前

速　さ ⑥

道のりを求める

① 時速60kmで走る自動車が、３時間に進む道のりは、何kmですか。

式

答え

② 分速80ｍで歩く人が15分間で歩く道のりは、何ｍですか。

式

答え

③ 分速750ｍで進む自動車が20分間に進む道のりは、何ｍですか。

式

答え

④ 打ち上げ花火を見て、２秒後に音を聞きました。音の秒速を340ｍとすると、花火を上げているところまで何ｍありますか。

式

答え

月　　日 名前

速　さ ⑦

時間を求める

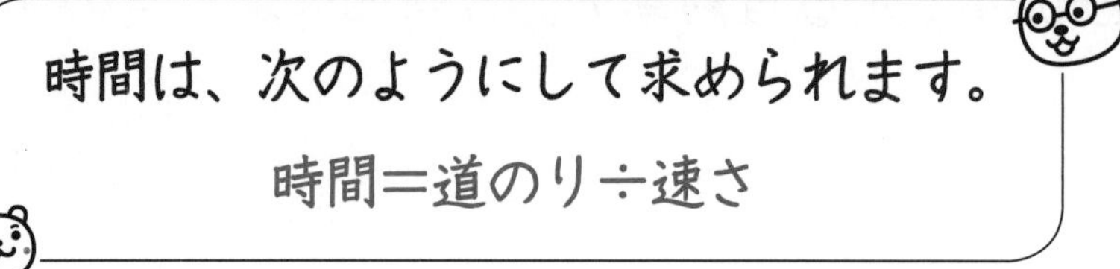

時間は、次のようにして求められます。

時間＝道のり÷速さ

① 時速50kmの自動車が150kmの道のりを走る時間は、何時間ですか。

式　150÷50＝

答え　□時間

② 時速60kmの自動車が240kmの道のりを走る時間は、何時間ですか。

式

答え

③ 時速90kmで走る列車が450kmの道のりを走る時間は、何時間ですか。

式

答え

月　　日 名前

速　さ ⑧

時間を求める

① 家から博物館まで15kmの道のりを時速30kmの自動車で行くと、何時間かかりますか。

式

答え

② 家から駅まで560mの道のりを分速70mで歩くと、駅まで何分かかりますか。

式

答え

③ 分速500mで走る自動車で2000mの道のりを行くには、何分かかりますか。

式

答え

④ 秒速340mで進む音が1700mはなれたところにとどく時間は何秒ですか。

式

答え

月　　日 名前

速　さ ⑨

秒速・分速・時速

① 100mを10秒で走る人の速さと、時速40kmの自動車とでは、どちらが速いですか。

人 （秒速m） 100÷10＝10

（分速m） 10×60＝600

（時速m） 600×60＝36000

答え

② 時速480kmで走るリニアモーターカーは、1分間に何m進みますか。また、1秒間にはおよそ何m進みますか。

1分間 480km＝480000m

480000÷60＝8000

1秒間 8000÷60＝133.3…

答え 1分間に　　　　1秒間に約

③ 次の表にあてはまる速さをかきましょう。

	秒速	分速	時速
バス	10m	m	km
新幹線（しんかんせん）	m	4500m	km
ジェット機	m	m	864km

月　　日 名前

速　さ ⑩

いろいろな問題

① プリンタAは2分間で50まい、プリンタBは5分間で120まい印刷できます。速く印刷できるのは、どちらのプリンタですか。

式

答え

仕事の速さも、
単位量あたりで比（くら）べることができます。

② 山へ登って、「ヤッホー」とさけんだら、3秒たってこだまがかえってきました。音は秒速340mとします。向かいの山まで、およそ何mと考えればよいですか。

式

答え

③ 自動車で100km進むのに、ガソリンを5L使いました。
8L残っています。あと何km進めますか。

式

答え

まとめテスト　　月　　日 名前

まとめ ⑬

単位量あたりの大きさ

／50点

① 読書の平均(へいきん)時間は何分ですか。(10点)

曜日	日	月	火	水	木	金	土
時間(分)	30	10	0	20	20	10	50

式

答え

② 4mで360円のリボンがあります。このリボンの1mのねだんは何円ですか。(10点)

式

答え

③ 0.6mが300円のリボンがあります。このリボンの1mのねだんは何円ですか。(10点)

式

答え

④ 1mあたり80gのはり金があります。このはり金7.5mの重さは何gですか。(10点)

式

答え

⑤ 面積が15km²で人口60000人の市があります。この市の人口密(みつ)度(ど)を求めましょう。(10点)

式

答え

まとめテスト　月　日 名前

まとめ ⑭

速さ

/50点

① 4時間で240km進む車の時速は何kmですか。（10点）

式

答え

② 時速90kmで走る車があります。この車は2時間で何km進みますか。（10点）

式

答え

③ 家から駅までの道のりは720mです。分速80mで歩くと何分かかりますか。（10点）

式

答え

④ 次の表にあてはまる速さをかきましょう。（1つ5点／20点）

	秒速	分速	時速
徒歩	1.25m	72m	
自転車		210m	
自動車		1020m	61.2km

図形の面積 ①

平行四辺形

平行四辺形の面積について、調べましょう。（1cm方眼(ほうがん)）

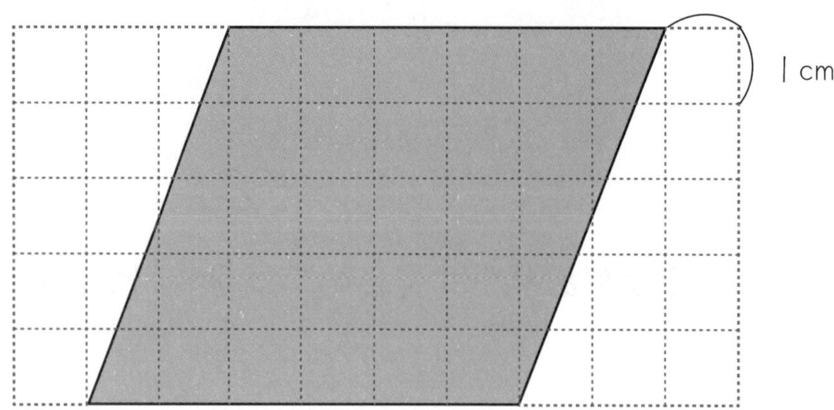

① 左の三角形の部分を右へ移(うつ)すと、長方形ができます。

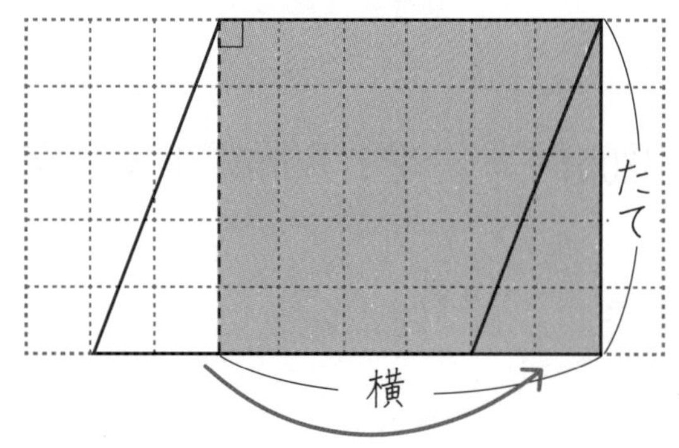

たて×横

式　5×6＝30

答え　　　　cm²

② 平行四辺形の上の辺に対し、直角に切り、右へずらすと、長方形ができます。

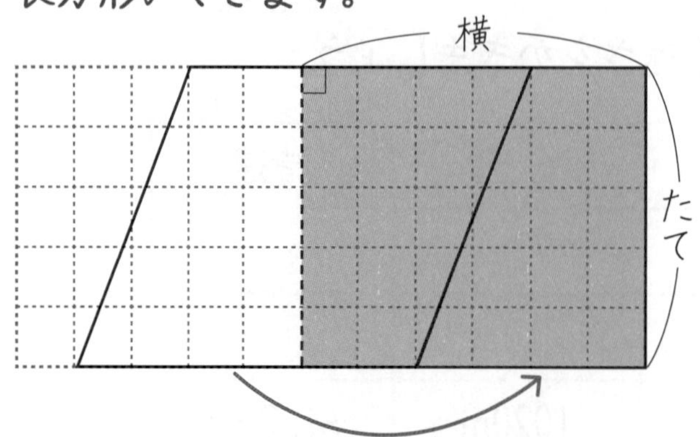

式　5×6＝30

答え　　　　cm²

図形の面積 ②
平行四辺形

平行四辺形の面積

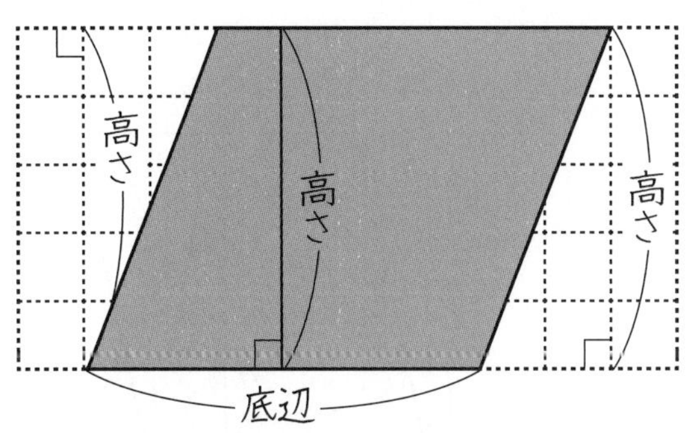

- 底辺に対し、垂直（すいちょく）な直線を高さといいます。

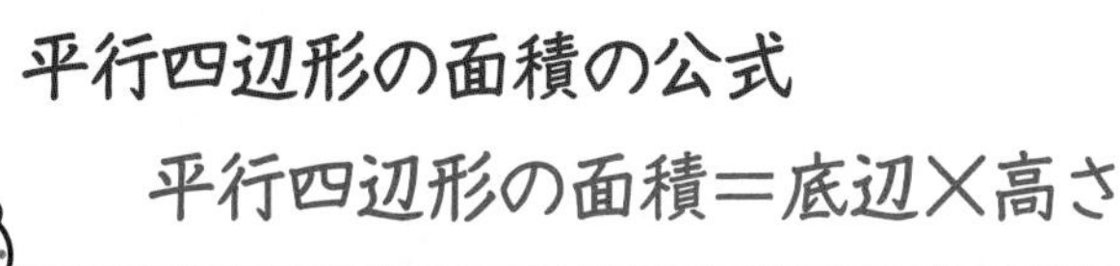

平行四辺形の面積の公式
平行四辺形の面積＝底辺×高さ

平行四辺形の面積を、公式を使って求めましょう。

①

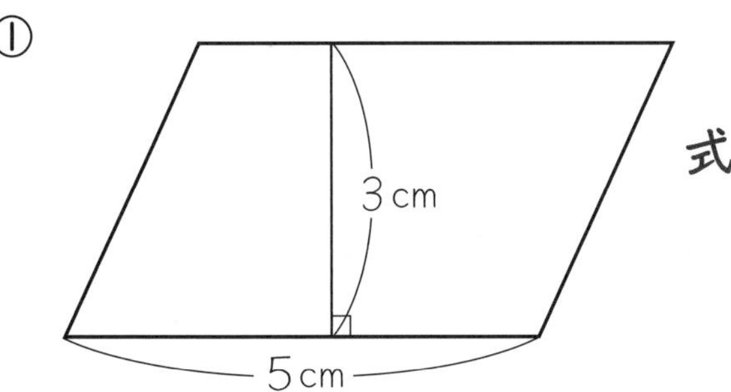

式

答え ＿＿＿＿＿＿＿＿

②

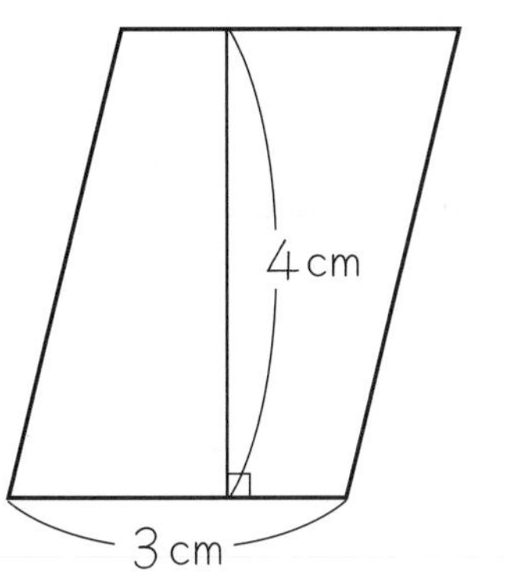

式

答え ＿＿＿＿＿＿＿＿

月　日 名前

図形の面積 ③

平行四辺形

アを平行四辺形の底辺とすると、高さはどれですか。
記号に〇をつけましょう。

①

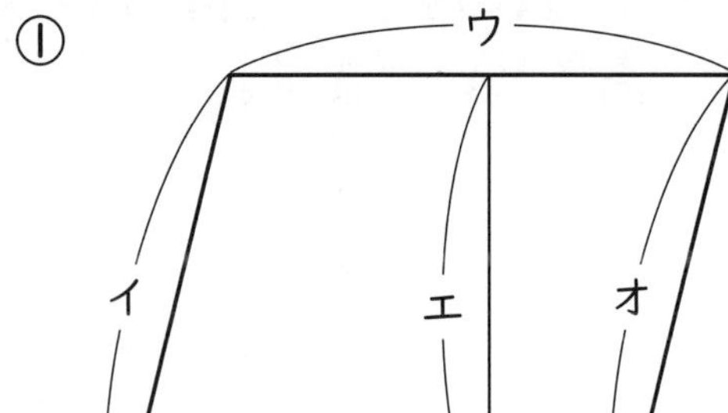

②

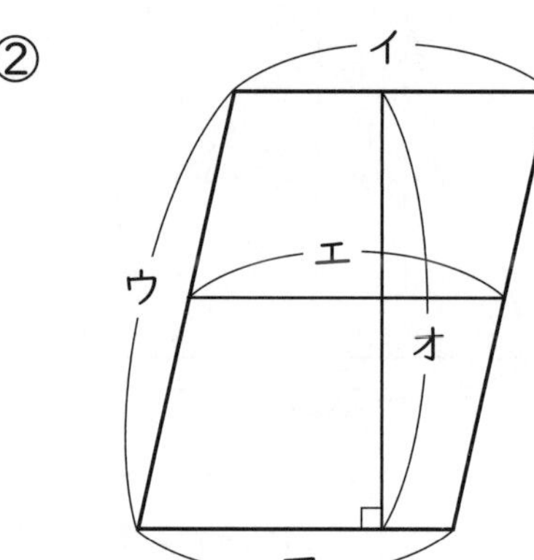

③

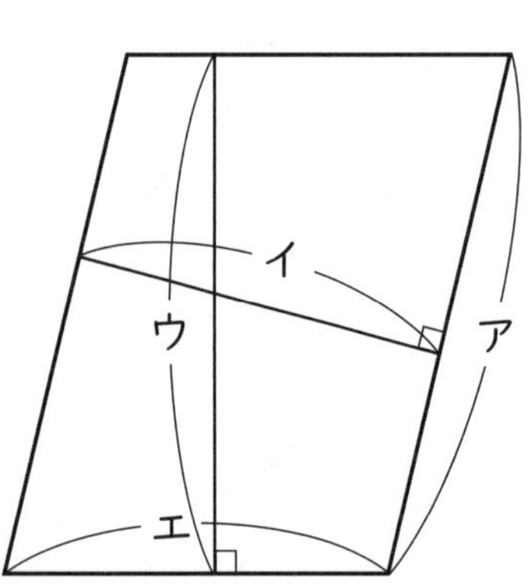

④

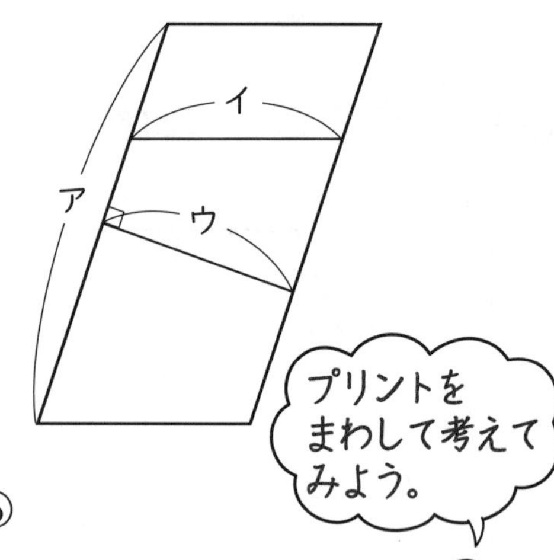

⑤

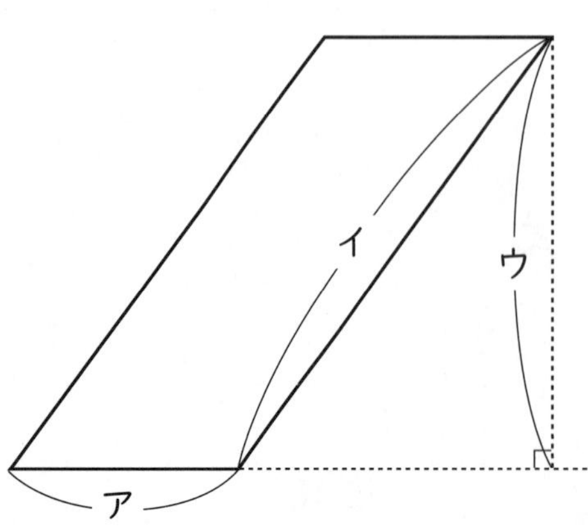

⑥

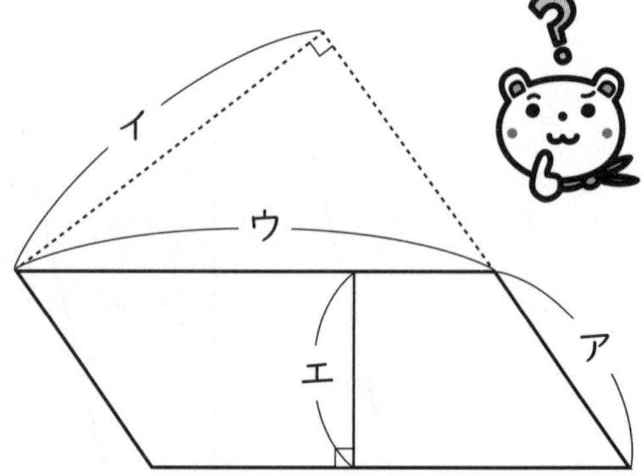

月　　日 名前

図形の面積 ④

平行四辺形

平行四辺形の面積を求めましょう。

①

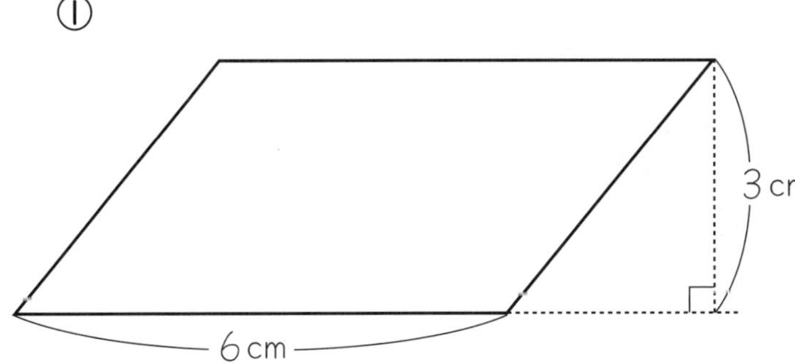

式

答え

②

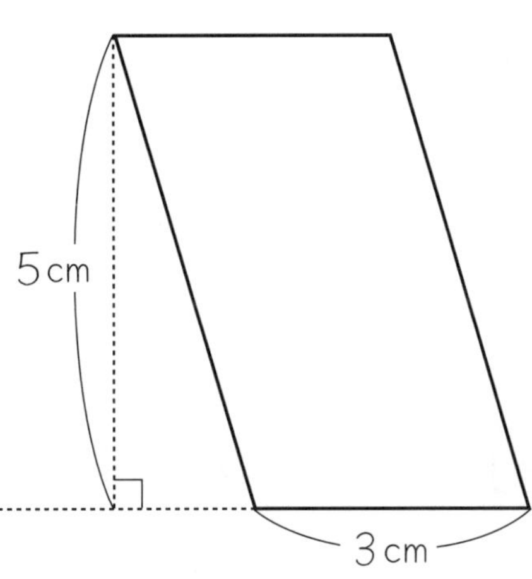

式

答え

③

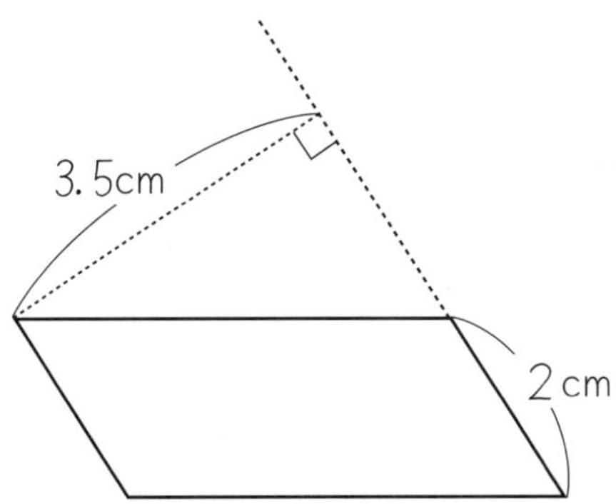

式

答え

図形の面積 ⑤
三角形

三角形の面積について、調べましょう。(1cm方眼(ほうがん))

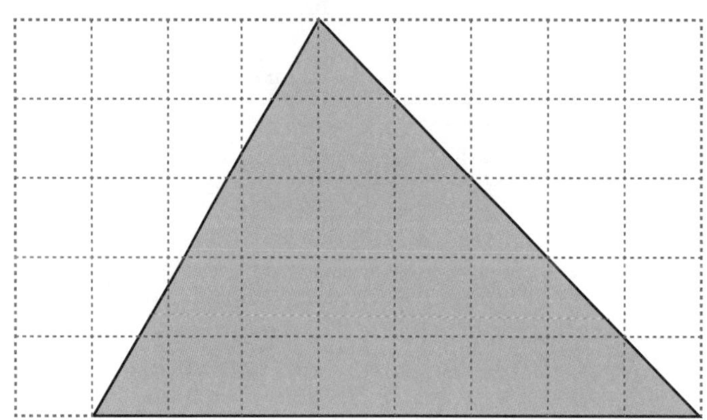

① 高さの線で切って、それぞれの三角形をさかさまにくっつけると長方形ができます。長方形の面積を計算します。

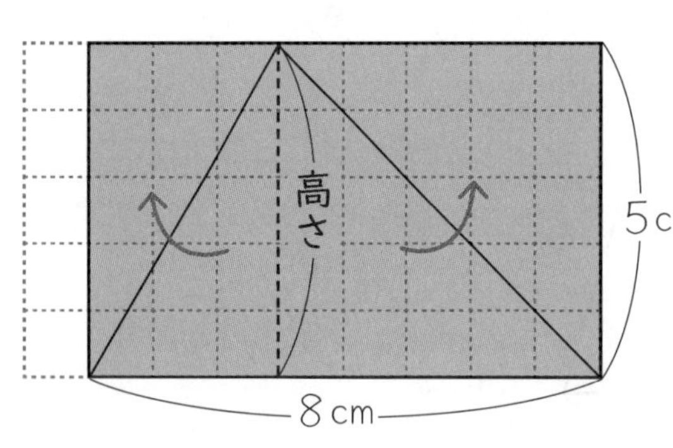

同じ大きさの三角形2つずつでつくったので、2でわると、三角形の面積。

5×8＝40(長方形の面積)
40÷2＝20

答え　　　　cm²

② 同じ形の三角形を回して、平行四辺形をつくります。平行四辺形の面積を計算します。平行四辺形は同じ三角形2つでつくったので、2でわると三角形の面積。

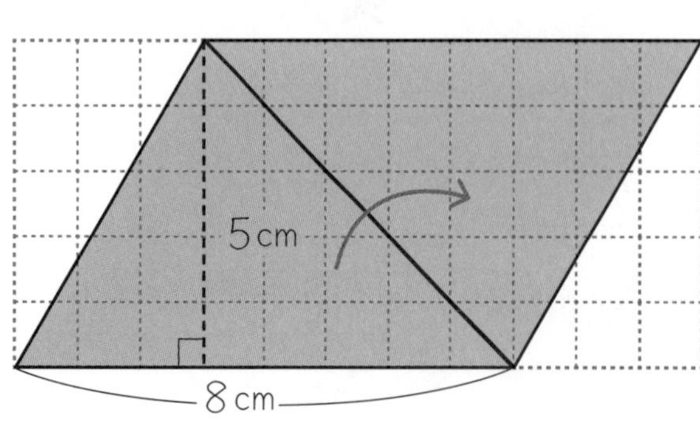

8×5＝40
(平行四辺形の面積)
40÷2＝20

答え　　　　cm²

図形の面積 ⑥

三角形

下の三角形で、ABを底辺にした場合、底辺ABに垂直（すいちょく）な直線CDが高さになります。

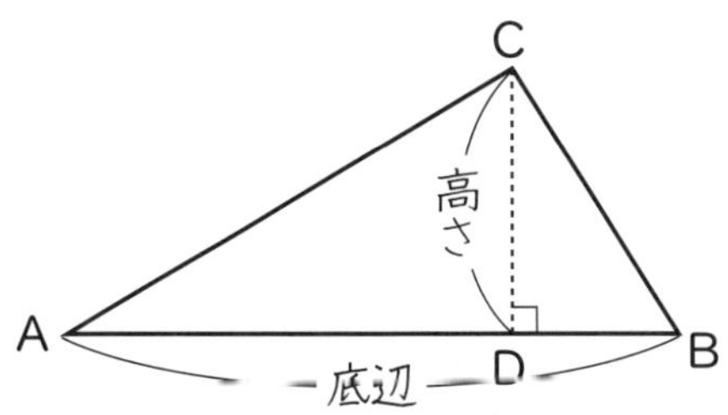

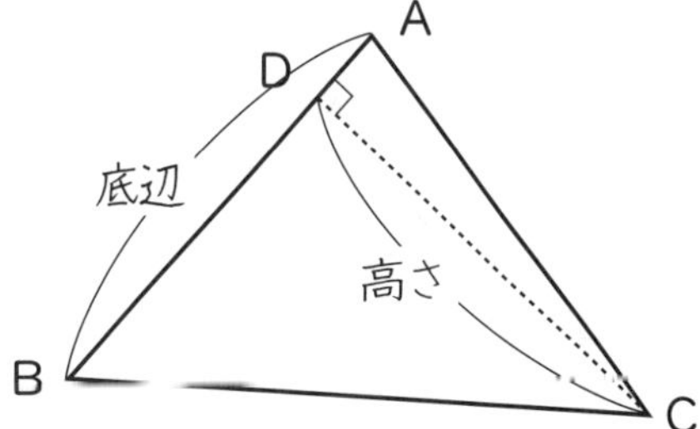

三角形の面積の公式

三角形の面積＝底辺×高さ÷2

公式を使って、三角形の面積を求めましょう。

①

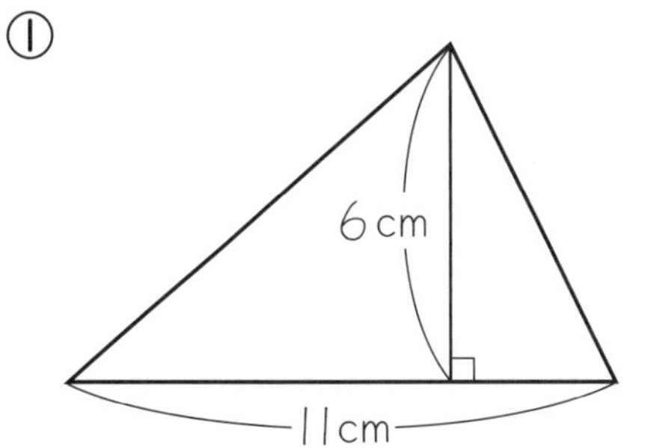

式

答え

②

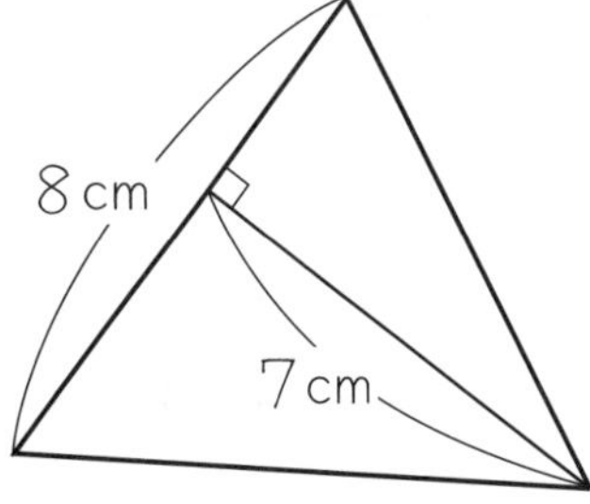

式

答え

月　　日 名前

図形の面積 ⑦

三角形

アを三角形の底辺とすると、高さはどれですか。
記号に○をつけましょう。

①

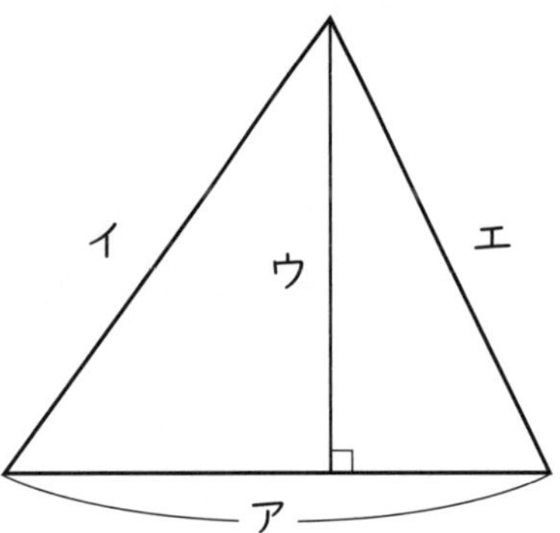

②

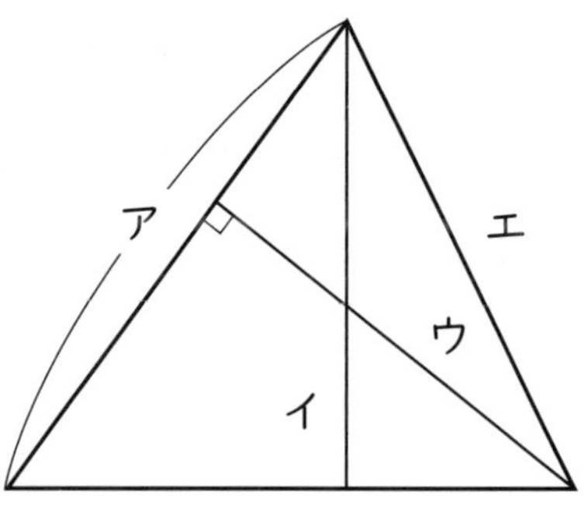

③

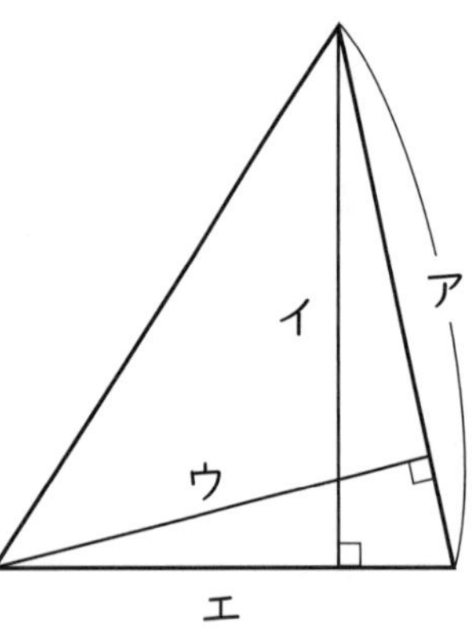

④

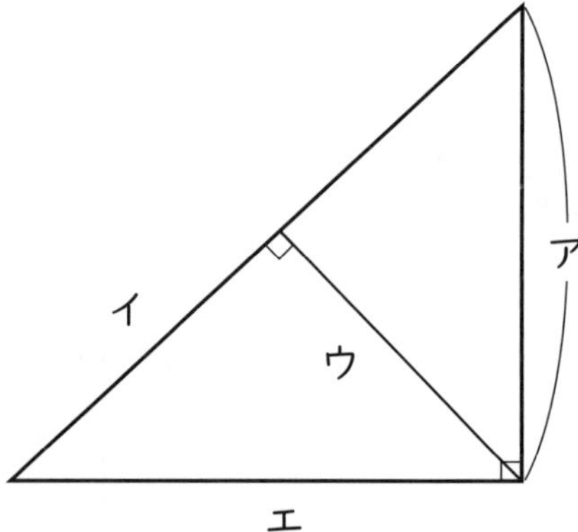

⑤

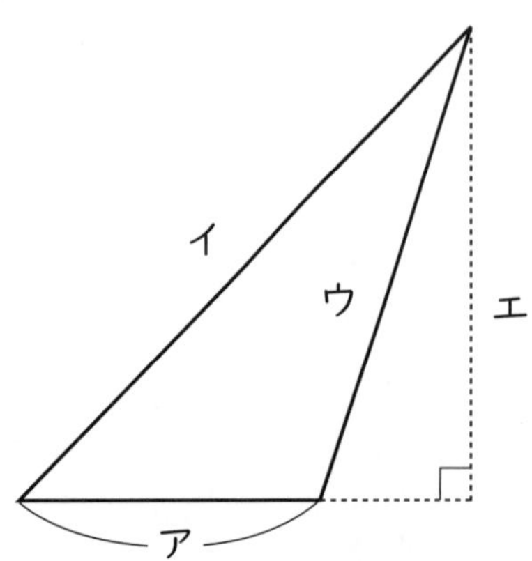

⑥

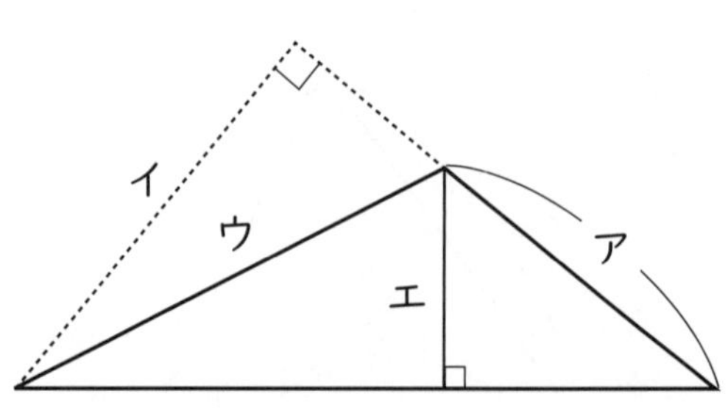

図形の面積 ⑧

三角形

三角形の面積を求めましょう。

①

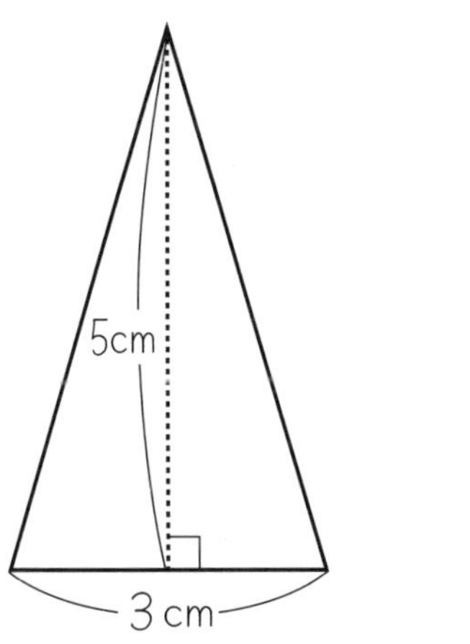

式

答え

②

式

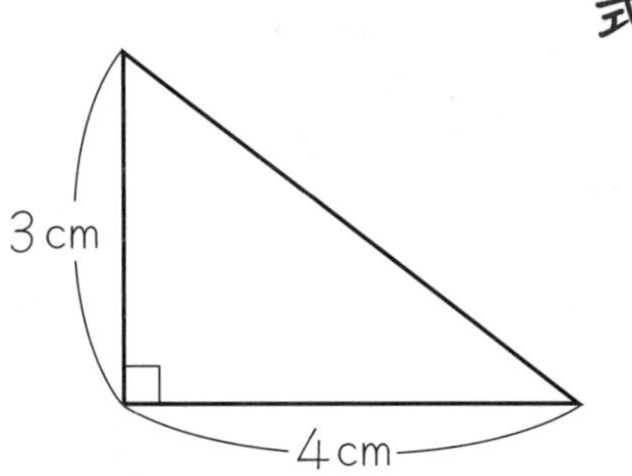

答え

③

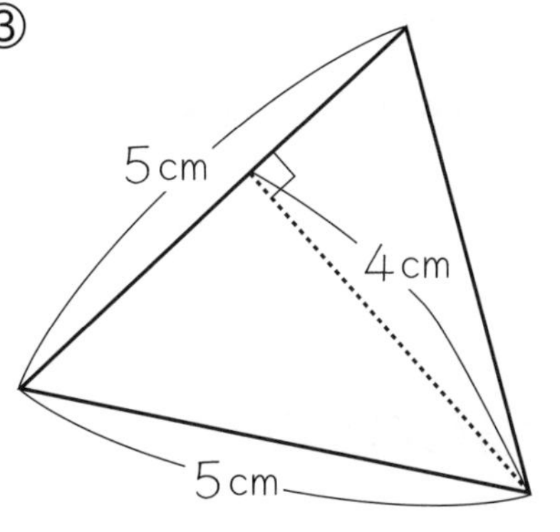

式

答え

図形の面積 ⑨

台　形

台形の面積の求め方を考えましょう。

（単位cm）

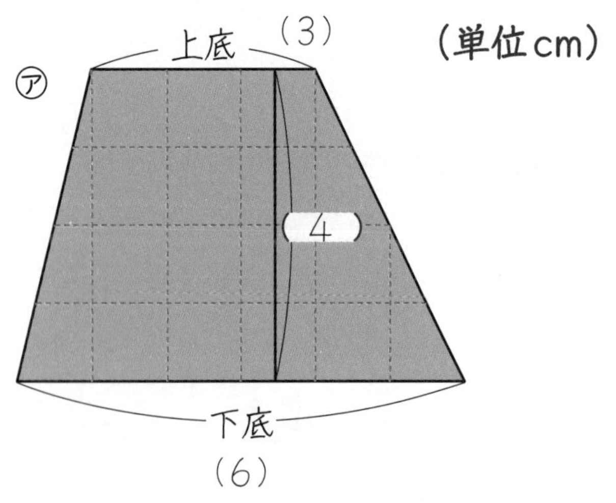

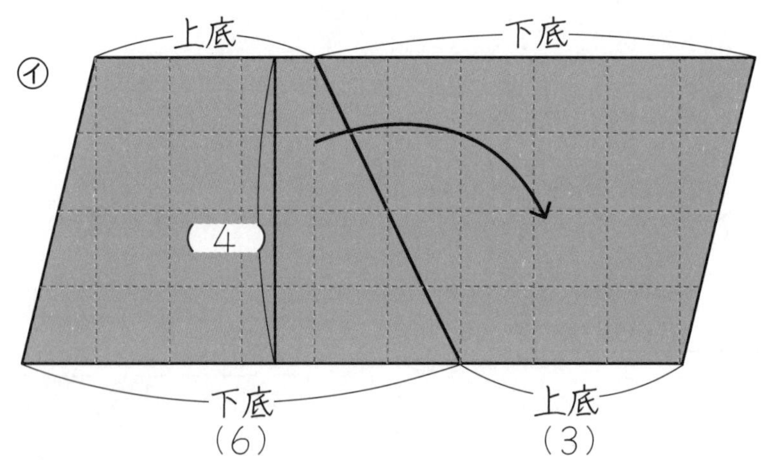

台形をひっくり返し、くっつけて、平行四辺形をつくりました。

㋑　平行四辺形の面積＝もとの台形の面積÷2

底　辺　×　高　さ　＝　平行四辺形の面積

（3＋6）×　　4

上底　下底　　　台形の高さ

㋐　（上底＋下底）×高さ÷2＝台形の面積

月　　日 名前

図形の面積 ⑩

台　形

台形の面積＝(上底＋下底)×高さ÷2

公式を使って台形の面積を求めましょう。(単位cm)

①

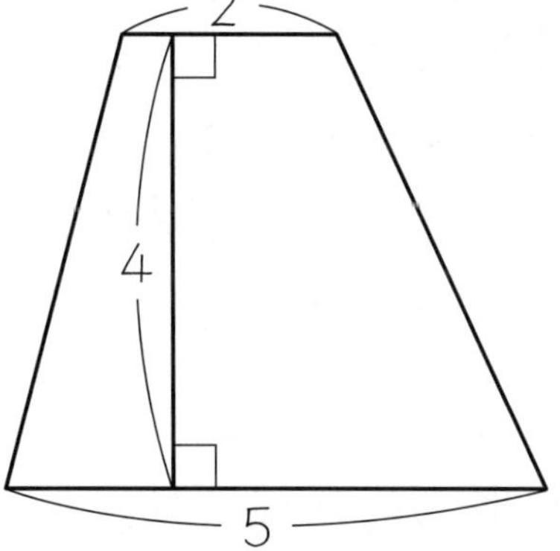

式

答え

②

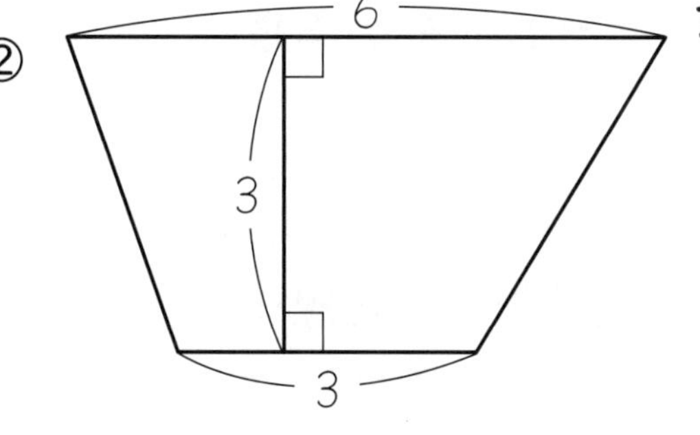

式

答え

③

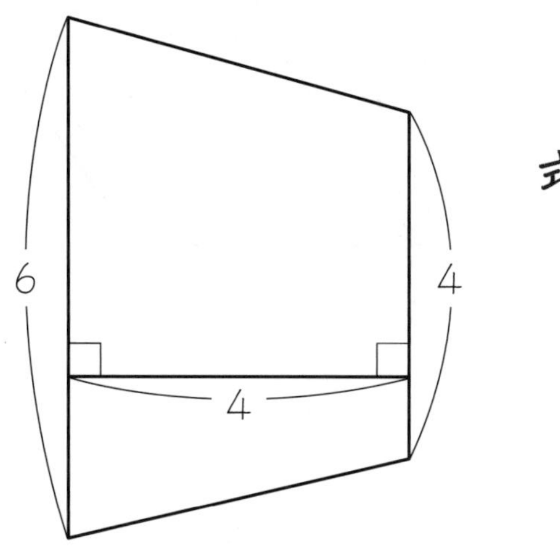

式

答え

図形の面積 ⑪

ひし形

ひし形の面積の求め方を考えましょう。

（単位cm）

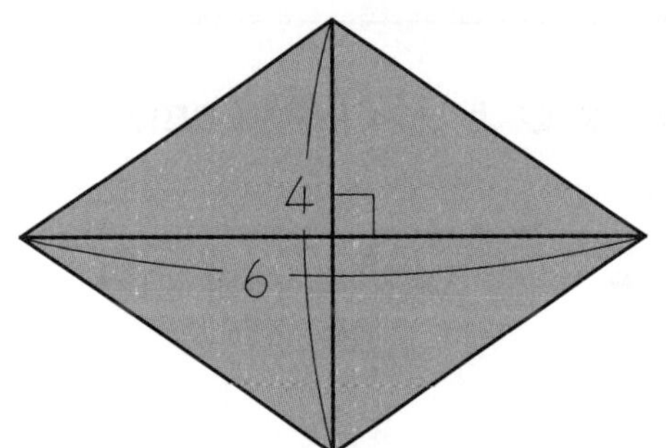

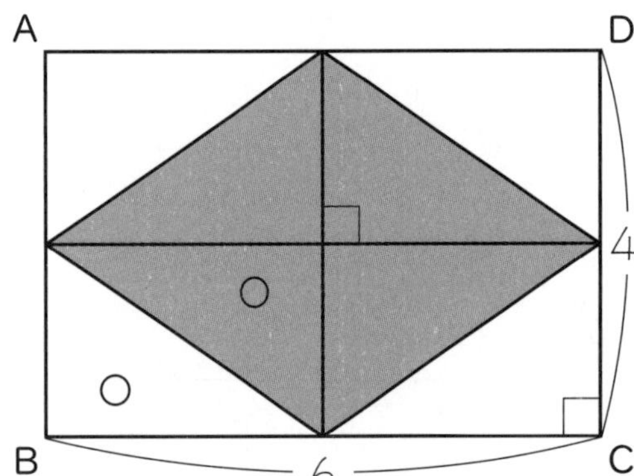

長方形ABCDの面積

4×6＝24

ひし形の面積は、

長方形の半分ですね。

4×6÷2＝12

4cm，6cmは、それぞれひし形の対角線です。

対角線×対角線÷2
＝ひし形の面積

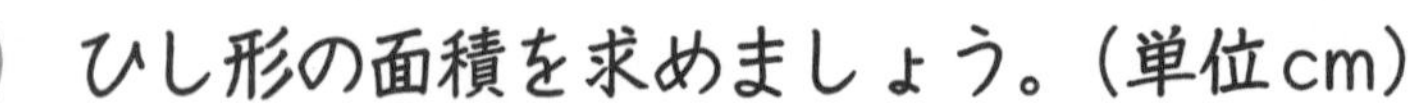

ひし形の面積＝対角線×対角線÷2

ひし形の面積を求めましょう。（単位cm）

①

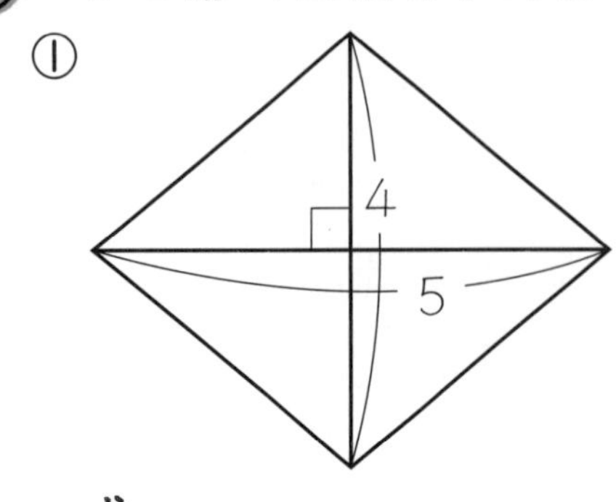

式

答え

②

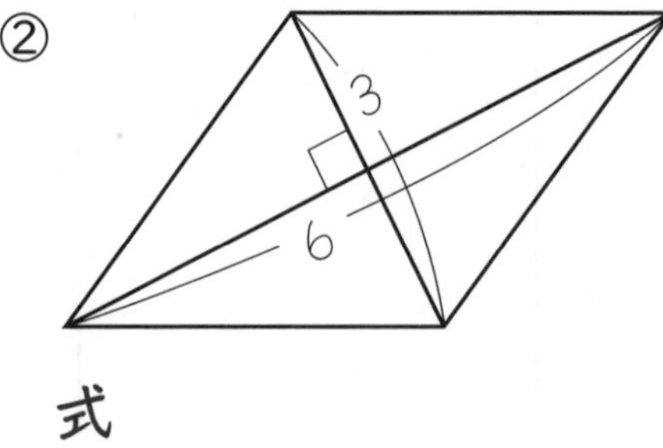

式

答え

図形の面積 ⑫

等しい面積

平行な２本の直線の間にある三角形について、調べましょう。

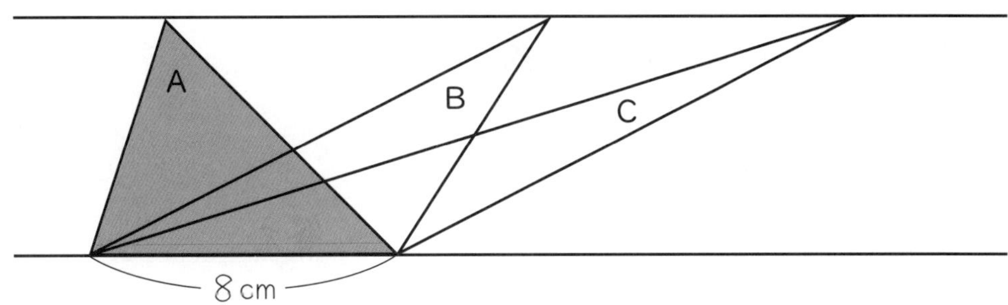

① 底辺が８cmの３つの三角形Ａ、Ｂ、Ｃの面積は、（　　　）です。底辺が８cmで、高さが（　　　）だからです。

② 次の色をぬった部分ＡとＢは、同じ面積です。どうしてそうなるか説明しましょう。

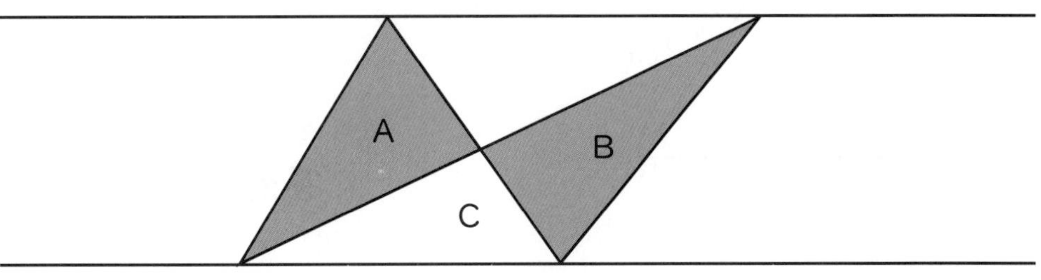

- Ａ＋Ｃの三角形とＢ＋Ｃの三角形は、底辺の長さが㋐（　　　）です。
- ２本の線が平行だから、Ａ＋Ｃの三角形とＢ＋Ｃの三角形の高さは㋑（　　　）です。
- 面積が同じ三角形から、三角形Ｃを取りのぞいてできる三角形Ａと三角形Ｂの面積は㋒（　　　）になります。

月　　日 名前

まとめ ⑮

図形の面積

/50点

1 次の図形の面積を求めましょう。

（1つ10点／30点）

①

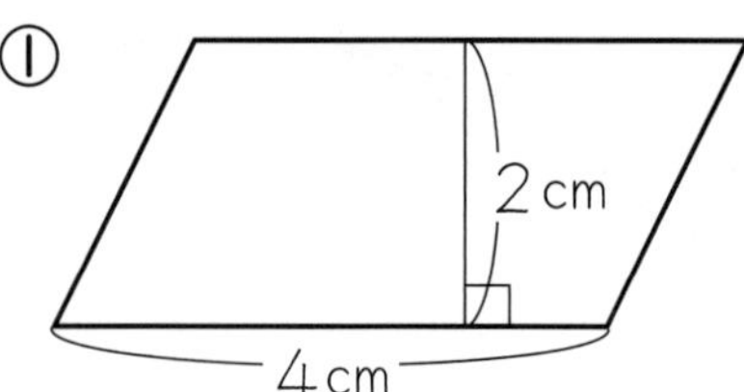

式

答え

②

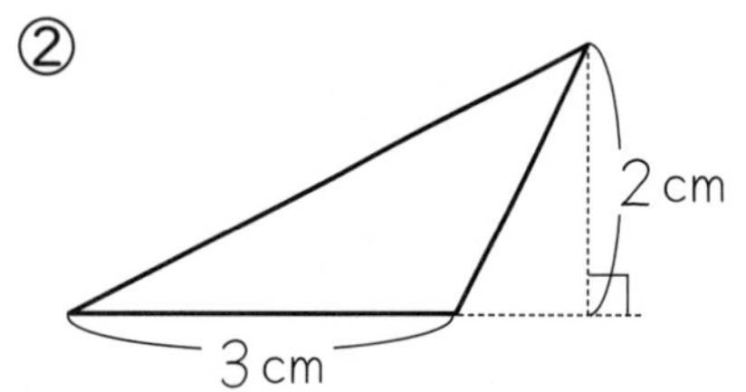

式

答え

③

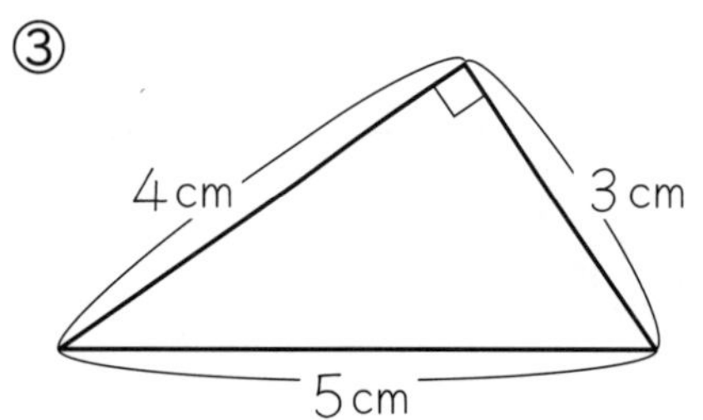

式

答え

2 □の長さを求めましょう。

（1つ10点／20点）

①

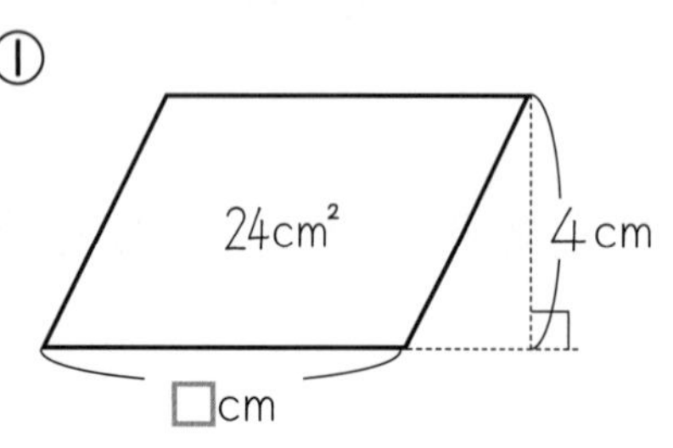

②

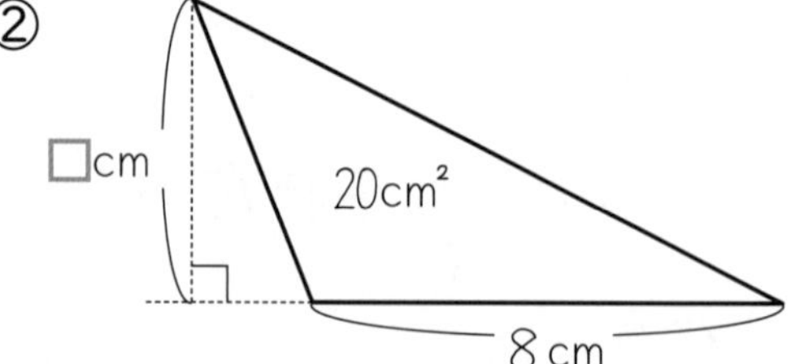

式

答え

式

答え

月　日 名前

まとめ ⑯

図形の面積

/50点

① 台形の面積を求める公式をかきましょう。（10点）

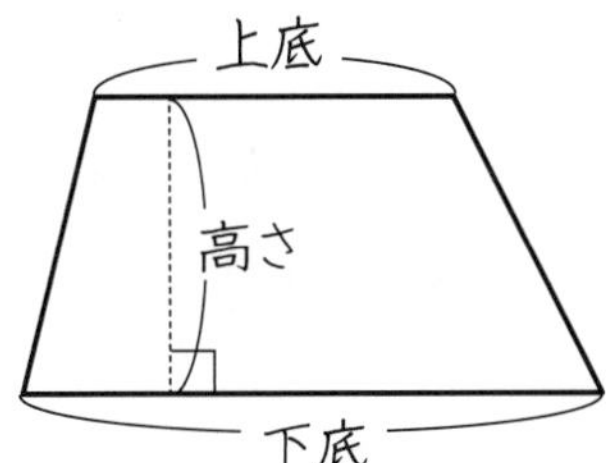

台形の面積＝

② 次の図形の面積を求めましょう。（1つ10点／20点）

①

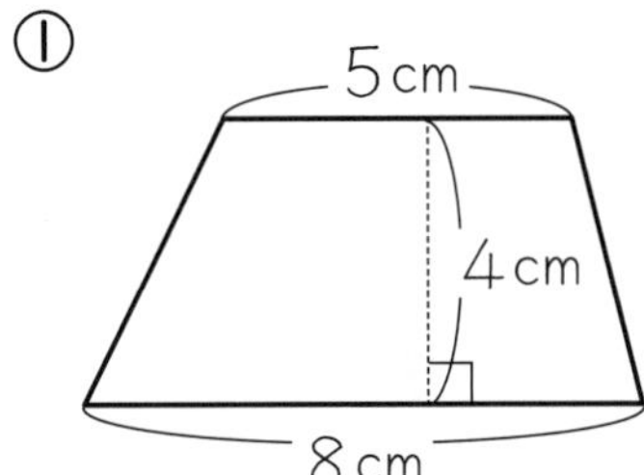

式

答え

②

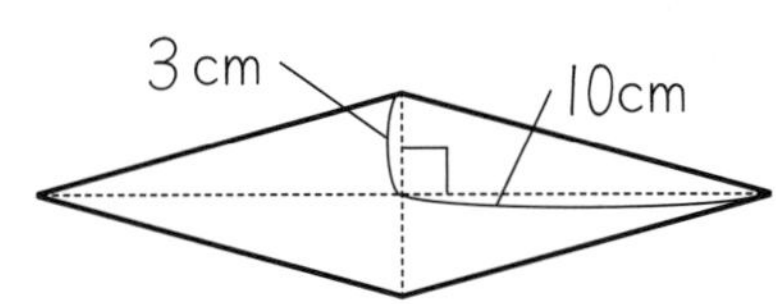

式

答え

③ ㋐の面積は10cm²です。㋑、㋒の面積を求めましょう。（1つ10点／20点）

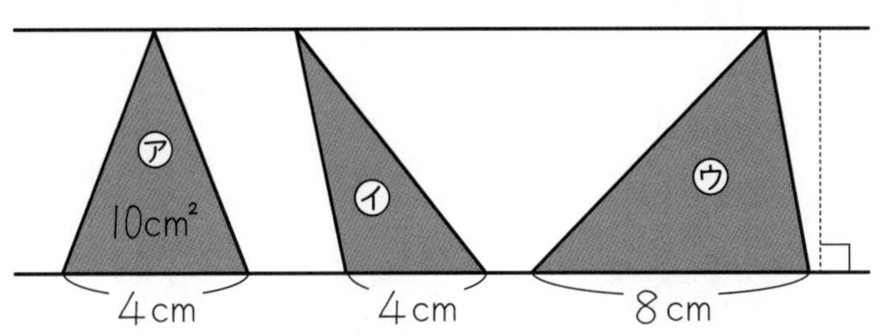

㋑

答え

㋒

答え

月　　日 名前

割合とグラフ ①

割　合

割合(わりあい)＝比(くら)べられる量÷もとにする量

① 5年1組の人数は30人です。算数が好きな人は18人です。学級の人数をもとにして算数が好きな人の割合を求めましょう。

比べられる量　÷　もとにする量
（算数が好きな人18人）（学級の人数30人）

式　18÷30＝0.6

答え ＿＿＿＿＿＿

② ひまわりの種を20個(こ)まいたうち、16個芽が出ました。
芽が出た割合を求めましょう。

比べられる量　÷　もとにする量
（芽が出た種）　　（まいた種）

式

答え ＿＿＿＿＿＿

③ 定員が150人のえい画館があります。今90人が入っています。
混(こ)みぐあいを割合で求めましょう。

式

答え ＿＿＿＿＿＿

割合とグラフ ②
割　合

1 つよしさんは500円、あきらさんは400円持っています。

① つよしさんをもとにして、あきらさんの持っているお金の割合を求めましょう。

比べられる量 ÷ もとにする量 ＝ 割合
（あきら）　　（つよし）

式

答え

② あきらさんをもとにして、つよしさんの持っているお金の割合を求めましょう。

式

答え

2 50個のあめのうち30個食べてしまいました。食べたあめの割合を求めましょう。

式

答え

月　日 名前

割合とグラフ ③

百分率

割合(わりあい)を表すのに、百分率を使うことがあります。
0.01を百分率で表すと1％（1パーセント）です。

次の割合を、百分率で表しましょう。

① 0.02は　2％　　② 0.05は

③ 0.45は　　④ 0.99は

⑤ 0.6は　60％　　⑥ 1は　100％

⑦ 1.5は　150％　　⑧ 0.03は

⑨ 0.73は　　⑩ 0.87は

⑪ 0.5は　　⑫ 0.2は

⑬ 1.2は　120％　　⑭ 1.3は

⑮ 0.01は　　⑯ 0.12は

月　日 名前

割合とグラフ ④

百分率

10%は0.1　1%は0.01

次の百分率を、小数（または整数）で表しましょう。

① 80%は 0.8　② 70%は

③ 55%は　④ 98%は

⑤ 5%は 0.05　⑥ 100%は 1

⑦ 150%は 1.5　⑧ 50%は

⑨ 36%は　⑩ 25%は

⑪ 6%は　⑫ 9%は

⑬ 120%は　⑭ 180%は

⑮ 3%は　⑯ 10%は

割合とグラフ ⑤

比べられる量

比べられる量＝もとにする量×割合

① 5年1組の児童は30人です。そのうち60%が本が好きです。本が好きな人は何人ですか。

比べられる量　＝　もとにする量　×　割合
（5年1組の児童30人）　（60%）

式　30×0.6＝18

答え

② 定価2000円の商品を80%で買いました。いくらで買いましたか。

比べられる量　＝　もとにする量　×　割合
（定価）　（80%）

式

答え

③ 25m² のかべの50%にペンキをぬりました。何m² ぬりましたか。

式

答え

月　　日 名前

割合とグラフ ⑥

もとにする量

もとにする量＝比べられる量÷割合

① なお子さんは、持っていたお金の30%を使って600円の本を買いました。はじめ持っていたお金は何円ですか。

もとにする量　＝　比べられる量　÷　割合
（本代 600円）　（30%）

※計算するとき百分率は小数にします。

式　600÷0.3＝2000

答え ＿＿＿＿＿＿

② 「定価の80%」と札にかいてあるシャツを640円で買いました。シャツの定価はいくらですか。

もとにする量　＝　比べられる量　÷　割合
（買ったねだん）　（80%）

※計算するとき百分率は小数にします。

式

答え ＿＿＿＿＿＿

③ 50%の大安売りコーナーで、500円のズボンを買いました。ズボンの定価はいくらですか。

式

答え ＿＿＿＿＿＿

月　　日 名前

割合とグラフ ⑦

ねだんで比べる

定価1200円の同じ品物を、A店では定価の7割、B店では定価から20％引き、C店では200円引きとなっています。どの店が一番安く買えますか。

① A店（定価の7割）では、いくらになりますか。

式

答え

② B店（定価から20％引き）では、いくらになりますか。

式 1200×0.2＝240
1200－240

答え

③ C店（200円引き）では、いくらになりますか。

式

答え

④ A店、B店、C店のうち、どの店が一番安いですか。

答え　　　　が一番安い。

月　　日 名前

割合とグラフ ⑧

いろいろな問題

① 定価1500円のおもちゃを、３割引きで買いました。いくらで買いましたか。

こんなやり方もあるよ。
1－0.3＝0.7
1500×0.7＝1050

式

答え ______

② スーパーマーケットで、500円の買い物をしました。10％の消費税（しょうひぜい）をたすと、何円になりますか。

式

答え ______

③ かぜで６人が休みました。これは、クラスの20％にあたります。クラスの人数は、何人ですか。

式

答え ______

割合とグラフ ⑨

帯グラフ

次のグラフは、日本の地いき別の面積を表したものです。

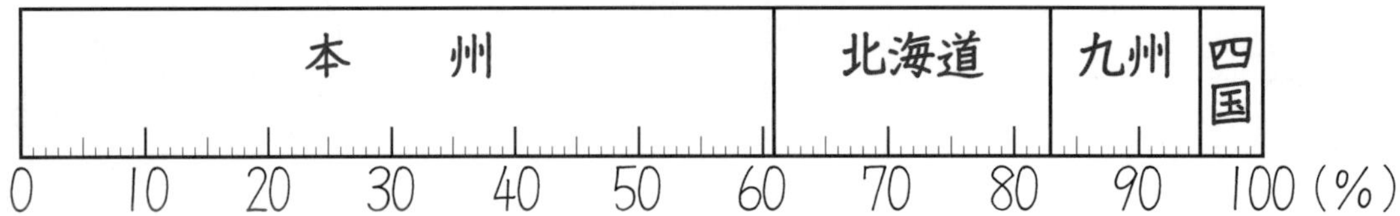

① 本州は、全体の何%ですか。

答え ＿＿＿＿＿＿

② 北海道は、全体の何%ですか。

答え ＿＿＿＿＿＿

③ 九州は、全体の何%ですか。

答え ＿＿＿＿＿＿

④ 四国は、全体の何%ですか。

答え ＿＿＿＿＿＿

上のグラフを帯グラフといいます。
めもりが帯の外にあることもあります。
割合（わりあい）を表すのによく使います。

月　　日 名前

割合とグラフ ⑩

帯グラフ

３学期のある日、休み時間に５年生がしていた遊びを表にしました。

① 全体をもとにして、それぞれの百分率（ひゃくぶんりつ）を求めましょう。

休み時間の遊び

遊び	人数	百分率(%)
ドッジボール	23	46
サッカー	10	
一輪車	7	
なわとび	4	
その他	6	
合計	50	100

② 割合に合わせてめもりを区切り、帯グラフに表しましょう。

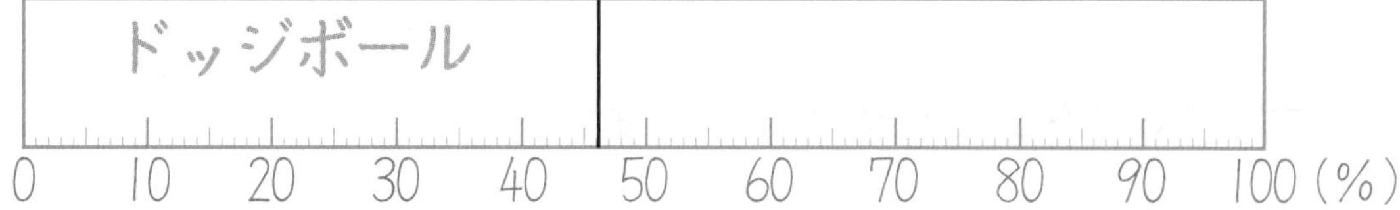

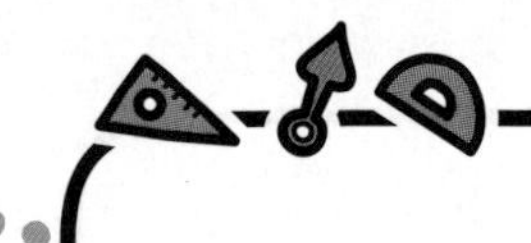

月　　日 名前

割合とグラフ ⑪

円グラフ

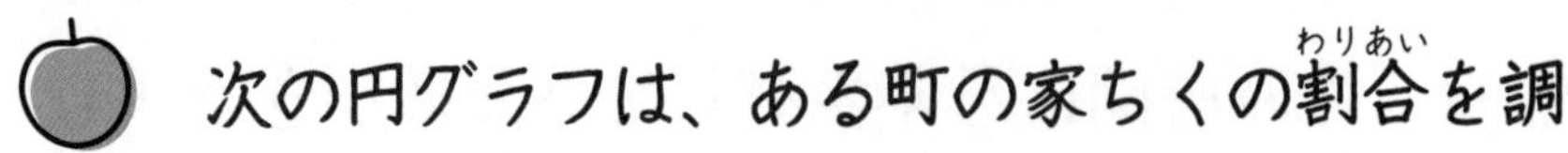

次の円グラフは、ある町の家ちくの割合(わりあい)を調べたものです。

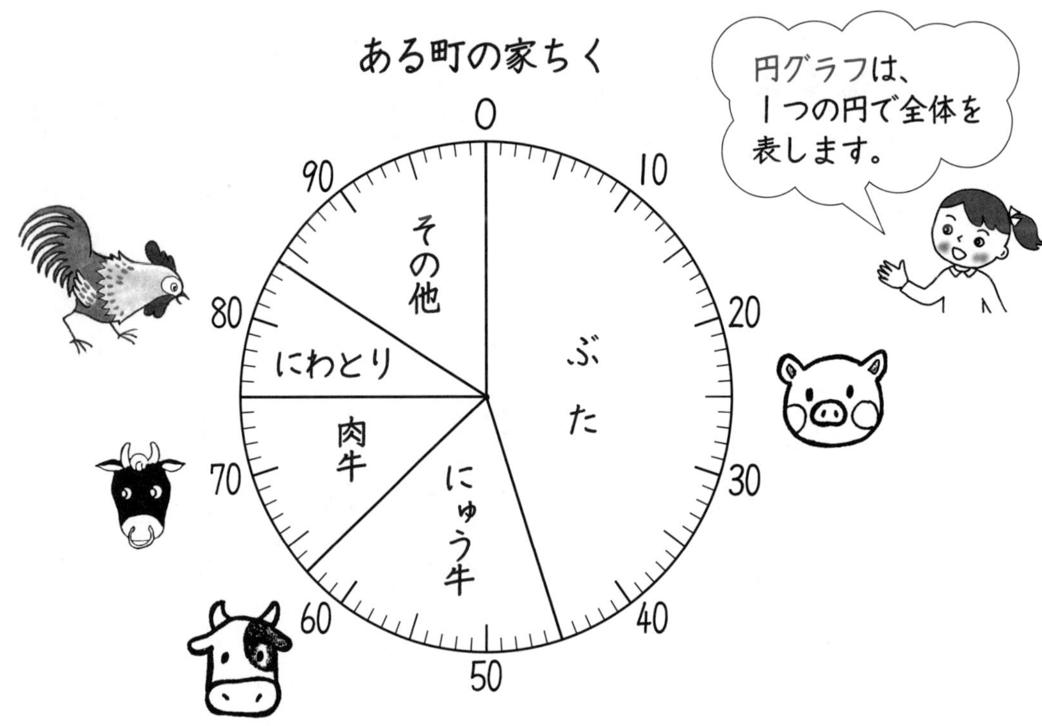

① ぶたは、全体の何％ですか。

答え ＿＿＿＿＿＿＿＿

② にゅう牛は、全体の何％ですか。

答え ＿＿＿＿＿＿＿＿

③ 肉牛は、全体の何％ですか。

答え ＿＿＿＿＿＿＿＿

④ にわとりは、全体の何％ですか。

答え ＿＿＿＿＿＿＿＿

⑤ その他は、全体の何％ですか。

答え ＿＿＿＿＿＿＿＿

月　　日 名前

割合とグラフ ⑫

円グラフ

次の表は、かずえさんの学校の地区別児童数です。

① 全体をもとにして、それぞれの割合を百分率(ひゃくぶんりつ)で表しましょう。

地区別児童数

地区	人数	百分率(%)
北町	80	
東町	54	
南町	36	
西町	18	
その他	12	6
合計	200	100

② 割合に合わせてめもりを区切り、円グラフに表しましょう。

地区別児童数

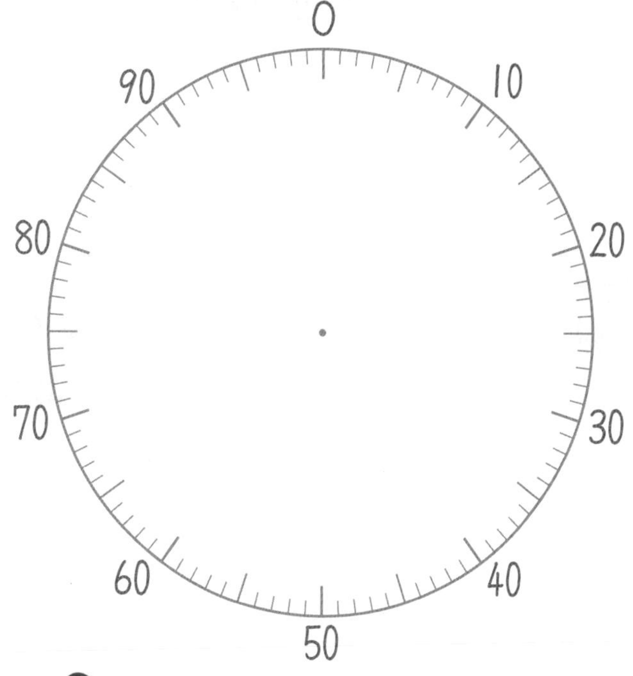

まとめテスト

月　　日　名前

まとめ ⑰

割合とグラフ

／50点

1 次の割合を百分率で、また百分率を小数で表しましょう。

（1つ5点／20点）

① 0.6は（　　　）　② 0.75は（　　　）

③ 8％は（　　　）　④ 43％は（　　　）

2 けいすけさんは15本のシュートのうち9本成功しました。成功した割合を求めましょう。

（10点）

式

答え ＿＿＿＿

3 図書館にいる70人のうち20％が子どもでした。子どもの人数は何人ですか。

（10点）

式

答え ＿＿＿＿

4 みゆさんは、本を90ページ読みました。これは全体の40％にあたります。この本は何ページありますか。

（10点）

式

答え ＿＿＿＿

まとめテスト　　月　　日　名前

まとめ ⑱

割合とグラフ

／50点

1 次の表は、みさきさんの学校の保健室（ほけんしつ）にけがでやってきた人の人数です。百分率を求め、円グラフに表しましょう。

（表20点、グラフ20点）

けがでやってきた人数（1学期）

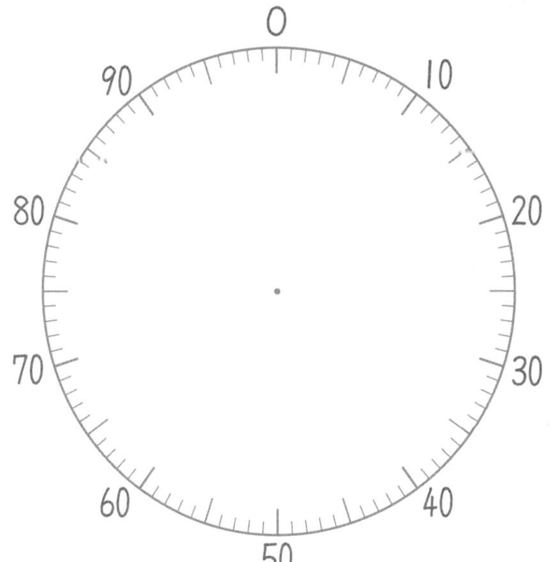

けがでやってきた人数（1学期）

種類	人数	百分率（%）
すりきず	96	
打ぼく	72	
切りきず	48	
つき指	30	
その他	54	
合計	300	100

2 次のグラフは、たかしさんの家の前の道路を通った乗り物について、その種類と割合を表したものです。

（1つ5点／10点）

乗用車	トラック	自転車	バイク	バス	その他

0　10　20　30　40　50　60　70　80　90　100（%）

① 乗用車は、全体の何%ですか。

答え

② 調査（ちょうさ）した乗り物は200台でした。乗用車の台数は、何台ですか。

式

答え

月　　日 名前

かんたんな比例 ①

比例とは

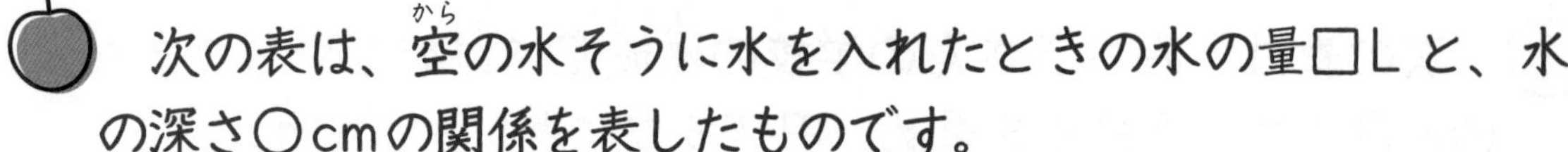

次の表は、空（から）の水そうに水を入れたときの水の量□Lと、水の深さ○cmの関係を表したものです。

2倍　3倍　4倍

水の量□（L）	1	2	3	4	5	6	7	8	9	10	
水の深さ○（cm）	3	6	9	12	15	18	21	24	27	30	

□倍　□倍　□倍

水の量□が２倍、３倍、４倍になると、それに対応する水の深さ○も㋐□倍、㋑□倍、

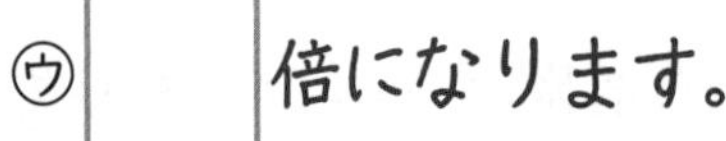

㋒□倍になります。

２つの量□と○があって、□のあたいが２倍、３倍……になると、それに対応する○のあたいも２倍、３倍……になるとき、○は□に比例（ひれい）するといいます。

水そうの水の深さは、水を入れた量に比例しています。

月　　日 名前

かんたんな比例 ②

比例とは

表をしあげましょう。また(　　)に言葉をかきましょう。

① 正方形の１辺の長さ□cmと、周りの長さ○cmは比例します。

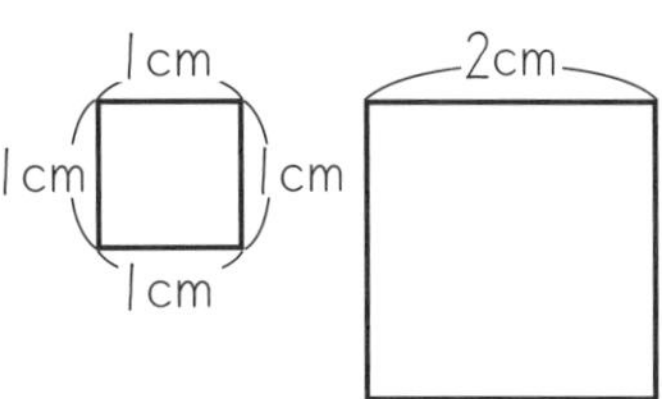

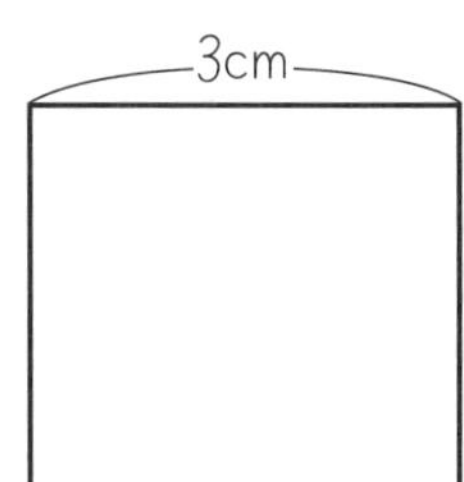

１辺の長さ□(cm)	1	2	3	4	5	
周りの長さ○(cm)	4					

正方形の１辺の長さが２倍になると、周りの長さも(　　　　　)になります。

② １さつ120円のノートを買うときのさつ数□とその代金○円は、比例します。

さつ数□(さつ)	1	2	3	4	5	6	
代金○(円)							

ノートのさつ数が$\frac{1}{2}$になると、代金も(　　　　　)になります。

初級算数習熟プリント　小学5年生

2023年２月20日　第１刷　発行

著　者　金井（かない）　敬之（のりゆき）

発行者　面屋　洋

企　画　フォーラム・A

発行所　清 風 堂 書 店

〒530-0057　大阪市北区曽根崎２-11-16

TEL 06-6316-1460／FAX 06-6365-5607

振 替　00920-6-119910

制作編集担当　蒔田　司郎

表紙デザイン　ウエナカデザイン事務所

※乱丁・落丁本はおとりかえいたします。

学力の基礎をきたえどの子も伸ばす研究会

HPアドレス　http://gakuryoku.info/

常任委員長　岸本ひとみ
事務局　〒675-0032 加古川市加古川町備後 178－1－2－102 岸本ひとみ方 ☎・Fax 0794－26－5133

① めざすもの

私たちは、すべての子どもたちが、日本国憲法と子どもの権利条約の精神に基づき、確かな学力の形成を通して豊かな人格の発達が保障され、民主平和の日本の主権者として成長することを願っています。しかし、発達の基盤ともいうべき学力の基礎を鍛えられないまま落ちこぼれている子どもたちが普遍化し、「荒れ」の情況があちこちで出てきています。

私たちは、「見える学力、見えない学力」を共に養うこと、すなわち、基礎の学習をやり遂げさせることと、読書やいろいろな体験を積むことを通して、子どもたちが「自信と誇りとやる気」を持てるようになると考えています。

私たちは、人格の発達が歪められている情況の中で、それを克服し、子どもたちが豊かに成長するような実践に挑戦します。

そのために、つぎのような研究と活動を進めていきます。

① 「読み・書き・計算」を基軸とした学力の基礎をきたえる実践の創造と普及。
② 豊かで確かな学力づくりと子どもを励ます指導と評価の探究。
③ 特別な力量や経験がなくても、その気になれば「いつでも・どこでも・だれでも」ができる実践の普及。
④ 子どもの発達を軸とした父母・国民・他の民間教育団体との協力、共同。

私たちの実践が、大多数の教職員や父母・国民の方々に支持され、大きな教育運動になるよう地道な努力を継続していきます。

② 会　　員

- 本会の「めざすもの」を認め、会費を納入する人は、会員になることができる。
- 会費は、年 4000 円とし、7月末までに納入すること。①または②

①郵便振替　口座番号　00920－9－319769
名　　称　学力の基礎をきたえどの子も伸ばす研究会

②ゆうちょ銀行
店番099　店名〇九九店（ゼロキュウキュウ）　当座0319769

- 特典　研究会をする場合、講師派遣の補助を受けることができる。
  大会参加費の割引を受けることができる。
  学力研ニュース、研究会などの案内を無料で送付してもらうことができる。
  自分の実践を学力研ニュースなどに発表することができる。
  研究の部会を作り、会場費などの補助を受けることができる。
  地域サークルを作り、会場費の補助を受けることができる。

③ 活　　動

全国家庭塾連絡会と協力して以下の活動を行う。

- 全 国 大 会　全国の研究、実践の交流、深化をはかる場とし、年１回開催する。通常、夏に行う。
- 地域別集会　地域の研究、実践の交流、深化をはかる場とし、年１回開催する。
- 合宿研究会　研究、実践をさらに深化するために行う。
- 地域サークル　日常の研究、実践の交流、深化の場であり、本会の基本活動である。
  可能な限り月１回の月例会を行う。
- 全国キャラバン　地域の要請に基づいて講師派遣をする。

全国家庭塾連絡会

① めざすもの

私たちは、日本国憲法と子どもの権利条約の精神に基づき、すべての子どもたちが確かな学力と豊かな人格を身につけて、わが国の主権者として成長することを願っています。しかし、わが子も含めて、能力があるにもかかわらず、必要な学力が身につかないままになっている子どもたちがたくさんいることに心を痛めています。

私たちは学力研が追究している教育活動に学びながら、「全国家庭塾連絡会」を結成しました。

この会は、わが子に家庭学習の習慣化を促すことを主な活動内容とする家庭塾運動の交流と普及を目的としています。

私たちの試みが、多くの父母や教職員、市民の方々に支持され、地域に根ざした大きな運動になるよう学力研と連携しながら努力を継続していきます。

② 会　　員

本会の「めざすもの」を認め、会費を納入する人は会員になれる。
会費は年額 1500 円とし（団体加入は年額 3000 円）、7月末までに納入する。
会員は会報や連絡交流会の案内、学力研集会の情報などをもらえる。

事務局　〒564-0041　大阪府吹田市泉町 4 －29－13　影浦邦子方　☎・Fax 06－6380－0420
郵便振替　口座番号　00900－1－109969　　名称　全国家庭塾連絡会

初級 算数5年生
習熟プリント
答え

月　日 名前

小数のかけ算 ①

おぼえているかな

1.254の10倍の数と100倍の数を考えましょう。

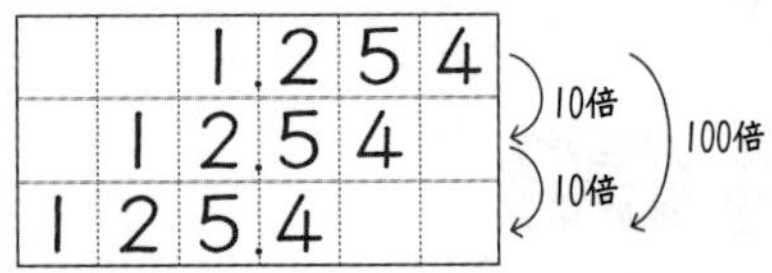

		1.	2	5	4
	1	2.	5	4	
1	2	5.	4		

小数も整数と同じように、10倍すると位が1けた上がります。(小数点が1けた右に移っています。)

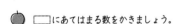

□にあてはまる数をかきましょう。

① 3.57の10倍　35.7

② 6.073の100倍　607.3

③ 15.494の100倍　1549.4

④ 0.32の10倍　3.2

⑤ 0.195の100倍　19.5

月　日 名前

小数のかけ算 ②

おぼえているかな

□にあてはまる数をかきましょう。

① 312.5の$\frac{1}{10}$ ($\frac{1}{10}$にするときは、小数点を1けた左に移します。)　31.25

② 312.5の$\frac{1}{100}$ ($\frac{1}{100}$にするときは、小数点を2けた左に移します。)　3.125

③ 3.6の$\frac{1}{10}$　0.36

④ 0.01の$\frac{1}{10}$　0.001

⑤ 37.6の$\frac{1}{100}$　0.376

⑥ 9.9の$\frac{1}{100}$　0.099

⑦ 68.3の$\frac{1}{10}$　6.83

⑧ 237の$\frac{1}{100}$　2.37

⑨ 50.8の$\frac{1}{100}$　0.508

⑩ 6.2の$\frac{1}{100}$　0.062

月　日 名前

小数のかけ算 ③

整数×小数

① たて3cm、横4.5cmの長方形の面積を求めましょう。

式　3×4.5

㋐ ■は 3×4=12

全体は、12cm²より少し大きい。

㋑ ㋑が2つで1cm²。

3つだから1.5cm²。

㋒ 全部で12cm²と1.5cm²だから、13.5cm²。

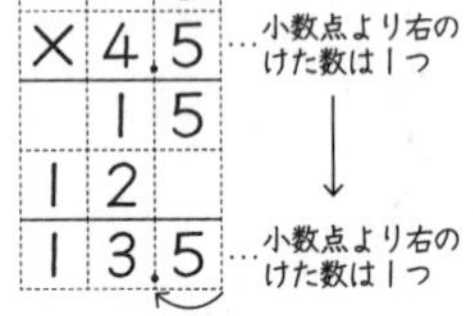

		3
×	4.	5
	1	5
1	2	
1	3.	5

…小数点より右のけた数は1つ

↓

…小数点より右のけた数は1つ

3×4.5=13.5

答え　13.5cm²

② 次の計算をしましょう。

①

		4
×	3.	6
	2	4
1	2	
1	4.	4

②

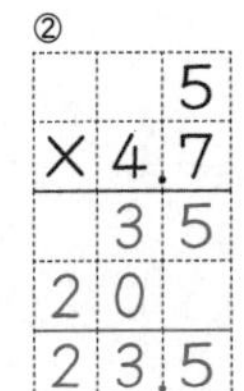

		5
×	4.	7
	3	5
2	0	
2	3.	5

③

		7
×	6.	3
	2	1
4	2	
4	4.	1

月　日 名前

小数のかけ算 ④

小数×小数

① たて3.5cm、横4.5cmの長方形の面積を求めましょう。

式　3.5×4.5

㋐は、12cm²。

㋑が、7つで3.5cm²。

㋒は、0.5cm²の半分。

だから、0.25cm²。

㋓ 全部で12と3.5と0.25。

だから、15.75cm²。

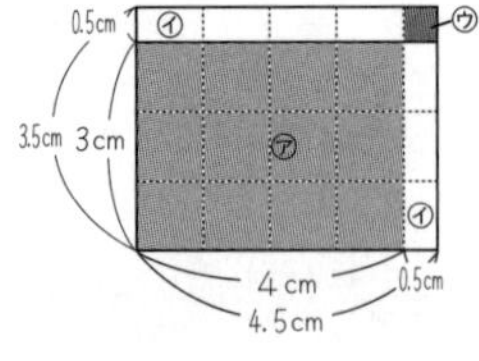

		3.	5
	×	4.	5
	1	7	5
1	4	0	
1	5.	7	5

…小数点より右のけた数は1つ

…小数点より右のけた数は1つ

↓

…小数点より右のけた数は2つ

3.5×4.5=15.75

答え　15.75cm²

② 次の計算をしましょう。

①

	4.	2
×	2.	1
	4	2
8	4	
8.	8	2

②

	2.	3
×	2.	3
	6	9
4	6	
5.	2	9

③

	3.	1
×	3.	2
	6	2
9	3	
9.	9	2

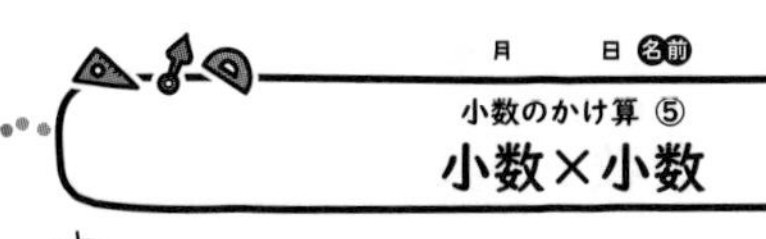

月　日 名前

小数のかけ算 ⑤

小数×小数

次の計算をしましょう。

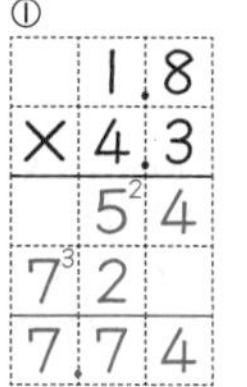

①
```
   1.8
 × 4.3
   5 4
 7 2
 7.7 4
```

②
```
   1.7
 × 4.5
   8 5
 6 8
 7.6 5
```

③
```
   1.9
 × 3.5
   9 5
 5 7
 6.6 5
```

④
```
    2.8
  × 8.4
  1 1 2
2 2 4
2 3.5 2
```

⑤
```
    6.9
  × 8.9
  6 2 1
5 5 2
6 1.4 1
```

⑥
```
    4.8
  × 7.9
  4 3 2
3 3 6
3 7.9 2
```

⑦
```
    2.6
  × 4.8
  2 0 8
1 0 4
1 2.4 8
```

⑧
```
    3.4
  × 9.6
  2 0 4
3 0 6
3 2.6 4
```

⑨
```
    3.9
  × 6.3
  1 1 7
2 3 4
2 4.5 7
```


月　日 名前

小数のかけ算 ⑥

0や小数点のしょり

次の計算をしましょう。

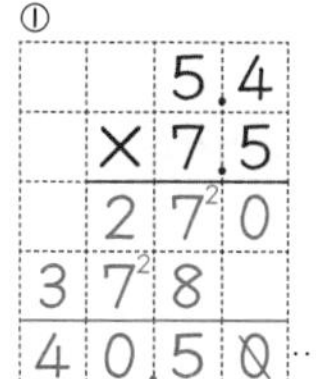

①
```
    5.4
  × 7.5
  2 7 0
3 7 8
4 0.5 0
```
…小数点があるとき右はしの0は消す。

②
```
    2.5
  × 6.2
    5 0
1 5 0
1 5.5 0
```

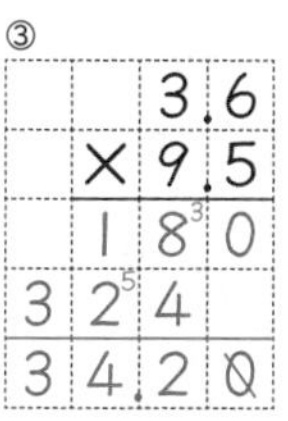

③
```
    3.6
  × 9.5
  1 8 0
3 2 4
3 4.2 0
```

④
```
    2.5
  × 8.4
  1 0 0
2 0 0
2 1.0 0
```
…小数点と0は消す。

⑤
```
    3.6
  × 7.5
  1 8 0
2 5 2
2 7.0 0
```

⑥
```
    6.8
  × 2.5
  3 4 0
1 3 6
1 7.0 0
```

⑦
```
    2.5
  × 4.8
  2 0 0
1 0 0
1 2.0 0
```


月　日 名前

小数のかけ算 ⑦

真小数×真小数

次の計算をしましょう。

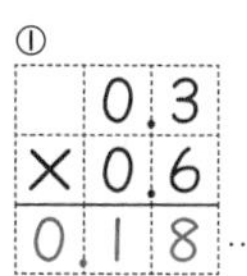

①
```
   0.3
 × 0.6
 0.1 8
```

…小数点より下のけた数が2つになるように、0と小数点をかく。

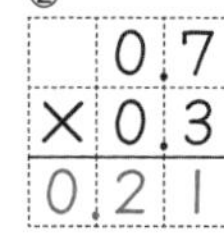

②
```
   0.7
 × 0.3
 0.2 1
```

③
```
   0.8
 × 0.6
 0.4 8
```

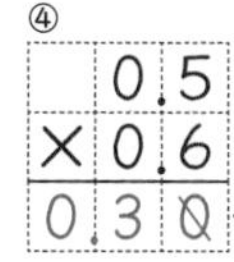

④
```
   0.5
 × 0.6
 0.3 0
```
…小数点より下のけた数が2つになるように、0と小数点をかく。右はしの0を消す。

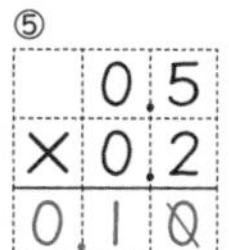

⑤
```
   0.5
 × 0.2
 0.1 0
```

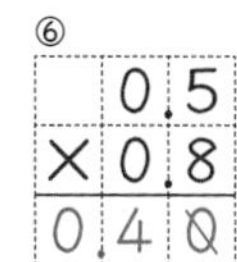

⑥
```
   0.5
 × 0.8
 0.4 0
```

⑦
```
   0.6
 × 0.5
 0.3 0
```

⑧
```
   0.2
 × 0.3
 0.0 6
```
…小数点より下のけた数が2つになるように、0と小数点をかく。

⑨
```
   0.4
 × 0.2
 0.0 8
```


月　日 名前

小数のかけ算 ⑧

積の大小

1 積が2.5より大きくなるもの、同じもの、小さくなるものを選び、(　　)の中に①～⑤の番号をかきましょう。

① 2.5×1.2　② 2.5×1.1

③ 2.5×1　④ 2.5×0.9

⑤ 2.5×0.8

かける数が1より大きいと積が2.5より大きくなるね。

㋐ 大きくなるもの（　①②　）
㋑ 同じもの（　③　）
㋒ 小さくなるもの（　④⑤　）

2 積が、かけられる数より小さくなるものを、○で囲(かこ)みましょう。

①（5×0.3）　② 7×3　③（4×0.6）

④（3×0.7）　⑤ 6×1.9　⑥ 9×4.5

3 1mが4.5gの重さのはり金があります。6.3mの重さは、何gですか。

式　4.5×6.3＝28.35

答え　28.35g

月　日 名前

小数のわり算 ①

整数÷小数

2mが72円のゴムひも㋐と、2.4mが72円のゴムひも㋑があります。1mあたりのねだんは何円ですか。

1mあたりのねだんを出すので、わり算をします。

式　代金 ÷ 長さ ＝ 1mあたりのねだん

㋐　72 ÷ 2 ＝ 36

㋑　72 ÷ 2.4 ＝ 30

㋐

72円

1m　1m

㋑

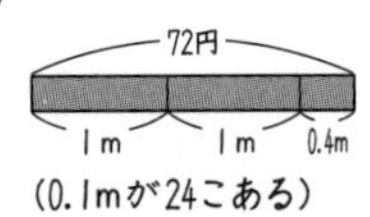

(0.1mが24こある)

```
    36
 2)72
   6
   12
   12
    0
```

```
       30
 2.4)72.0
     72
      0
```

・計算のしかた・

① わる数の小数点を右へ1けた移(うつ)します。

② わられる数も①と同じように小数点を右へ1けた移します。(0をつけます。)

答え　36円　　答え　30円

月　日 名前

小数のわり算 ②

整数÷小数

次の計算をしましょう。

①
```
        5
 3.2)16.0
     160
       0
```

・わる数(3.2)の小数点を、1けた右へ移す。

・わられる数(16.)の小数点を1けた右へ移す(0をつける)。

※実際(じっさい)には16なので、小数点はありません。

②
```
        6
 4.5)270
     270
       0
```

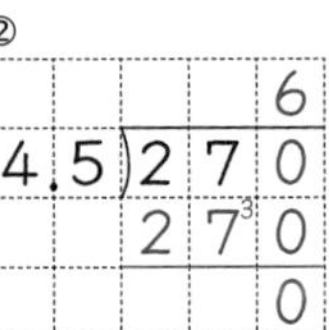

③
```
        5
 3.4)170
     170
       0
```

④
```
        4
 3.5)140
     140
       0
```

⑤
```
        5
 5.2)260
     260
       0
```


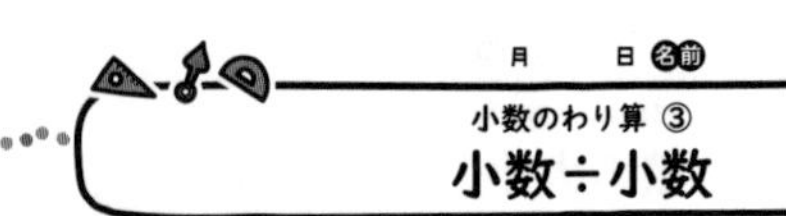

月　日 名前

小数のわり算 ③

小数÷小数

次の計算をしましょう。

①
```
        7
 2.2)15.4
     154
       0
```

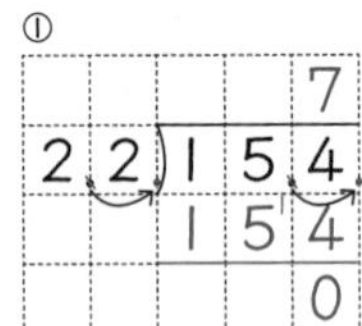

・わる数(2.2)の小数点を、1けた右へ移す。

・わられる数(15.4)の小数点を、1けた右へ移す。

②
```
        4
 5.2)20.8
     208
       0
```

③
```
        6
 4.3)25.8
     258
       0
```

④
```
        8
 3.2)25.6
     256
       0
```

⑤
```
        9
 6.4)57.6
     576
       0
```


月　日 名前

小数のわり算 ④

小数÷小数

次の計算をしましょう。

①
```
       14
 1.3)18.2
     13
      52
      52
       0
```

・わる数(1.3)の小数点を、1けた右へ移す。

・わられる数(18.2)の小数点を、1けた右へ移す。

②
```
       13
 1.8)23.4
     18
      54
      54
       0
```

③
```
       12
 2.4)28.8
     24
      48
      48
       0
```

④
```
       21
 1.2)25.2
     24
      12
      12
       0
```

⑤
```
       32
 2.1)67.2
     63
      42
      42
       0
```

月　日 名前

小数のわり算 ⑤

わり進み

わり切れるまで計算をしましょう。

①

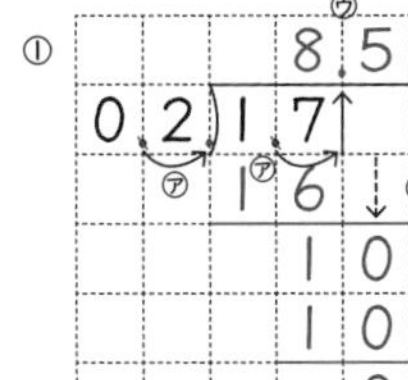

```
   8.5
0.2)1.7
   16
    10
    10
     0
```

㋐ わる数、わられる数の小数点を移す。

㋑ わり進むとき0を下ろす。

㋒ わられる数の移した小数点の上に、商の小数点をうつ。

②

```
   7.2
0.5)3.6
   35
    10
    10
     0
```

③

```
   6.5
0.4)2.6
   24
    20
    20
     0
```

④

```
   6.5
0.8)5.2
   48
    40
    40
     0
```

⑤

```
   4.5
0.6)2.7
   24
    30
    30
     0
```


月　日 名前

小数のわり算 ⑥

わり進み

わり切れるまで計算をしましょう。

①

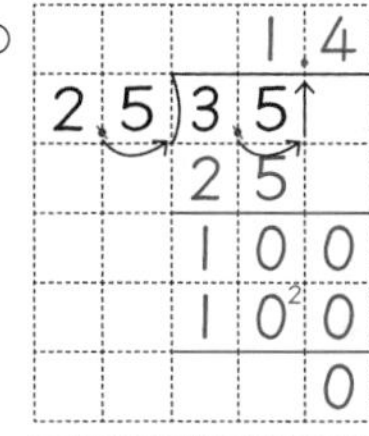

```
   1.4
2.5)3.5
   25
   100
   100
     0
```

②

```
   5.5
1.4)7.7
   70
    70
    70
     0
```

③

```
   3.5
2.6)9.1
   78
   130
   130
     0
```

④

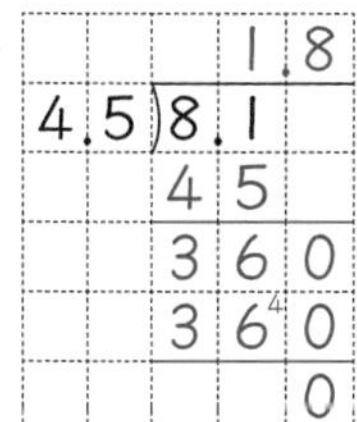

```
   1.8
4.5)8.1
   45
   360
   360
     0
```

⑤

```
   1.5
2.8)4.2
   28
   140
   140
     0
```

⑥

```
   6.6
1.5)9.9
   90
    90
    90
     0
```


月　日 名前

小数のわり算 ⑦

わり進み

わり切れるまで計算をしましょう。

①

```
    0.5
0.8)0.40
     40
      0
```

・わる数、わられる数の小数点を1けた右へ移す。

・一の位に商がたたないので、0と小数点をかいて、次へ進む。

・小数第一位に商をたてて計算する。

②

```
    0.6
0.5)0.30
     30
      0
```

③

```
    0.5
0.4)0.20
     20
      0
```

④

```
    0.2
1.5)0.30
     30
      0
```

⑤

```
    0.5
2.4)1.20
    120
      0
```


月　日 名前

小数のわり算 ⑧

わり進み

わり切れるまで計算をしましょう。

①

```
    0.75
6.4)4.80
    448
     320
     320
       0
```

②

```
    0.92
2.5)2.30
    225
      50
      50
       0
```

③

```
    0.75
1.2)0.90
     84
      60
      60
       0
```

④

```
    1.75
5.6)9.8
    56
    420
    392
     280
     280
       0
```

⑤

```
   1.5
3.6)5.4
   36
   180
   180
     0
```

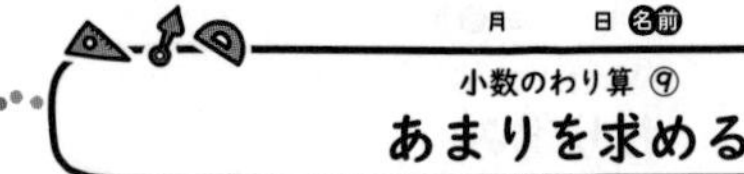

月　日 名前

小数のわり算 ⑨

あまりを求める

商を整数（一の位）で出し、あまりも出しましょう。

①

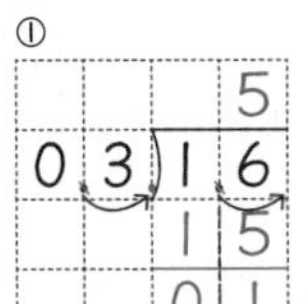

0.3)1.6
商 5
15
0.1

・あまりは、もとの小数点を下ろします。

②

0.5)2.8
商 5
25
0.3

③

0.7)2.0
商 2
14
0.6

④

1.4)2.0
商 1
14
0.6

⑤

2.6)5.8
商 2
52
0.6

⑥

1.8)43.7
商 24
36
77
72
0.5

⑦

0.3)17.3
商 57
15
23
21
0.2

⑧

0.8)57.1
商 71
56
11
8
0.3

月　日 名前

小数のわり算 ⑩

商を四捨五入

商は、上から2けたのがい数で表しましょう。（上から3けためを四捨五入します。）

①

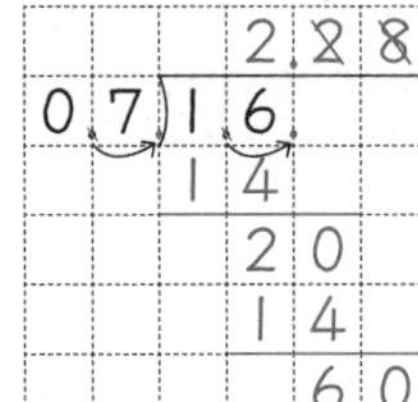

0.7)1.6
商 2.28 → 2.3
14
20
14
60
56
4

②

1.2)3.4
商 2.83 → 2.8
24
100
96
40
36
4

③

1.7)7.3
商 4.29 → 4.3
68
50
34
160
153
7

④

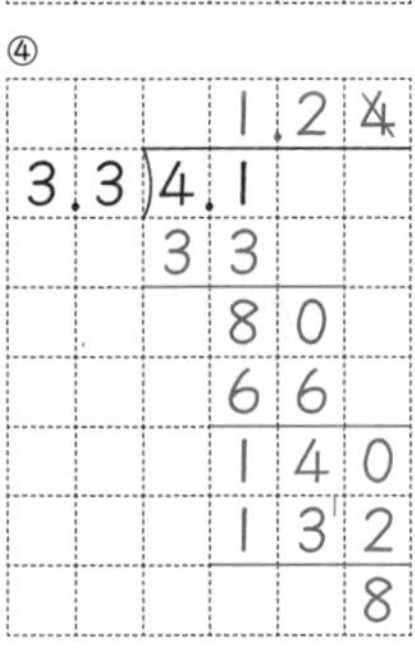

3.3)4.1
商 1.24 → 1.2
33
80
66
140
132
8

まとめテスト　月　日 名前

まとめ ①

小数のかけ算

/50点

① 次の計算をしましょう。（1つ5点／30点）

① 4.3×5.6
258
215
24.08

② 7.4×3.9
666
222
28.86

③ 2.5×6.8
200
150
17.00

④ 0.9×0.4＝0.36

⑤ 0.2×0.3＝0.06

⑥ 0.6×0.5＝0.30

② 積がかけられる数より小さくなるものを○で囲みましょう。（1つ5点／10点）

① 4×1.2　② (5×0.7)　③ 2×1.1

④ 3×1.9　⑤ 6×1.4　⑥ (4×0.3)

③ 1mの重さが5.5kgの鉄のぼうがあります。この鉄のぼう2.7mの重さは何kgですか。（10点）

式 5.5×2.7＝14.85

答え 14.85kg

まとめテスト　月　日 名前

まとめ ②

小数のわり算

/50点

① 次の計算をしましょう。（1つ5点／25点）

① 1.4)5.6
商 4
56
0

② 3.6)21.6
商 6
216
0

③ 4.2)33.6
商 8
336
0

④ わり切れるまで計算しましょう。

5.6)4.2
商 0.75
392
280
280
0

⑤ 商は整数で求め、あまりも出しましょう。

1.8)41.9
商 23
36
59
54
0.5

② 商が15より大きくなる式を○で囲みましょう。（1つ5点／15点）

① 15÷1.5　② (15÷0.2)　③ 15÷2.4

④ (15÷0.6)　⑤ 15÷1.2　⑥ (15÷0.3)

③ 2Lの水を0.5Lずつコップに分けます。コップ何ばい分になりますか。（10点）

式 2÷0.5＝4

答え 4はい分

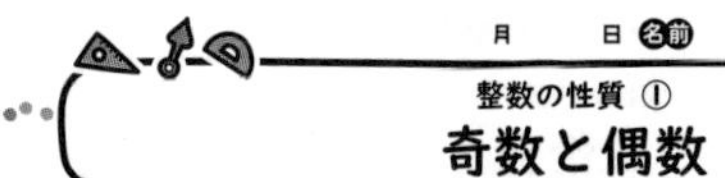

月　日 名前

整数の性質 ①

奇数と偶数

出席番号順に、席に着きました。

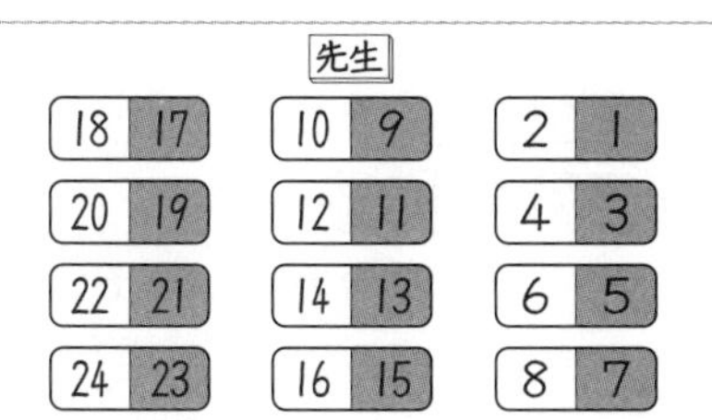

① 左側の列の数を、2でわってみましょう。

2÷2＝1
4÷2＝2
6÷2＝3
⋮
22÷2＝[11]
24÷2＝[12]

② 右側の列の数を、2でわってみましょう。

1÷2＝0 あまり 1
3÷2＝1 あまり 1
5÷2＝2 あまり 1
⋮
21÷2＝[10] あまり [1]
23÷2＝[11] あまり [1]

2でわり切れる整数を、偶数（ぐうすう）といいます。
2でわり切れない整数を、奇数（きすう）といいます。
0は偶数とします。

月　日 名前

整数の性質 ②

奇数と偶数

① 0〜11の数を、偶数と奇数に分けてかきましょう。

偶数（ 0、2、4、6、8、10 ）
奇数（ 1、3、5、7、9、11 ）

② 次の整数を、偶数と奇数に分けてかきましょう。

35、36、63、64、88、89、90、91

偶数（ 36、64、88、90 ）
奇数（ 35、63、89、91 ）

③ 偶数か奇数かは、一の位の数でわかります。次の数が、偶数なら「ぐ」、奇数なら「き」を（　）にかきましょう。

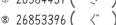

① 892（ ぐ ）　② 3567（ き ）
③ 4501（ き ）　④ 37776（ ぐ ）
⑤ 837504（ ぐ ）
⑥ 9988773（ き ）
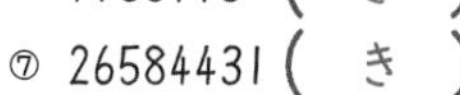
⑦ 26584431（ き ）

⑧ 26853396（ ぐ ）

月　日 名前

整数の性質 ③

倍　数

2を整数倍（2×1、2×2、2×3、……）してできる数（2、4、6、……）を2の倍数といいます。
倍数のとき、0はのぞきます。

① 2の倍数に○をつけましょう。

1、(2)、3、(4)、5、(6)、7、(8)、9、(10)、
11、(12)、13、(14)、15、(16)、17、(18)、19、(20)、
21、(22)、23、(24)、25、(26)、27、(28) ……

② 3の倍数に○をつけましょう。

1、2、(3)、4、5、(6)、7、8、(9)、10、
11、(12)、13、14、(15)、16、17、(18)、19、20、
(21)、22、23、(24)、25、26、(27)、28 ……

③ 4の倍数を小さい方から3つかきましょう。

[4] [8] [12]

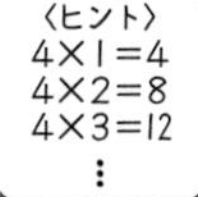
〈ヒント〉
4×1＝4
4×2＝8
4×3＝12
⋮

月　日 名前

整数の性質 ④

倍　数

次の倍数を小さい方から、3つかきましょう。

① 5の倍数

5×1＝[5]、5×2＝[10]、5×3＝[15]

② 6の倍数

6×1＝[6]、6×2＝[12]、6×3＝[18]

③ 7の倍数

7×1＝[7]、7×2＝[14]、7×3＝[21]

④ 8の倍数

8×1＝[8]、8×2＝[16]、8×3＝[24]

⑤ 9の倍数

9×1＝[9]、9×2＝[18]、9×3＝[27]

⑥ 10の倍数

10×1＝[10]、10×2＝[20]、10×3＝[30]

⑦ 11の倍数

11×1＝[11]、11×2＝[22]、11×3＝[33]

月　日 名前

整数の性質 ⑤

公倍数

2の倍数にも3の倍数にもなっている数を2と3の公倍数といいます。

1 2の倍数、3の倍数の両方にある数を見つけましょう。

2の倍数 2、4、(6)、8、10、(12)、14、16、(18)……

3の倍数 3、(6)、9、(12)、15、(18)、21……

2と3の公倍数を、かきましょう。

6　12　18

2 次の数の公倍数を、下の数から見つけましょう。

① 3と4の公倍数

3の倍数 3、6、9、(12)、15、18、21、(24)、27…

4の倍数 4、8、(12)、16、20、(24)、28、32……

3と4の公倍数（ 12、24 ）

② 2と4の公倍数

2の倍数 2、(4)、6、(8)、10、(12)、14、(16)……

4の倍数 (4)、(8)、(12)、(16)……

2と4の公倍数（ 4、8、12、16 ）

月　日 名前

整数の性質 ⑥

公倍数

次の数の公倍数を、下の数から見つけましょう。

① 3と6の公倍数

3の倍数 3、(6)、9、(12)、15、(18)……

6の倍数 (6)、(12)、(18)……

3と6の公倍数は（ 6、12、18 ）

② 6と9の公倍数

6の倍数 6、12、(18)、24、30、(36)……

9の倍数 9、(18)、27、(36)……

6と9の公倍数は（ 18、36 ）

③ 8と10の公倍数

8の倍数 8、16、24、32、(40)、48……

10の倍数 10、20、30、(40)、50……

8と10の公倍数は（ 40 ）

月　日 名前

整数の性質 ⑦

最小公倍数

公倍数のうち、一番小さい数を最小公倍数といいます。

次の公倍数の中から、最小公倍数を見つけましょう。

① 2と3の公倍数

6、12、18、…

2と3の最小公倍数は（ 6 ）

② 3と4の公倍数

12、24、36、…

3と4の最小公倍数は（ 12 ）

③ 2と4の公倍数

4、8、12、16、…

2と4の最小公倍数は（ 4 ）

④ 3と6の公倍数

6、12、18、24、…

3と6の最小公倍数は（ 6 ）

月　日 名前

整数の性質 ⑧

最小公倍数を求める

最小公倍数の求め方①

2つの数をかける型（かた）

2と3の最小公倍数

㋐ 1)2,3
㋑ 　2 3

最小公倍数6

㋐ 2と3をわれる数を見つける。 1

㋑ 2÷1、3÷1の答えを下にかく。

㋒ 1×2×3の積（かけ算の答え）6が最小公倍数。

最小公倍数を求めましょう。

① 1)3,2 → (6)
　 3 2

② 1)3,5 → (15)
　 3 5

③ 1)4,5 → (20)
　 4 5

④ 1)4,7 → (28)
　 4 7

⑤ 1)5,6 → (30)
　 5 6

⑥ 1)2,5 → (10)
　 2 5

⑦ 1)6,7 → (42)
　 6 7

⑧ 1)7,3 → (21)
　 7 3

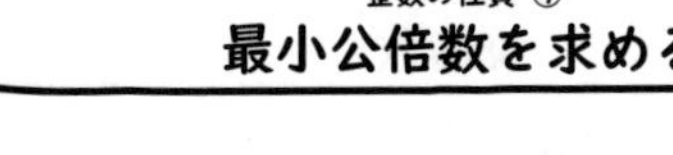

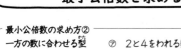

月　日 名前

整数の性質 ⑨

最小公倍数を求める

最小公倍数の求め方②

一方の数に合わせる型

2と4の最小公倍数

㋐2)2,4
㋑　1 2

最小公倍数4

㋐ 2と4をわれる数を見つける。 2

㋑ 2÷2、4÷2の答えを下にかく。

㋒ 2×1×2の積4が最小公倍数。

最小公倍数を求めましょう。

① 2)4,2 → (4)　2 1

② 3)3,6 → (6)　1 2

③ 4)4,8 → (8)　1 2

④ 3)9,3 → (9)　3 1

⑤ 5)5,10 → (10)　1 2

⑥ 6)12,6 → (12)　2 1

⑦ 7)7,14 → (14)　1 2

⑧ 2)6,2 → (6)　3 1

月　日 名前

整数の性質 ⑩

最小公倍数を求める

最小公倍数の求め方③

その他の型

4と6の最小公倍数

㋐2)4,6
㋑　2 3

最小公倍数12

㋐ 4と6をわれる数を見つける。 2

㋑ 4÷2、6÷2の答えを下にかく。

㋒ 2×2×3の積12が最小公倍数。

最小公倍数を求めましょう。

① 2)6,4 → (12)　3 2

② 3)6,9 → (18)　2 3

③ 2)6,8 → (24)　3 4

④ 2)4,10 → (20)　2 5

⑤ 4)8,12 → (24)　2 3

⑥ 5)10,15 → (30)　2 3

⑦ 3)12,9 → (36)　4 3

⑧ 5)15,20 → (60)　3 4

月　日 名前

整数の性質 ⑪

約　数

12をわり切ることができる整数を、12の約数といいます。

12の約数について考えましょう。□に式をかきましょう。

12を1でわります。 ⟶ 12÷1＝12 わり切れます。

答えの12でも、わり切れますね。 12÷12＝1 わり切れます。

1 と 12 が約数です。

12を2でわります。 ⟶ 12÷2＝6 わり切れます。

2 と 6 も約数です。

12を3でわります。 ⟶ 12÷3＝4 わり切れます。

3 と 4 も約数です。

3の次の整数は4です。もうわる数は“おしまい”。

12の約数（1とその数は、いつも約数になる）

①、②、③、④、5、⑥、7、8、9、10、11、⑫

約数を2つずつ見つけていきます。

月　日 名前

整数の性質 ⑫

約　数

1 次の数の約数に○をつけましょう。

① 2の約数　①、②

② 3の約数　①、2、③

③ 10の約数　①、②、3、4、⑤、6、7、8、9、⑩

2 次の数の約数を全部かきましょう。

① 15の約数　1　3　5　15

② 16の約数　1　2　4　8　16

③ 18の約数　1　2　3　6　9　18

④ 20の約数　1　2　4　5　10　20

⑤ 21の約数　1　3　7　21

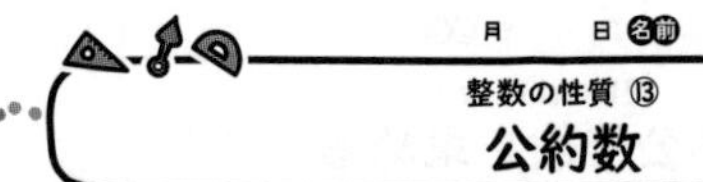

月　日 名前

整数の性質 ⑬

公約数

① 8と12の約数について考えましょう。

8の約数　1、2、4、8

12の約数　1、2、3、4、6、12

8の約数と12の約数の中で、共通する数をかきましょう。

(1 , 2 , 4)

1、2、4のように、8と12に共通な約数を、8と12の公約数といいます。

② 次の数の公約数をかきましょう。

① 4と6の公約数 (1 , 2)

4の約数　1、2、4

6の約数　1、2、3、6

② 12と16の公約数 (1 , 2 , 4)

12の約数　1、2、3、4、6、12

16の約数　1、2、4、8、16

38

月　日 名前

整数の性質 ⑭

公約数

次の数の公約数を求めましょう。

① 10と15の公約数 (1 , 5)

10の約数 1、2、5、10

15の約数 1、3、5、15

② 12と18の公約数 (1 , 2 , 3 , 6)

12の約数 1、2、3、4、6、12

18の約数 1、2、3、6、9、18

③ 20と8の公約数 (1 , 2 , 4)

20の約数 1、2、4、5、10、20

8の約数 1、2、4、8

④ 16と24の公約数 (1 , 2 , 4 , 8)

16の約数 1、2、4、8、16

24の約数 1、2、3、4、6、8、12、24

⑤ 5と9の公約数 (1)

5の約数 1、5

9の約数 1、3、9

39

月　日 名前

整数の性質 ⑮

最大公約数

公約数のうち、一番大きい数を最大公約数といいます。

次の最大公約数を求めましょう。

① 12と4の最大公約数 (4)

12と4の公約数　1、2、4

② 14と8の最大公約数 (2)

14と8の公約数　1、2

③ 20と10の最大公約数 (10)

20と10の公約数　1、2、5、10

④ 24と12の最大公約数 (12)

24と12の公約数　1、2、3、4、6、12

⑤ 10と30の最大公約数 (10)

10と30の公約数　1、2、5、10

40

月　日 名前

整数の性質 ⑯

最大公約数を求める

最大公約数を計算で求めましょう。

①
㋐ 2) 12, 4
㋑ 2) 6, 2
　　3　1

㋐ 12と4を2でわります。下に答えをかきます。
㋑ また2でわります。3と1をわる数は1だけです。"おしまい"。

左側の数をかけます。

2×2＝4 最大公約数は (4)

②
2) 20, 10
5) 10, 5
　　2　1

最大公約数は (10)
2×5

③
2) 24, 12
2) 12, 6
3) 6, 3
　　2　1

最大公約数は (12)

まず、÷2をします。また÷2をします。できなかったら÷3をします。また÷3をします。できなかったら÷5をします。÷7、÷11、があるかもしれません。

41

月　日 名前

整数の性質 ⑰

最大公約数を求める

次の数の最大公約数を求めましょう。

① 2) 4, 6 (2)
　 2 3

② 2) 8, 6 (2)
　 4 3

③ 2) 14, 8 (2)
　 7 4

④ 2) 20, 12 (4)
　 2) 10 6
　 5 3

⑤ 2) 24, 10 (2)
　 12 5

⑥ 2) 28, 20 (4)
　 2) 14 10
　 7 5

⑦ 2) 28, 8 (4)
　 2) 14 4
　 7 2

⑧ 2) 18, 24 (6)
　 3) 9 12
　 3 4

月　日 名前

整数の性質 ⑱

最大公約数を求める

次の数の最大公約数を求めましょう。

① 3) 9, 27 (9)
　 3) 3 9
　 1 3

② 2) 16, 20 (4)
　 2) 4 10
　 2 5

③ 2) 30, 20 (10)
　 5) 15 10
　 3 2

④ 2) 16, 8 (8)
　 2) 8 4
　 2) 4 2
　 2 1

⑤ 7) 21, 28 (7)
　 3 4

⑥ 11) 22, 33 (11)
　 2 3

⑦ 1) 3, 4 (1)
　 3 4

⑧ 1) 5, 7 (1)
　 5 7

月　日 名前

まとめ ③

整数の性質

／50点

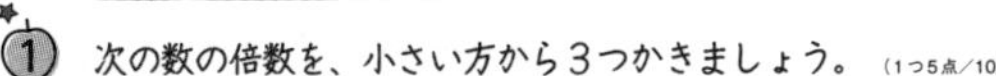

1 次の数の倍数を、小さい方から3つかきましょう。（1つ5点／10点）

① 4(4、8、12)

② 7(7、14、21)

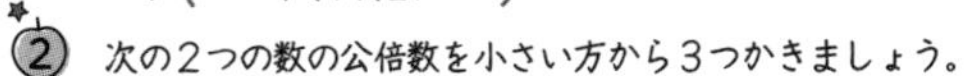

2 次の2つの数の公倍数を小さい方から3つかきましょう。（1つ5点／10点）

① 2、3(6、12、18)

② 4、6(12、24、36)

3 次の2つの数の最小公倍数を求めましょう。（1つ5点／30点）

① 1) 3, 5 (15)
　 3 5

② 1) 9, 4 (36)
　 9 4

③ 4) 8, 4 (8)
　 2 1

④ 5) 5, 15 (15)
　 1 3

⑤ 3) 15, 9 (45)
　 5 3

⑥ 4) 12, 8 (24)
　 3 2

月　日 名前

まとめ ④

整数の性質

／50点

1 次の数の約数をすべてかきましょう。（1つ5点／10点）

① 9(1、3、9)

② 24(1、2、3、4、6、8、12、24)

2 次の2つの数の公約数をすべてかきましょう。（1つ5点／10点）

① 8、24(1、2、4、8)

② 12、36(1、2、3、4、6、12)

3 次の2つの数の最大公約数を求めましょう。（1つ5点／30点）

① 3) 3, 12 (3)
　 1 4

② 2) 24, 8 (8)
　 2) 12 4
　 2) 6 2
　 3 1

③ 2) 16, 24 (8)
　 2) 8 12
　 2) 4 6
　 2 3

④ 2) 20, 30 (10)
　 5) 10 15
　 2 3

⑤ 3) 18, 27 (9)
　 3) 6 9
　 2 3

⑥ 7) 21, 35 (7)
　 3 5

月　日 名前

分　数①

約　分

約分とは、分数の分母と分子を同じ数でわり、小さな数の分母と分子にすることです。約分しましょう。

2 でわる練習

① $\frac{2}{4}=\frac{1}{2}$　② $\frac{2}{6}=\frac{1}{3}$　③ $\frac{10}{12}=\frac{5}{6}$

④ $\frac{12}{14}=\frac{6}{7}$　⑤ $\frac{8}{10}=\frac{4}{5}$　⑥ $\frac{14}{20}=\frac{7}{10}$

⑦ $\frac{8}{18}=\frac{4}{9}$　⑧ $\frac{2}{8}=\frac{1}{4}$　⑨ $\frac{4}{18}=\frac{2}{9}$

3 でわる練習

① $\frac{3}{6}=\frac{1}{2}$　② $\frac{3}{9}=\frac{1}{3}$　③ $\frac{6}{9}=\frac{2}{3}$

④ $\frac{3}{12}=\frac{1}{4}$　⑤ $\frac{3}{15}=\frac{1}{5}$　⑥ $\frac{12}{15}=\frac{4}{5}$

⑦ $\frac{6}{15}=\frac{2}{5}$　⑧ $\frac{9}{15}=\frac{3}{5}$　⑨ $\frac{9}{12}=\frac{3}{4}$

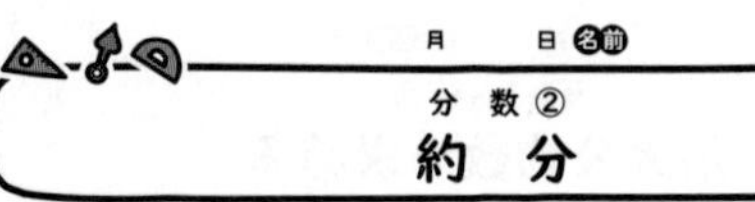

月　日 名前

分　数②

約　分

約分しましょう。

5 でわる練習

① $\frac{5}{15}=\frac{1}{3}$　② $\frac{5}{10}=\frac{1}{2}$　③ $\frac{10}{15}=\frac{2}{3}$

④ $\frac{5}{25}=\frac{1}{5}$　⑤ $\frac{15}{25}=\frac{3}{5}$　⑥ $\frac{10}{35}=\frac{2}{7}$

⑦ $\frac{25}{35}=\frac{5}{7}$　⑧ $\frac{5}{45}=\frac{1}{9}$　⑨ $\frac{20}{45}=\frac{4}{9}$

7 でわる練習

① $\frac{7}{21}=\frac{1}{3}$　② $\frac{7}{35}=\frac{1}{5}$　③ $\frac{7}{28}=\frac{1}{4}$

④ $\frac{21}{28}=\frac{3}{4}$　⑤ $\frac{21}{35}=\frac{3}{5}$　⑥ $\frac{14}{21}=\frac{2}{3}$

⑦ $\frac{7}{42}=\frac{1}{6}$　⑧ $\frac{7}{49}=\frac{1}{7}$　⑨ $\frac{42}{49}=\frac{6}{7}$

月　日 名前

分　数③

通　分

分数の分母をそろえることを通分するといいます。

次の分数を通分しましょう。大きい分数に〇をつけましょう。

2つの数をかける型

① $\frac{1}{2}=\frac{1\times3}{2\times3}=\frac{3}{6}$ と $\frac{1}{3}=\frac{1\times2}{3\times2}=\frac{2}{6}$　（〇：$\frac{1}{2}$）

② $\frac{1}{4}=\frac{1\times3}{4\times3}=\frac{3}{12}$ と $\frac{1}{3}=\frac{1\times4}{3\times4}=\frac{4}{12}$　（〇：$\frac{1}{3}$）

③ $\frac{3}{4}=\frac{3\times7}{4\times7}=\frac{21}{28}$ と $\frac{4}{7}=\frac{4\times4}{7\times4}=\frac{16}{28}$　（〇：$\frac{3}{4}$）

④ $\frac{2}{3}=\frac{2\times5}{3\times5}=\frac{10}{15}$ と $\frac{3}{5}=\frac{3\times3}{5\times3}=\frac{9}{15}$　（〇：$\frac{2}{3}$）

⑤ $\frac{5}{6}=\frac{5\times5}{6\times5}=\frac{25}{30}$ と $\frac{2}{5}=\frac{2\times6}{5\times6}=\frac{12}{30}$　（〇：$\frac{5}{6}$）

⑥ $\frac{3}{4}=\frac{3\times5}{4\times5}=\frac{15}{20}$ と $\frac{4}{5}=\frac{4\times4}{5\times4}=\frac{16}{20}$　（〇：$\frac{4}{5}$）

月　日 名前

分　数④

通　分

次の分数を通分しましょう。大きい分数に〇をつけましょう。

一方の数に合わせる型

① $\frac{1}{2}=\frac{1\times2}{2\times2}=\frac{2}{4}$ と $\frac{3}{4}$　（〇：$\frac{3}{4}$）

② $\frac{1}{2}=\frac{1\times3}{2\times3}=\frac{3}{6}$ と $\frac{5}{6}$　（〇：$\frac{5}{6}$）

③ $\frac{3}{4}=\frac{3\times2}{4\times2}=\frac{6}{8}$ と $\frac{1}{8}$　（〇：$\frac{3}{4}$）

④ $\frac{2}{3}=\frac{2\times3}{3\times3}=\frac{6}{9}$ と $\frac{5}{9}$　（〇：$\frac{2}{3}$）

⑤ $\frac{1}{4}=\frac{1\times3}{4\times3}=\frac{3}{12}$ と $\frac{7}{12}$　（〇：$\frac{7}{12}$）

⑥ $\frac{9}{10}$ と $\frac{4}{5}=\frac{4\times2}{5\times2}=\frac{8}{10}$　（〇：$\frac{9}{10}$）

月　日 名前

分数⑤

通　分

次の分数を通分しましょう。大きい分数に○をつけましょう。

$$3\,\underline{)\ \frac{1}{6}\ と\ \frac{1}{9}}$$
$$\quad 2 \qquad 3$$

その他の型（かた）
公約数3でわる。答えの2、答えの3を、それぞれもう一方の分数にかけ合わせる。

① $\frac{1}{6}$(○) $=\frac{1\times3}{6\times3}=\frac{3}{18}$，$\frac{1}{9}=\frac{1\times2}{9\times2}=\frac{2}{18}$

② $\frac{1}{4}$(○) $=\frac{1\times3}{4\times3}=\frac{3}{12}$，$\frac{1}{6}=\frac{1\times2}{6\times2}=\frac{2}{12}$

③ $\frac{1}{9}=\frac{1\times2}{9\times2}=\frac{2}{18}$，$\frac{1}{6}$(○) $=\frac{1\times3}{6\times3}=\frac{3}{18}$

④ $\frac{1}{10}$(○) $=\frac{1\times3}{10\times3}=\frac{3}{30}$，$\frac{1}{15}=\frac{1\times2}{15\times2}=\frac{2}{30}$

⑤ $\frac{1}{8}=\frac{1\times3}{8\times3}=\frac{3}{24}$，$\frac{1}{6}$(○) $=\frac{1\times4}{6\times4}=\frac{4}{24}$

⑥ $\frac{1}{8}=\frac{1\times3}{8\times3}=\frac{3}{24}$，$\frac{5}{12}$(○) $=\frac{5\times2}{12\times2}=\frac{10}{24}$

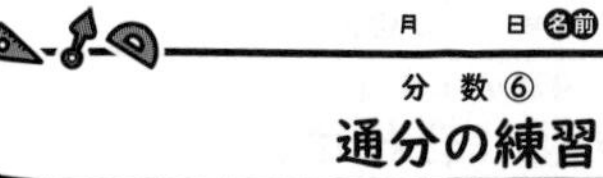

月　日 名前

分数⑥

通分の練習

次の分数を通分し、大きい分数に○をつけましょう。

① $\frac{4}{5}$(○) $=\frac{4\times3}{5\times3}=\frac{12}{15}$，$\frac{2}{3}=\frac{2\times5}{3\times5}=\frac{10}{15}$

② $\frac{1}{4}=\frac{1\times3}{4\times3}=\frac{3}{12}$，$\frac{5}{12}$(○)

③ $\frac{1}{7}=\frac{1\times2}{7\times2}=\frac{2}{14}$，$\frac{3}{14}$(○)

④ $\frac{5}{8}$(○) $=\frac{5\times3}{8\times3}=\frac{15}{24}$，$\frac{7}{12}=\frac{7\times2}{12\times2}=\frac{14}{24}$

⑤ $\frac{7}{8}$(○) $=\frac{7\times3}{8\times3}=\frac{21}{24}$，$\frac{5}{6}=\frac{5\times4}{6\times4}=\frac{20}{24}$

⑥ $\frac{5}{9}=\frac{5\times4}{9\times4}=\frac{20}{36}$，$\frac{7}{12}$(○) $=\frac{7\times3}{12\times3}=\frac{21}{36}$

月　日 名前

分数のたし算①

2つの数をかける型

次の計算をしましょう。

① $\frac{1}{2}+\frac{1}{3}=\frac{1\times3}{2\times3}+\frac{1\times2}{3\times2}$

←分母の数を、たがいに分母・分子にかける。

なぞりながら計算しましょう。

$=\frac{3}{6}+\frac{2}{6}$

$=\frac{5}{6}$

② $\frac{1}{4}+\frac{2}{3}=\frac{1\times3}{4\times3}+\frac{2\times4}{3\times4}$

$=\frac{3}{12}+\frac{8}{12}$

$=\frac{11}{12}$

③ $\frac{1}{5}+\frac{1}{4}=\frac{1\times4}{5\times4}+\frac{1\times5}{4\times5}$

$=\frac{4}{20}+\frac{5}{20}$

$=\frac{9}{20}$

月　日 名前

分数のたし算②

2つの数をかける型

次の計算をしましょう。

① $\frac{1}{2}+\frac{2}{7}=\frac{1\times7}{2\times7}+\frac{2\times2}{7\times2}$

$=\frac{7}{14}+\frac{4}{14}$

$=\frac{11}{14}$

② $\frac{1}{3}+\frac{1}{4}=\frac{1\times4}{3\times4}+\frac{1\times3}{4\times3}$

$=\frac{4}{12}+\frac{3}{12}$

$=\frac{7}{12}$

③ $\frac{2}{3}+\frac{2}{7}=\frac{2\times7}{3\times7}+\frac{2\times3}{7\times3}$

$=\frac{14}{21}+\frac{6}{21}$

$=\frac{20}{21}$

月　日 名前

分数のたし算 ③

一方の数に合わせる型

次の計算をしましょう。

① $\frac{1}{2}+\frac{3}{8}=\frac{1\times4}{2\times4}+\frac{3}{8}$

$=\frac{4}{8}+\frac{3}{8}$

$=\frac{7}{8}$

←分母を8に合わせるため、2に4をかける。

② $\frac{1}{3}+\frac{2}{9}=\frac{1\times3}{3\times3}+\frac{2}{9}$

$=\frac{3}{9}+\frac{2}{9}$

$=\frac{5}{9}$

③ $\frac{3}{8}+\frac{1}{4}=\frac{3}{8}+\frac{1\times2}{4\times2}$

$=\frac{3}{8}+\frac{2}{8}$

$=\frac{5}{8}$

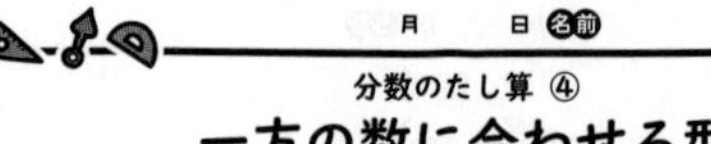

月　日 名前

分数のたし算 ④

一方の数に合わせる型

次の計算をしましょう。

① $\frac{1}{4}+\frac{1}{8}=\frac{1\times2}{4\times2}+\frac{1}{8}$

$=\frac{2}{8}+\frac{1}{8}$

$=\frac{3}{8}$

② $\frac{1}{5}+\frac{1}{10}=\frac{1\times2}{5\times2}+\frac{1}{10}$

$=\frac{2}{10}+\frac{1}{10}$

$=\frac{3}{10}$

③ $\frac{2}{5}+\frac{2}{15}=\frac{2\times3}{5\times3}+\frac{2}{15}$

$=\frac{6}{15}+\frac{2}{15}$

$=\frac{8}{15}$

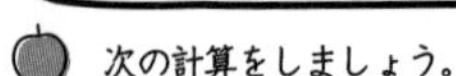

月　日 名前

分数のたし算 ⑤

その他の型

次の計算をしましょう。

① $\frac{1}{4}+\frac{1}{6}=\frac{1\times3}{4\times3}+\frac{1\times2}{6\times2}$ （2) 4　6 → 2　3）

$=\frac{3}{12}+\frac{2}{12}$

$=\frac{5}{12}$

←分母の最小公倍数を見つける。

② $\frac{1}{6}+\frac{1}{8}=\frac{1\times4}{6\times4}+\frac{1\times3}{8\times3}$ （2) 6　8 → 3　4）

$=\frac{4}{24}+\frac{3}{24}$

$=\frac{7}{24}$

③ $\frac{1}{9}+\frac{1}{12}=\frac{1\times4}{9\times4}+\frac{1\times3}{12\times3}$ （3) 9　12 → 3　4）

$=\frac{4}{36}+\frac{3}{36}$

$=\frac{7}{36}$

月　日 名前

分数のたし算 ⑥

その他の型

次の計算をしましょう。

① $\frac{3}{8}+\frac{1}{6}=\frac{3\times3}{8\times3}+\frac{1\times4}{6\times4}$

$=\frac{9}{24}+\frac{4}{24}$

$=\frac{13}{24}$

② $\frac{1}{9}+\frac{1}{15}=\frac{1\times5}{9\times5}+\frac{1\times3}{15\times3}$

$=\frac{5}{45}+\frac{3}{45}$

$=\frac{8}{45}$

③ $\frac{3}{10}+\frac{1}{4}=\frac{3\times2}{10\times2}+\frac{1\times5}{4\times5}$

$=\frac{6}{20}+\frac{5}{20}$

$=\frac{11}{20}$

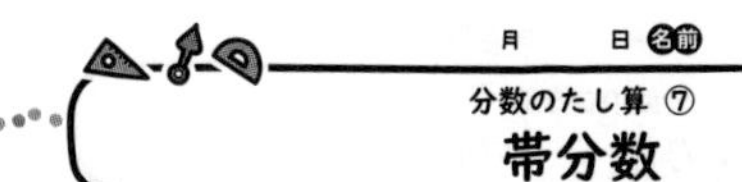

分数のたし算 ⑦

帯分数

① $\frac{2}{3}+\frac{2}{5}$ の計算のしかたを考えましょう。（答えは帯分数にしましょう。）

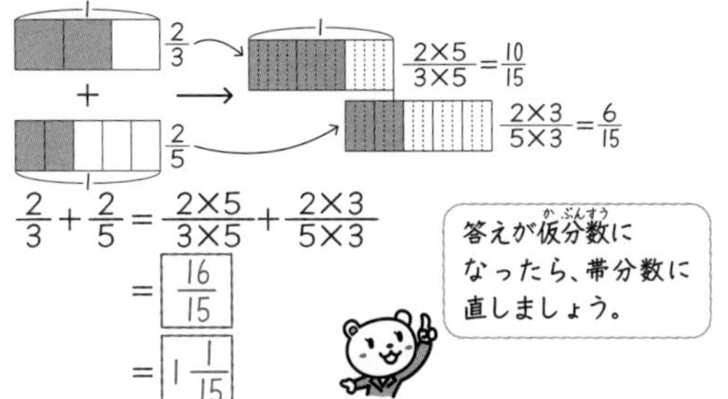

$\frac{2}{3}+\frac{2}{5}=\frac{2\times5}{3\times5}+\frac{2\times3}{5\times3}$

$=\frac{16}{15}$

$=1\frac{1}{15}$

答えが仮分数（かぶんすう）になったら、帯分数に直しましょう。

② 次の計算をしましょう。（答えは帯分数にしましょう。）

① $\frac{2}{5}+\frac{3}{4}=\frac{2\times4}{5\times4}+\frac{3\times5}{4\times5}$

$=\frac{8}{20}+\frac{15}{20}$

$=\frac{23}{20}=1\frac{3}{20}$

② $\frac{6}{7}+\frac{4}{5}=\frac{6\times5}{7\times5}+\frac{4\times7}{5\times7}$

$=\frac{30}{35}+\frac{28}{35}$

$=\frac{58}{35}=1\frac{23}{35}$

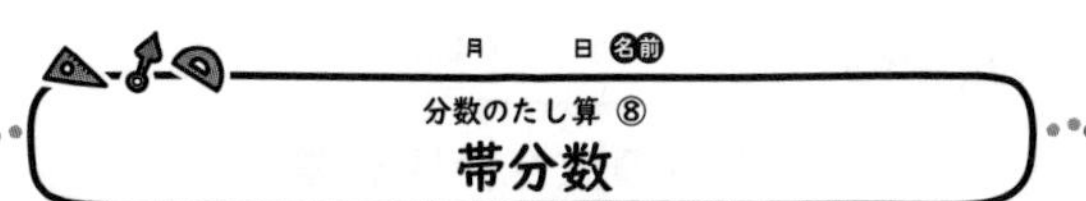

分数のたし算 ⑧

帯分数

① $1\frac{1}{2}+2\frac{3}{5}$ の計算のしかたを考えましょう。

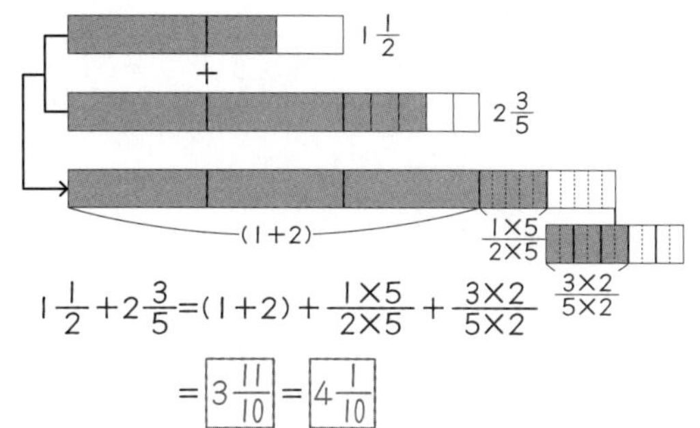

$1\frac{1}{2}+2\frac{3}{5}=(1+2)+\frac{1\times5}{2\times5}+\frac{3\times2}{5\times2}$

$=3\frac{11}{10}=4\frac{1}{10}$

② 次の計算をしましょう。

① $2\frac{2}{3}+1\frac{3}{4}=2\frac{2\times4}{3\times4}+1\frac{3\times3}{4\times3}$

$=3\frac{17}{12}$

$=4\frac{5}{12}$

② $1\frac{5}{6}+3\frac{1}{3}=1\frac{5}{6}+3\frac{1\times2}{3\times2}$

$=4\frac{7}{6}$

$=5\frac{1}{6}$

分数のたし算 ⑨

いろいろな型

次の計算をしましょう。（答えが仮分数（かぶんすう）のときは、帯分数に）

① $\frac{1}{2}+\frac{1}{7}=\frac{1\times7}{2\times7}+\frac{1\times2}{7\times2}$

$=\frac{7}{14}+\frac{2}{14}$

$=\frac{9}{14}$

② $\frac{1}{3}+\frac{5}{6}=\frac{1\times2}{3\times2}+\frac{5}{6}$

$=\frac{2}{6}+\frac{5}{6}$

$=\frac{7}{6}=1\frac{1}{6}$

③ $\frac{3}{4}+\frac{1}{10}=\frac{3\times5}{4\times5}+\frac{1\times2}{10\times2}$

$=\frac{15}{20}+\frac{2}{20}$

$=\frac{17}{20}$

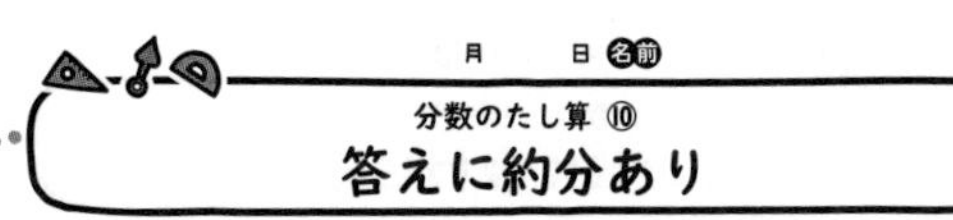

分数のたし算 ⑩

答えに約分あり

次の計算をしましょう。（答えは、約分する）

① $\frac{1}{2}+\frac{1}{6}=\frac{1\times3}{2\times3}+\frac{1}{6}$

$=\frac{3}{6}+\frac{1}{6}$

$=\frac{4}{6}=\frac{2}{3}$

② $\frac{5}{6}+\frac{1}{10}=\frac{5\times5}{6\times5}+\frac{1\times3}{10\times3}$

$=\frac{25}{30}+\frac{3}{30}$

$=\frac{28}{30}=\frac{14}{15}$

③ $\frac{1}{3}+\frac{1}{15}=\frac{1\times5}{3\times5}+\frac{1}{15}$

$=\frac{5}{15}+\frac{1}{15}$

$=\frac{6}{15}=\frac{2}{5}$

月　日 名前

分数のひき算 ①

２つの数をかける型

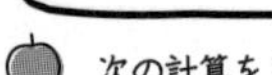

次の計算をしましょう。

① $\frac{2}{3}-\frac{1}{4}=\frac{2\times4}{3\times4}-\frac{1\times3}{4\times3}$

$=\frac{8}{12}-\frac{3}{12}$

$=\frac{5}{12}$

⬅分母の数をたがいに分母・分子にかける。

② $\frac{1}{2}-\frac{2}{5}=\frac{1\times5}{2\times5}-\frac{2\times2}{5\times2}$

$=\frac{5}{10}-\frac{4}{10}$

$=\frac{1}{10}$

③ $\frac{3}{5}-\frac{1}{4}=\frac{3\times4}{5\times4}-\frac{1\times5}{4\times5}$

$=\frac{12}{20}-\frac{5}{20}$

$=\frac{7}{20}$

月　日 名前

分数のひき算 ②

２つの数をかける型

次の計算をしましょう。

① $\frac{1}{6}-\frac{1}{7}=\frac{1\times7}{6\times7}-\frac{1\times6}{7\times6}$

$=\frac{7}{42}-\frac{6}{42}$

$=\frac{1}{42}$

② $\frac{2}{7}-\frac{1}{5}=\frac{2\times5}{7\times5}-\frac{1\times7}{5\times7}$

$=\frac{10}{35}-\frac{7}{35}$

$=\frac{3}{35}$

③ $\frac{2}{5}-\frac{1}{3}=\frac{2\times3}{5\times3}-\frac{1\times5}{3\times5}$

$=\frac{6}{15}-\frac{5}{15}$

$=\frac{1}{15}$

月　日 名前

分数のひき算 ③

一方の数に合わせる型

次の計算をしましょう。

① $\frac{1}{2}-\frac{1}{4}=\frac{1\times2}{2\times2}-\frac{1}{4}$

$=\frac{2}{4}-\frac{1}{4}$

$=\frac{1}{4}$

⬅分母を４に合わせるため、２に２をかける。

② $\frac{1}{3}-\frac{1}{9}=\frac{1\times3}{3\times3}-\frac{1}{9}$

$=\frac{3}{9}-\frac{1}{9}$

$=\frac{2}{9}$

③ $\frac{3}{4}-\frac{1}{8}=\frac{3\times2}{4\times2}-\frac{1}{8}$

$=\frac{6}{8}-\frac{1}{8}$

$=\frac{5}{8}$

月　日 名前

分数のひき算 ④

一方の数に合わせる型

次の計算をしましょう。

① $\frac{1}{5}-\frac{1}{15}=\frac{1\times3}{5\times3}-\frac{1}{15}$

$=\frac{3}{15}-\frac{1}{15}$

$=\frac{2}{15}$

② $\frac{5}{6}-\frac{5}{12}=\frac{5\times2}{6\times2}-\frac{5}{12}$

$=\frac{10}{12}-\frac{5}{12}$

$=\frac{5}{12}$

③ $\frac{1}{7}-\frac{1}{21}=\frac{1\times3}{7\times3}-\frac{1}{21}$

$=\frac{3}{21}-\frac{1}{21}$

$=\frac{2}{21}$

月　日 名前

分数のひき算 ⑤

その他の型

次の計算をしましょう。

① $\frac{3}{8}-\frac{1}{6}=\frac{3\times3}{8\times3}-\frac{1\times4}{6\times4}$　⬅分母の最小公倍数を見つける。

（$2\,)\,8\;\;6$　→　$4\;\;3$）

$=\frac{9}{24}-\frac{4}{24}$

$=\frac{5}{24}$

② $\frac{5}{6}-\frac{1}{4}=\frac{5\times2}{6\times2}-\frac{1\times3}{4\times3}$

（$2\,)\,6\;\;4$　→　$3\;\;2$）

$=\frac{10}{12}-\frac{3}{12}$

$=\frac{7}{12}$

③ $\frac{1}{9}-\frac{1}{15}=\frac{1\times5}{9\times5}-\frac{1\times3}{15\times3}$

（$3\,)\,9\;\;15$　→　$3\;\;5$）

$=\frac{5}{45}-\frac{3}{45}$

$=\frac{2}{45}$

月　日 名前

分数のひき算 ⑥

その他の型

次の計算をしましょう。

① $\frac{1}{4}-\frac{1}{6}=\frac{1\times3}{4\times3}-\frac{1\times2}{6\times2}$

$=\frac{3}{12}-\frac{2}{12}$

$=\frac{1}{12}$

② $\frac{5}{6}-\frac{3}{8}=\frac{5\times4}{6\times4}-\frac{3\times3}{8\times3}$

$=\frac{20}{24}-\frac{9}{24}$

$=\frac{11}{24}$

③ $\frac{2}{9}-\frac{1}{6}=\frac{2\times2}{9\times2}-\frac{1\times3}{6\times3}$

$=\frac{4}{18}-\frac{3}{18}$

$=\frac{1}{18}$

月　日 名前

分数のひき算 ⑦

帯分数

1 $1\frac{1}{4}-\frac{1}{2}$ の計算のしかたを考えましょう。

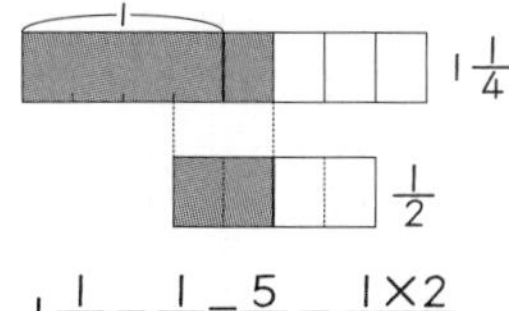

$1\frac{1}{4}-\frac{1}{2}=\frac{5}{4}-\frac{1\times2}{2\times2}$

$=\boxed{\frac{3}{4}}$

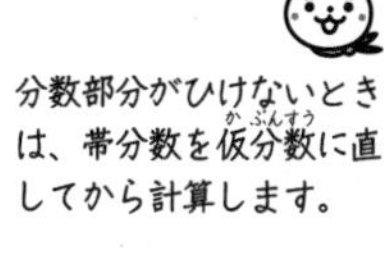

分数部分がひけないときは、帯分数を仮分数（かぶんすう）に直してから計算します。

2 次の計算をしましょう。

① $1\frac{1}{5}-\frac{2}{3}=\frac{6\times3}{5\times3}-\frac{2\times5}{3\times5}$

$=\frac{18}{15}-\frac{10}{15}$

$=\frac{8}{15}$

② $1\frac{2}{5}-\frac{7}{9}=\frac{7\times9}{5\times9}-\frac{7\times5}{9\times5}$

$=\frac{63}{45}-\frac{35}{45}$

$=\frac{28}{45}$

月　日 名前

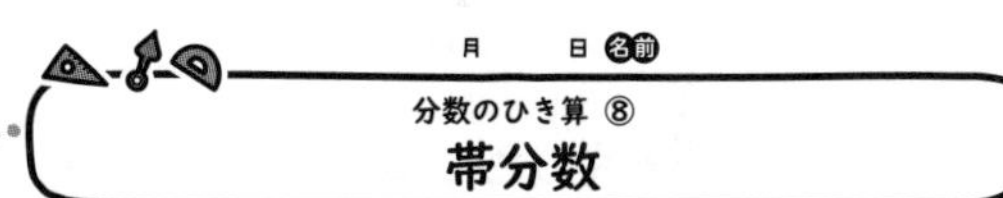

分数のひき算 ⑧

帯分数

1 $2\frac{2}{3}-1\frac{4}{5}$ の計算のしかたを考えましょう。

$2\frac{2}{3}-1\frac{4}{5}=\frac{8}{3}-\frac{9}{5}$

$=\frac{8\times5}{3\times5}-\frac{9\times3}{5\times3}$

$=\boxed{\frac{40}{15}}-\boxed{\frac{27}{15}}$

$=\boxed{\frac{13}{15}}$

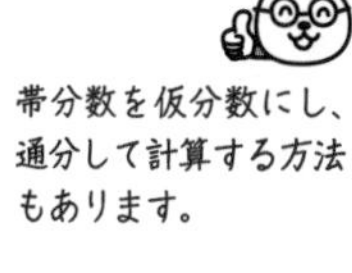

帯分数を仮分数にし、通分して計算する方法もあります。

2 次の計算をしましょう。

① $2\frac{1}{2}-1\frac{6}{7}=1\frac{3\times7}{2\times7}-1\frac{6\times2}{7\times2}$

$=1\frac{21}{14}-1\frac{12}{14}$

$=\frac{9}{14}$

② $4\frac{3}{5}-3\frac{2}{3}=3\frac{8\times3}{5\times3}-3\frac{2\times5}{3\times5}$

$=3\frac{24}{15}-3\frac{10}{15}$

$=\frac{14}{15}$

月　日 名前

分数のひき算 ⑨

いろいろな型

次の計算をしましょう。

① $\frac{1}{2}-\frac{1}{3}=\frac{1\times3}{2\times3}-\frac{1\times2}{3\times2}$

$=\frac{3}{6}-\frac{2}{6}$

$=\frac{1}{6}$

② $\frac{1}{4}-\frac{1}{10}=\frac{1\times5}{4\times5}-\frac{1\times2}{10\times2}$

$=\frac{5}{20}-\frac{2}{20}$

$=\frac{3}{20}$

③ $1\frac{2}{3}-\frac{5}{7}=\frac{5\times7}{3\times7}-\frac{5\times3}{7\times3}$

$=\frac{35}{21}-\frac{15}{21}$

$=\frac{20}{21}$

月　日 名前

分数のひき算 ⑩

答えに約分あり

次の計算をしましょう。(答えは、約分する)

① $\frac{1}{2}-\frac{1}{6}=\frac{1\times3}{2\times3}-\frac{1}{6}$

$=\frac{3}{6}-\frac{1}{6}$

$=\frac{2}{6}=\frac{1}{3}$

② $\frac{3}{4}-\frac{1}{12}=\frac{3\times3}{4\times3}-\frac{1}{12}$

$=\frac{9}{12}-\frac{1}{12}$

$=\frac{8}{12}=\frac{2}{3}$

③ $\frac{5}{12}-\frac{1}{6}=\frac{5}{12}-\frac{1\times2}{6\times2}$

$=\frac{5}{12}-\frac{2}{12}$

$=\frac{3}{12}=\frac{1}{4}$

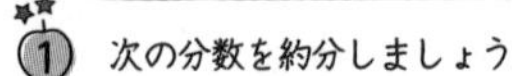

まとめテスト

月　日 名前

まとめ ⑤

分数のたし算

／50点

1 次の分数を約分しましょう。(各5点／15点)

① $\frac{6}{8}\left(\frac{3}{4}\right)$　② $\frac{12}{15}\left(\frac{4}{5}\right)$　③ $\frac{16}{24}\left(\frac{2}{3}\right)$

2 次の計算をしましょう。(各5点／25点)

① $\frac{1}{3}+\frac{3}{5}=\frac{5}{15}+\frac{9}{15}=\frac{14}{15}$

② $\frac{1}{2}+\frac{5}{6}=\frac{3}{6}+\frac{5}{6}=\frac{8}{6}=1\frac{2}{6}=1\frac{1}{3}$

③ $\frac{5}{12}+\frac{3}{8}=\frac{10}{24}+\frac{9}{24}=\frac{19}{24}$

④ $1\frac{3}{4}+\frac{1}{6}=1\frac{9}{12}+\frac{2}{12}=1\frac{11}{12}$

⑤ $\frac{4}{5}+\frac{3}{10}=\frac{8}{10}+\frac{3}{10}=\frac{11}{10}=1\frac{1}{10}$

3 ジュースを、きのう$\frac{5}{6}$L、きょうは$\frac{8}{9}$L飲みました。あわせて何L飲みましたか。(10点)

式 $\frac{5}{6}+\frac{8}{9}=\frac{15}{18}+\frac{16}{18}=\frac{31}{18}=1\frac{13}{18}$

答え $1\frac{13}{18}$L

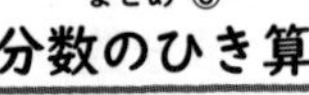

まとめテスト

月　日 名前

まとめ ⑥

分数のひき算

／50点

1 次の分数を通分しましょう。(各5点／20点)

① $\left(\frac{2}{3}\ \frac{3}{4}\right)\rightarrow\left(\frac{8}{12}\ \frac{9}{12}\right)$　② $\left(\frac{3}{8}\ \frac{1}{4}\right)\rightarrow\left(\frac{3}{8}\ \frac{2}{8}\right)$

③ $\left(\frac{3}{10}\ \frac{2}{15}\right)\rightarrow\left(\frac{9}{30}\ \frac{4}{30}\right)$　④ $\left(\frac{7}{8}\ \frac{5}{6}\right)\rightarrow\left(\frac{21}{24}\ \frac{20}{24}\right)$

2 次の計算をしましょう。(各5点／20点)

① $\frac{5}{7}-\frac{1}{3}=\frac{15}{21}-\frac{7}{21}=\frac{8}{21}$

② $\frac{9}{10}-\frac{4}{5}=\frac{9}{10}-\frac{8}{10}=\frac{1}{10}$

③ $\frac{7}{12}-\frac{3}{8}=\frac{14}{24}-\frac{9}{24}=\frac{5}{24}$

④ $2\frac{2}{9}-\frac{5}{12}=1\frac{11\times4}{9\times4}-\frac{5\times3}{12\times3}=1\frac{44}{36}-\frac{15}{36}=1\frac{29}{36}$

3 みかんが$\frac{6}{7}$kg、いちごが$\frac{2}{5}$kgあります。ちがいは何kgですか。(10点)

式 $\frac{6}{7}-\frac{2}{5}=\frac{30}{35}-\frac{14}{35}=\frac{16}{35}$

答え $\frac{16}{35}$kg

月　日 名前

小数と分数 ①

わり算と分数

① 2Lのジュースを3等分します。1つ分はいくらですか。分数で表しましょう。

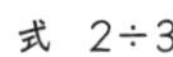

式　2÷3

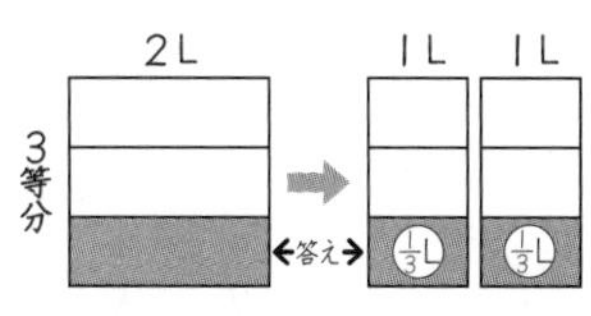

図を見ると、答えは

$2\div3=\frac{2}{3}$

答え　$\frac{2}{3}$ L

わり算の答えは、㋐わられる数を分子、㋑わる数を分母とする分数で表せます。

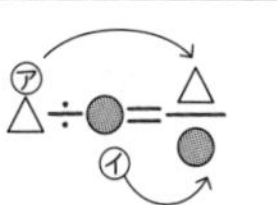

② わり算の答えを、分数で表しましょう。

① $1\div6=\frac{1}{6}$　② $3\div7=\frac{3}{7}$

③ $2\div5=\frac{2}{5}$　④ $8\div9=\frac{8}{9}$

⑤ $5\div3=\frac{5}{3}$　⑥ $10\div7=\frac{10}{7}$

⑦ $9\div4=\frac{9}{4}$　⑧ $11\div8=\frac{11}{8}$

月　日 名前

小数と分数 ②

小数と分数

① 分数を小数に直しましょう。

① $\frac{2}{5}=2\div5=0.4$ ➡ 5)2.0 = 0.4（20, 0）

② $\frac{1}{7}=1\div7=0.14\cdots$ ➡ 7)1.000 = 0.142（7, 30, 28, 20, 14, 6）

わり切れないものもあります。小数第三位を四捨五入しましょう。

③ $\frac{3}{2}=3\div2=1.5$

④ $\frac{7}{4}=7\div4=1.75$

② 小数を分数に直しましょう。

$0.1=\frac{1}{10}$　　$0.01=\frac{1}{100}$

① $0.3=\frac{3}{10}$　② $0.7=\frac{7}{10}$

③ $0.01=\frac{1}{100}$　④ $0.03=\frac{3}{100}$

⑤ $0.17=\frac{17}{100}$　⑥ $0.57=\frac{57}{100}$

月　日 名前

小数と分数 ③

わり算・小数・分数

① □にあてはまる数をかきましょう。

① $\frac{3}{7}=\boxed{3}\div7$　② $\frac{5}{2}=5\div\boxed{2}$

③ $\frac{1}{4}=\boxed{1}\div\boxed{4}$　④ $\frac{13}{6}=\boxed{13}\div\boxed{6}$

⑤ $8\div3=\frac{\boxed{8}}{\boxed{3}}$　⑥ $8\div15=\frac{\boxed{8}}{\boxed{15}}$

② 次の分数を小数や整数で表しましょう。

① $\frac{3}{5}=0.6$　② $\frac{3}{4}=0.75$

③ $\frac{9}{2}=4.5$　④ $\frac{14}{7}=2$

③ 次の小数を分数で表しましょう。

① $0.3=\frac{\boxed{3}}{\boxed{10}}$　② $0.08=\frac{\boxed{2}}{\boxed{25}}$

③ $0.37=\frac{\boxed{37}}{\boxed{100}}$　④ $1.9=\frac{\boxed{19}}{\boxed{10}}$

月　日 名前

小数と分数 ④

わり算・小数・分数

① どちらが大きいですか。□に不等号をかきましょう。

① $\frac{9}{10}\boxed{>}0.6$　② $0.15\boxed{<}\frac{7}{20}$

③ $1.2\boxed{<}1\frac{2}{5}$　④ $1\frac{3}{4}\boxed{>}1.6$

② 小数を分数に直して計算しましょう。

① $\frac{4}{5}+0.3=\frac{4}{5}+\frac{3}{10}=\frac{11}{10}=1\frac{1}{10}$

② $0.67-\frac{13}{20}=\frac{67}{100}-\frac{65}{100}=\frac{2}{100}=\frac{1}{50}$

③ 分数で答えましょう。

① 15mは4mの何倍ですか。　（$\frac{15}{4}$倍）

② 5kgは18kgの何倍ですか。　（$\frac{5}{18}$倍）

③ 5Lは2Lの何倍ですか。　（$\frac{5}{2}$倍）

④ 6cmは30cmの何倍ですか。　（$\frac{6}{30}=\frac{1}{5}$倍）

月　日 名前

図形の合同 ①

合同とは

はがきや百円玉を重ねたら、どうなりますか。

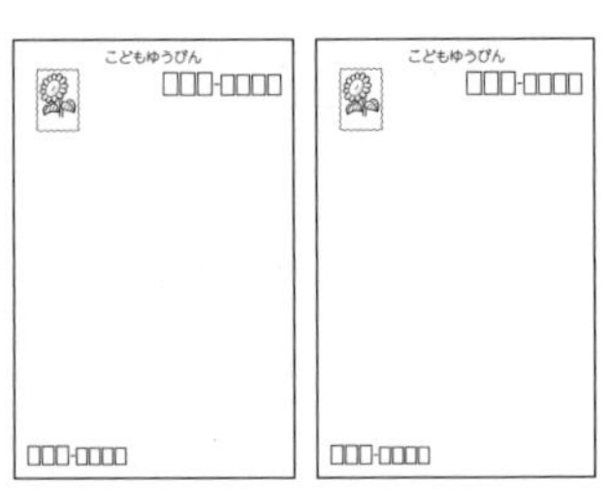

きちんと重ね合わせることができる2つの図形は、合同であるといいます。

あと合同な図形を見つけて、記号をかきましょう。

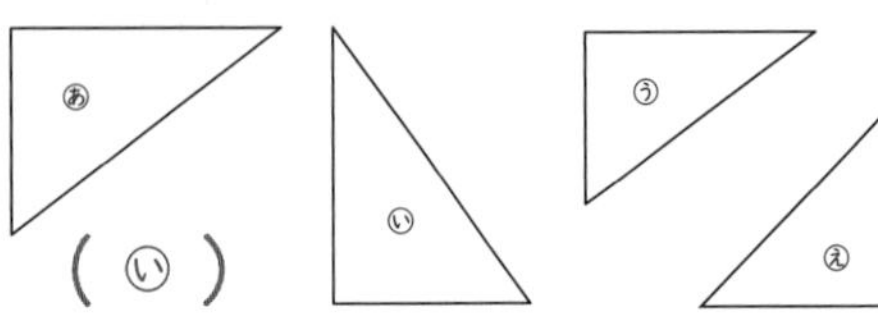

（ い ）

月　日 名前

図形の合同 ②

ちょう点、辺、角

1 合同な図形の組を（　）にかきましょう。

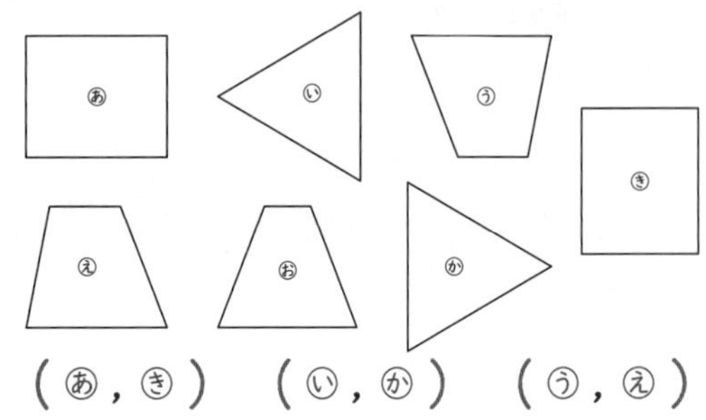

（ あ，き ）（ い，か ）（ う，え ）

2 2つの三角形は合同です。

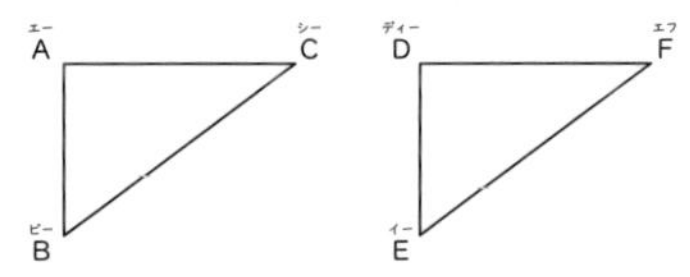

① 重なりあうちょう点をかきましょう。
（ AとD ）（ BとE ）（ CとF ）

② 重なりあう辺の組をかきましょう。
（ 辺ABと辺DE ）（ 辺BCと辺EF ）（ 辺CAと辺FD ）

③ 重なりあう角の組をかきましょう。
（ 角Aと角D ）（ 角Bと角E ）（ 角Cと角F ）

月　日 名前

図形の合同 ③

対応する点、辺、角

合同な図形を重ねたとき、重なりあう点や辺や角を対応する点、対応する辺、対応する角といいます。

正三角形ABCを、図のようにADで切ると、合同な直角三角形ができます。（　）に言葉をかきましょう。

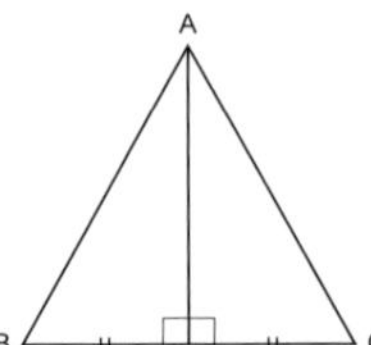

① 辺ABと対応する辺ACの長さは（ 等しい ）。

※正三角形の辺の長さはみんな等しい。

② 辺BDと対応する辺CDの長さは（ 等しい ）。

③ 角Bと対応する角Cの大きさは（ 等しい ）。
※正三角形の角はみんな60°。

④ 角BDAと対応する角CDAの大きさは（ 等しい ）。
※直線180°を半分に分けると、どちらも90°。

合同な図形では、対応する辺の長さは等しく、対応する角の大きさも等しくなっています。

月　日 名前

図形の合同 ④

合同な三角形

四角形を、2本の対角線で4つの三角形に切り分けました。その中で合同な三角形を見つけましょう。合同な三角形に同じ印をつけましょう。（合同な三角形がない場合もあります。）

①

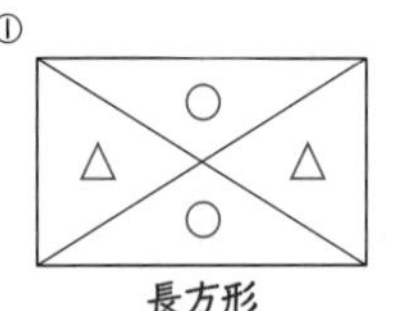

長方形

②

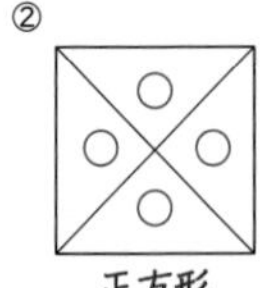

正方形

③

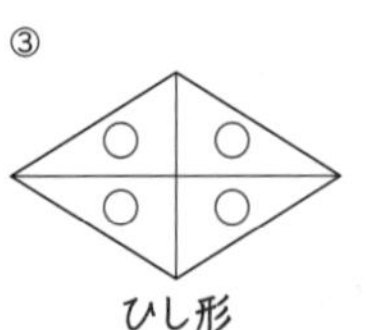

ひし形

④

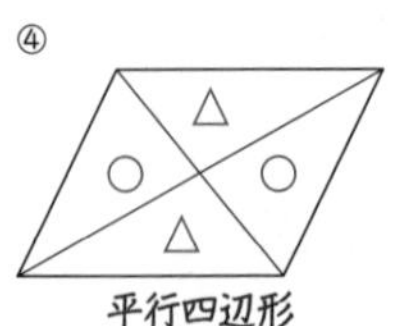

平行四辺形

⑤

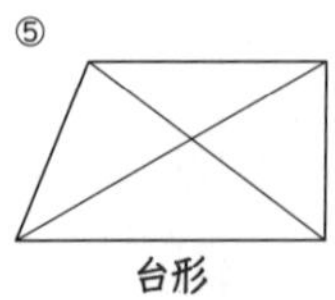

台形

⑥

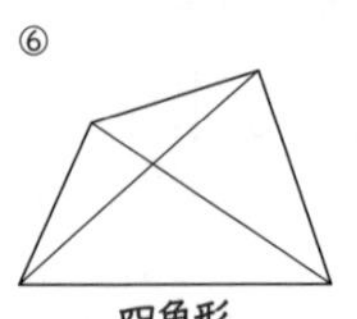

四角形

月　日 名前

図形の合同 ⑤
三角形のかき方

決まった大きさの三角形をかくのに、3つの方法があります。

その1　3つの辺の長さが決まっている。
3つの辺の長さが6cm、4cm、3cmの三角形。

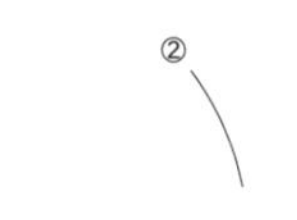

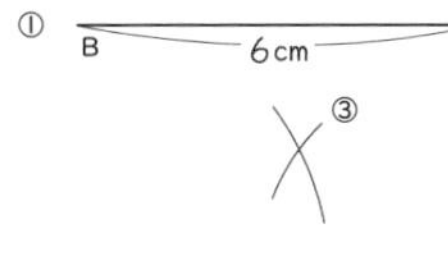

① 6cmの直線（辺）をひく。

② ちょう点Bからコンパスで、半径4cmの円の部分をかく。

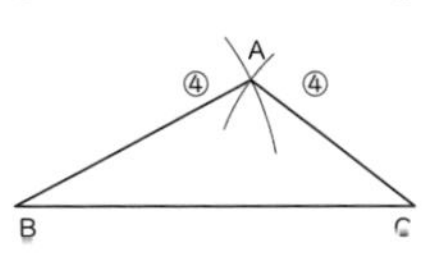

③ ちょう点Cから、コンパスで半径3cmの円の部分をかく。

④ ②、③の交わった点をAとして、辺AB、辺ACをかく。

でき上がり。
※コンパスでかいた線は消さなくてもよい。

定規をあてて確かめよう。

次の三角形をかきましょう。

① 辺の長さが、3cm、4cm、5cm

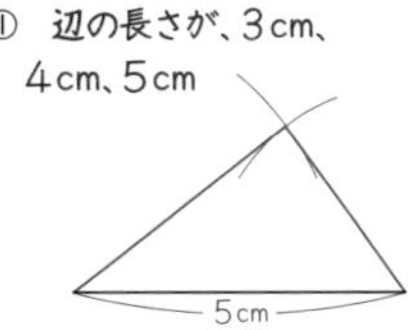

② 辺の長さが、2cm、3cm、4cm

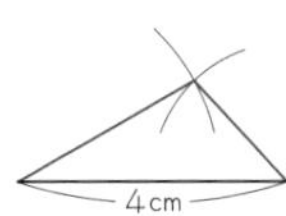

月　日 名前

図形の合同 ⑥
三角形のかき方

その2　2つの辺の長さと、その間の角の大きさが決まっている。
辺の長さが3cm、4cm。その間の角が50°の三角形。

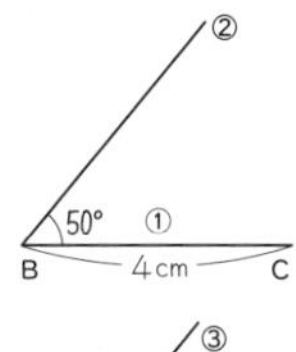

① 4cmの直線（辺）をひく。

② ちょう点Bから、分度器で50°をはかり、線をひく。

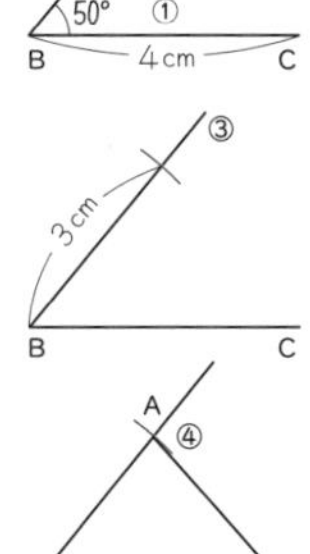

③ ちょう点Bから、コンパスを使って半径3cmの円の部分を②の線と交わるようにかく。
※コンパスのかわりに定規を使ってもよい。

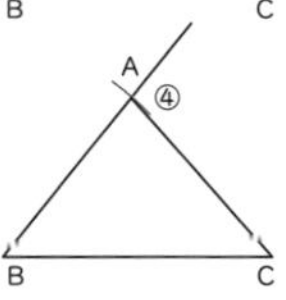

④ ちょう点Aとちょう点Cを結ぶ。

でき上がり。
※長くのびた50°の線やコンパスでかいた線は消さなくてもよい。

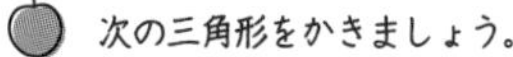

次の三角形をかきましょう。

① 辺の長さが3cm、4cm。その間の角が60°。

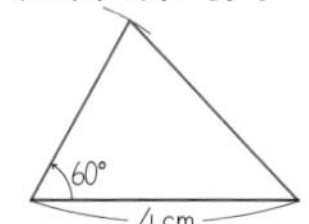

② 辺の長さが3cm、5cm。その間の角が45°。

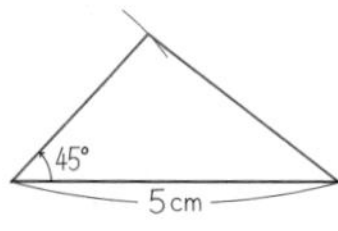

月　日 名前

図形の合同 ⑦
三角形のかき方

その3　1つの辺の長さと、その両はしの角の大きさが決まっている。
辺の長さが4cm、両はしの角度が45°と30°の三角形。

③ Cの30°の印
②Bの45°の印

① B 4cm C

① 4cmの直線（辺）をひく。

② 角Bが45°になるように、分度器を使って印をつける。

③ 角Cが30°になるように印をつける。

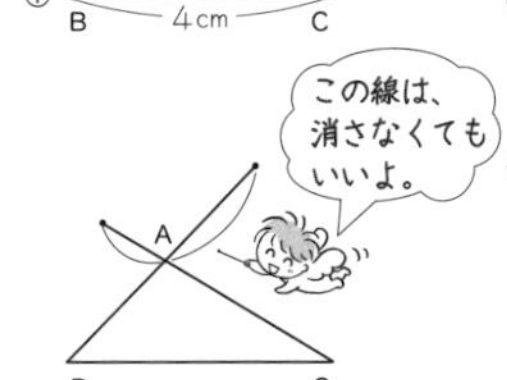

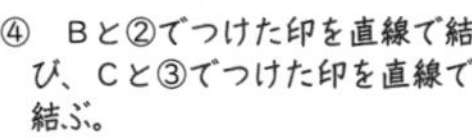

この線は、消さなくてもいいよ。

④ Bと②でつけた印を直線で結び、Cと③でつけた印を直線で結ぶ。

でき上がり。
※三角形の外までのびている線は消さなくてもよい。

次の三角形をかきましょう。

① 辺の長さが5cm、両はしの角度が50°と40°。

50°　40°　5cm

② 辺の長さが6cm、両はしの角度が30°と60°。

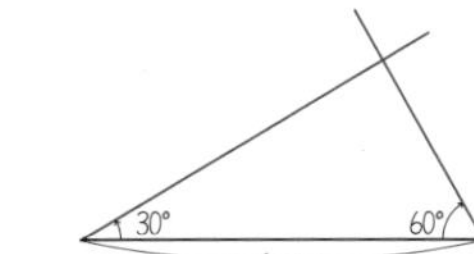

月　日 名前

図形の合同 ⑧
三角形をかく

次の三角形ABCをかきましょう。

① 辺AB 4cm
辺BC 5cm
辺CA 5cm

② 辺AB 6cm
辺BC 5cm
角B 40°

A　B　C　　A　B　C

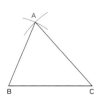

③ 辺BC 5cm
角B 60°
角C 50°

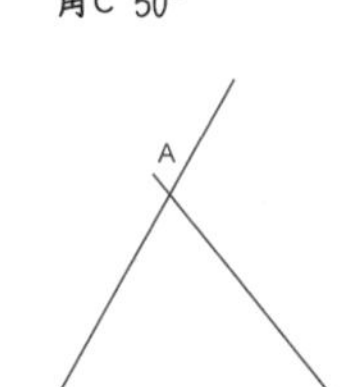

④ 辺AB 5cm
角B 50°
辺BC 6cm

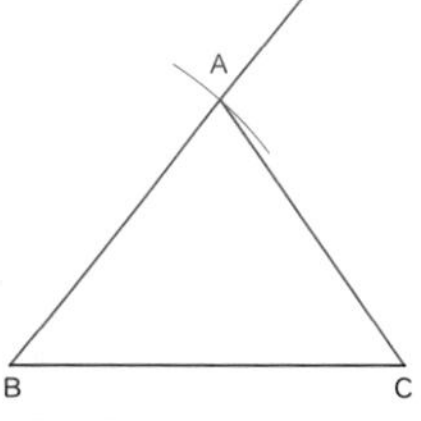

月　日 名前

図形の合同 ⑨

四角形のかき方

下の図は、どれも辺の長さが、4cm、3cm、2cm、3.5cmの四角形です。

四角形をかく場合は、辺の長さがわかっただけでは、いろいろな四角形ができてしまいます。

その1　合同な四角形をかく場合は、4つの辺の長さと、どこか1つの角の大きさを決めます。

① 次の四角形と合同な四角形をかきましょう。

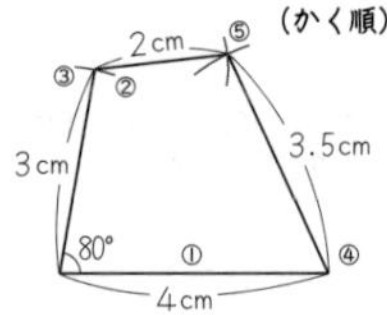

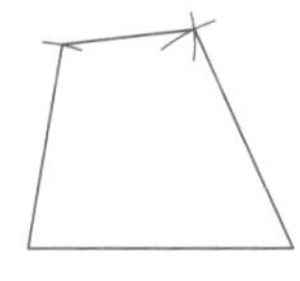

② 上の図の80°の角を90°にしてかいてみましょう。

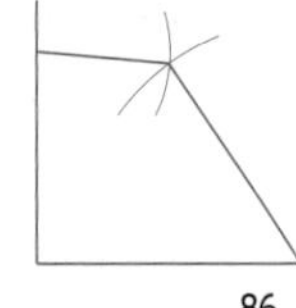

月　日 名前

図形の合同 ⑩

四角形のかき方

その2　合同な四角形をかく場合、4つの辺の長さと1本の対角線の長さを決めます。

① 次の四角形と合同な四角形をかきましょう。

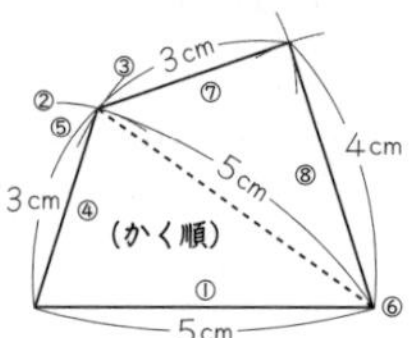

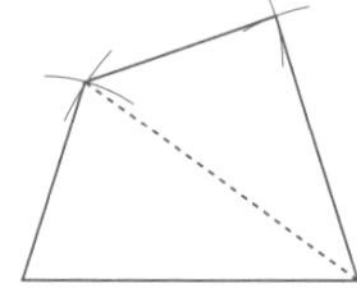

② 次の四角形をかきましょう。辺AB 4cm、辺BC 6cm、辺CD 5cm、辺DA 3cmで、対角線ACの長さが5cmの四角形。

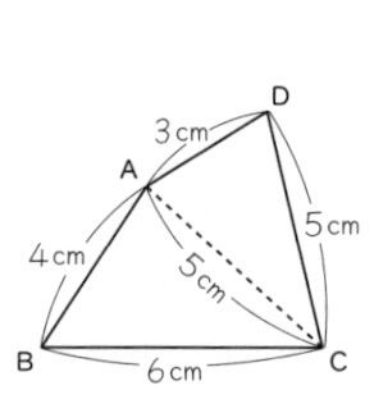

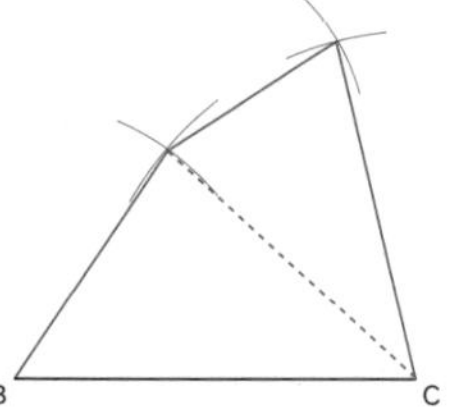

月　日 名前

まとめ ⑦

図形の合同

/50点

① あと合同な図形をすべて選んで○をつけましょう。(1つ5点/10点)

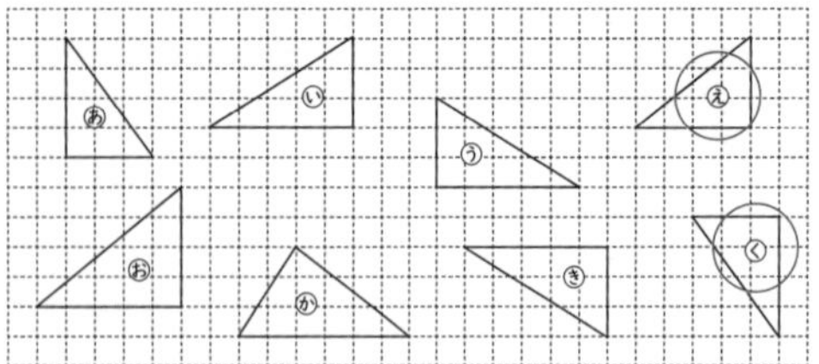

② 2つの四角形は合同です。それぞれに対応する角、辺、ちょう点をかきましょう。(1つ5点/40点)

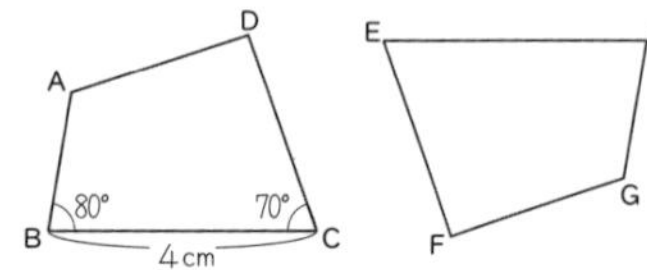

① 角A　(角G)　② 角E　(角C)

③ 辺AB　(辺GH)　④ 辺FG　(辺DA)

⑤ ちょう点D (ちょう点F)　⑥ ちょう点H (ちょう点B)

⑦ 辺HEの長さは何cmですか。(4cm)

⑧ 角Hの角度は何度ですか。(80°)

まとめテスト　月　日 名前

まとめ ⑧

図形の合同

/50点

① 次の三角形をかきましょう。(1つ10点/30点)

① 辺の長さが5cm、3cm、4cm。　② 辺の長さが4cm、5cm、その間の角が30°。

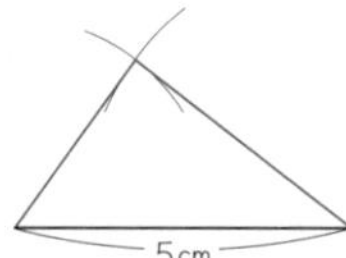

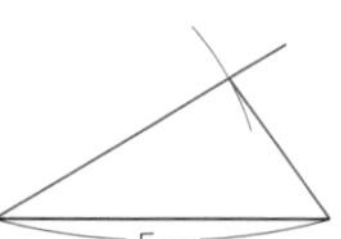

③ 辺の長さが6cm、両はしの角が60°と30°。

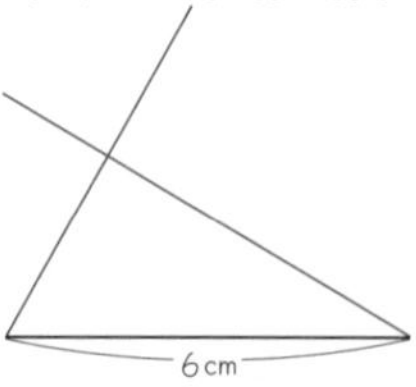

② 次の平行四辺形と合同な図形を必要な辺の長さや角度をはかってかきましょう。(20点)

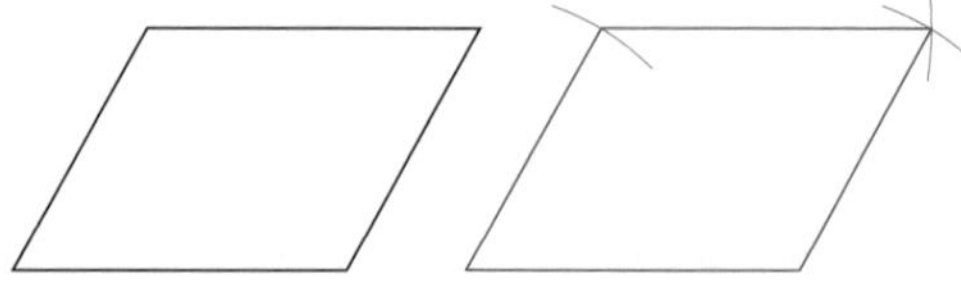

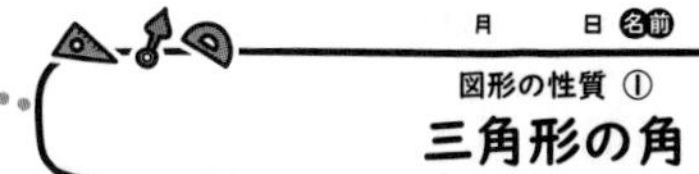

月　　日 名前

図形の性質 ①

三角形の角

三角形の３つの角の大きさの和は、180°です。

1 二等辺三角形は、角Bと角Cの大きさは同じです。
角B、角Cの大きさを計算で求めましょう。

式　180－40＝140

140÷２＝70

答え　70°

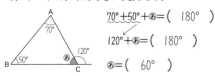

2 次の（　　）に角の大きさをかきましょう。

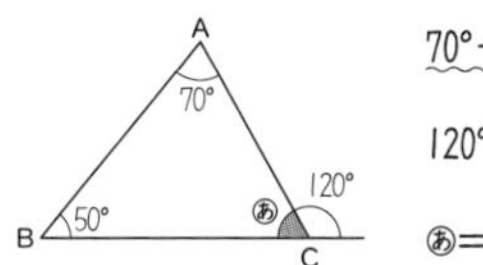

70°＋50°＋あ＝（　180°　）

120°＋あ＝（　180°　）

あ＝（　60°　）

3 次のあ、い、うの角の大きさを求めましょう。

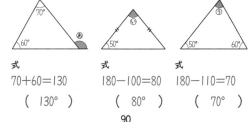

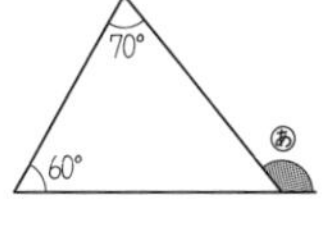

式　70＋60＝130

（　130°　）

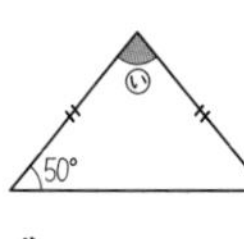

式　180－100＝80

（　80°　）

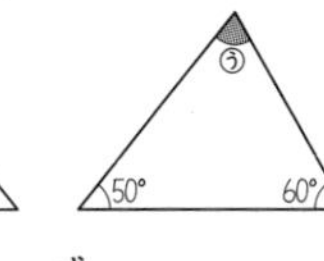

式　180－110＝70

（　70°　）

月　　日 名前

図形の性質 ②

四角形の角

1 四角形の４つの角を切って１か所にはりました。

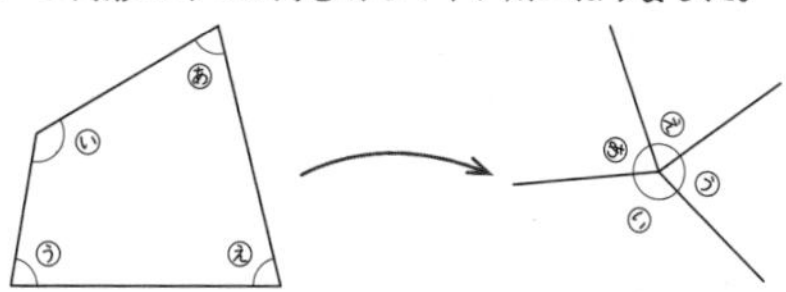

① あ、い、う、えの角の和は何度ですか。

（　360°　）

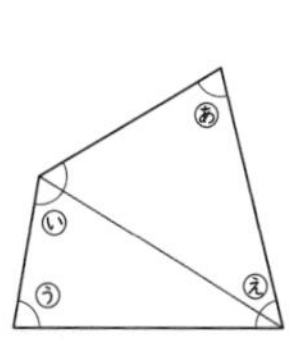

② 対角線で２つの三角形に分けて考えましょう。（180°が２つ）
四角形の４つの角の大きさの和は何度ですか。

式　180×２＝360　（　360°　）

四角形の４つの角の大きさの和は360°です。

2 次のあ、い、うの角の大きさを求めましょう。

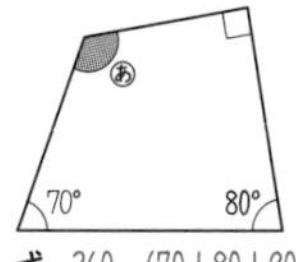

式　360－(70＋80＋90)
＝360－240＝120

（　120°　）

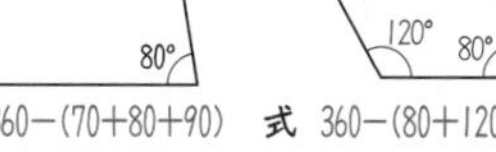

式　360－(80＋120＋80)
＝360－280＝80

（　80°　）

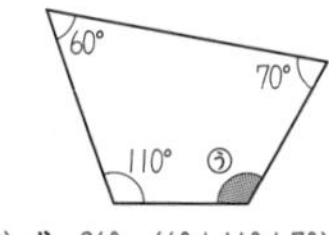

式　360－(60＋110＋70)
＝360－240＝120

（　120°　）

月　　日 名前

図形の性質 ③

多角形の角

1 ５本の直線で囲まれた形を五角形といいます。五角形の角の和を考えましょう。

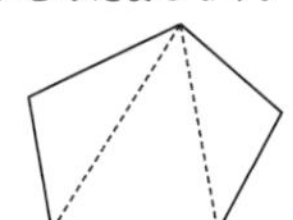

① 五角形に対角線をひいて三角形をつくりました。三角形は何個できましたか。

（　３個　）

② 五角形の角の大きさの和は何度ですか。

式　180×３＝540　（　540°　）

三角形や四角形、五角形のように、直線で囲まれた図形を多角形といいます。

2 多角形の角の大きさの和を表にまとめましょう。

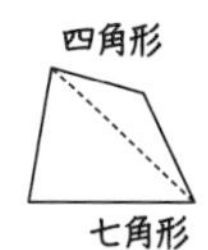

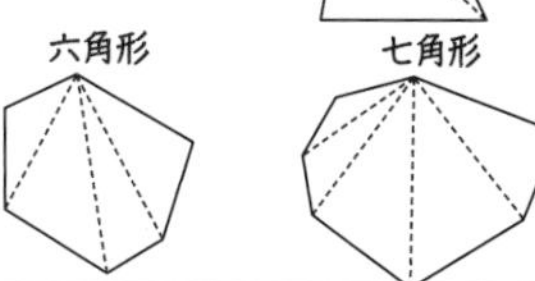

	三角形	四角形	五角形	六角形	七角形
三角形の数	1	2	3	4	5
角の大きさの和	180°	360°	540°	720°	900°

月　　日 名前

図形の性質 ④

多角形の角

辺の長さが等しく、角の大きさもみんな等しい多角形を、**正多角形**といいます。

1 図形の名前を（　　）にかきましょう。

①

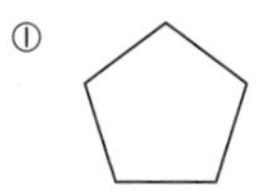

（　正五角形　）

②

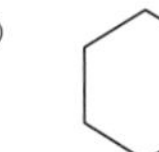

（　正六角形　）

③

（　正八角形　）

2 正六角形について調べましょう。

① 角あの大きさをはかりましょう。

（　60°　）

② 角ABO、角BAOは、何度ですか。

角ABO（　60°　）

角BAO（　60°　）

③ 三角形ABOは、何という三角形ですか。

（　正三角形　）

④ 辺ABと直線BO、直線AOの長さは同じですか。

（　同じ　）

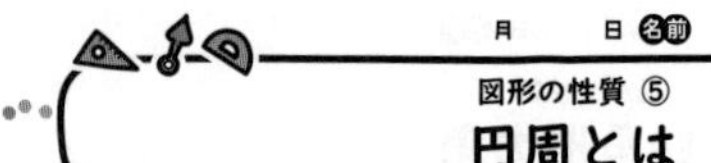

月　日 名前

図形の性質 ⑤

円周とは

円の周りを円周といいます。円周のように、曲がった（定規をあてててもぴったりしない）線を曲線といいます。

直径3cmの円を1回転させて、周りが何cmあるかはかりました。

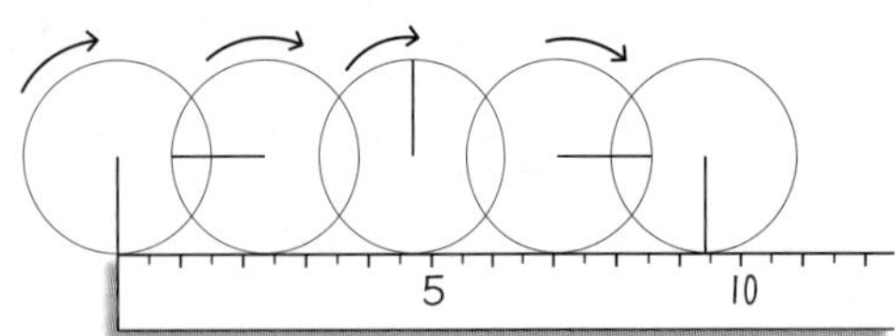

だいたい、9cm4mmでした。

円周÷直径は、どの円でも同じになります。

　円周÷直径＝円周率

円周率は、ふつう3.14を使います。

　円周÷直径＝3.14

月　日 名前

図形の性質 ⑥

円周の長さ

円周 ＝ 直径 × 円周率

円周の長さを求めましょう。（円周率は3.14とします。）

①

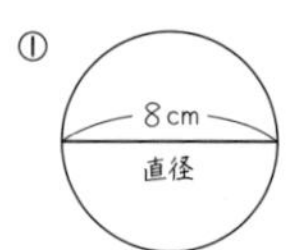

式　8×3.14＝25.12

答え　25.12cm

②

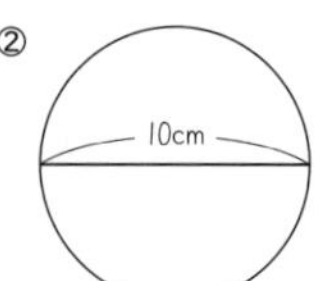

式　10×3.14＝31.4

答え　31.4cm

③

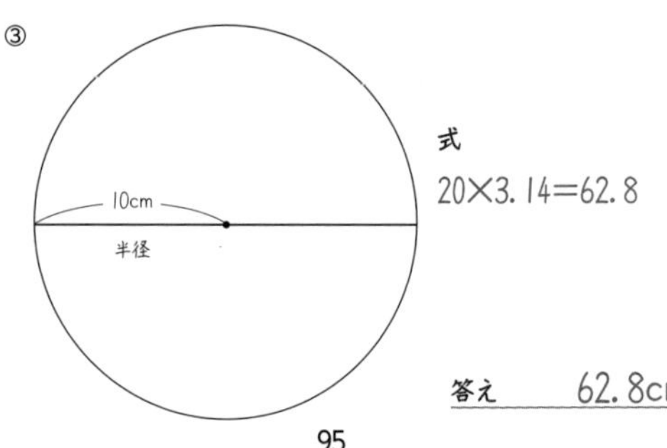

式

20×3.14＝62.8

答え　62.8cm

月　日 名前

図形の性質 ⑦

直径を求める

直径の長さを求めましょう。

- 円周＝直径×円周率
- 直径＝円周÷円周率

①　円周31.4cmの円

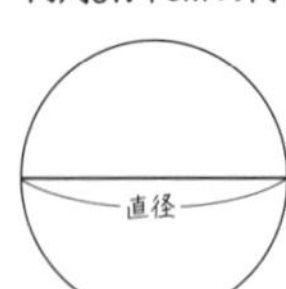

式　31.4÷3.14＝10

答え　10cm

②　円周62.8cmの円

式

62.8÷3.14＝20

答え　20cm

月　日 名前

図形の性質 ⑧

周りの長さ

1　図は、運動場にかいたトラックです。トラック1周の長さを求めましょう。（両はしは半円です。）

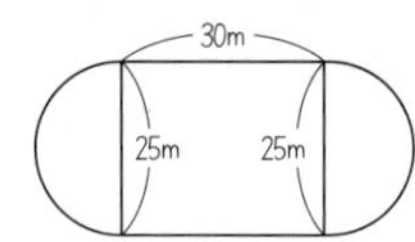

式　25×3.14＋60＝138.5

答え　138.5m

2　木の幹の周りの長さをはかると、約3.14mありました。この木の直径は、約何mありますか。

式　3.14÷3.14＝1

答え　約1m

3　まるい柱の周りをはかったら、157cmありました。この柱の直径は、何cmですか。

式　157÷3.14＝50

答え　50cm

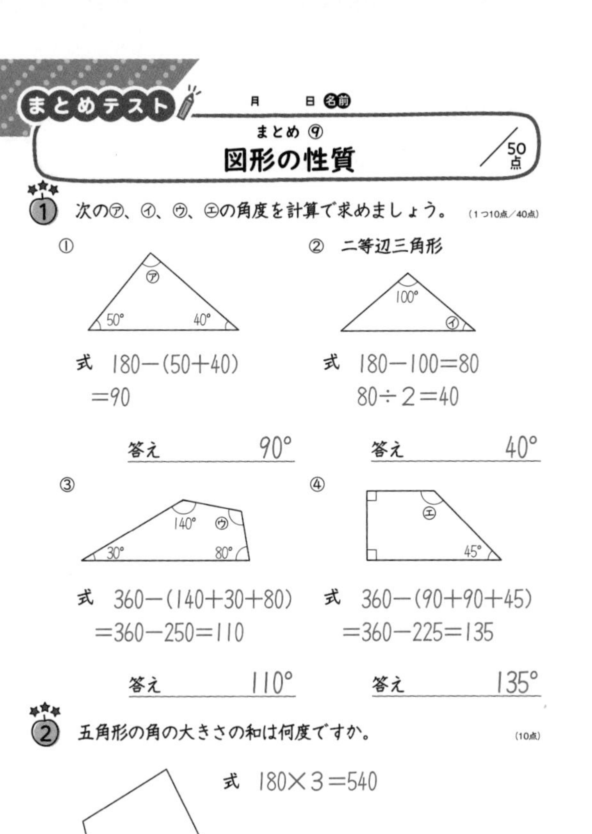

まとめテスト　月　日 名前

まとめ ⑨

図形の性質

50点

1 次の㋐、㋑、㋒、㋓の角度を計算で求めましょう。（1つ10点／40点）

①

式 180－(50＋40)
＝90

答え 90°

② 二等辺三角形

式 180－100＝80
80÷2＝40

答え 40°

③

式 360－(140＋30＋80)
＝360－250＝110

答え 110°

④

式 360－(90＋90＋45)
＝360－225＝135

答え 135°

2 五角形の角の大きさの和は何度ですか。（10点）

式 180×3＝540

答え 540°

98

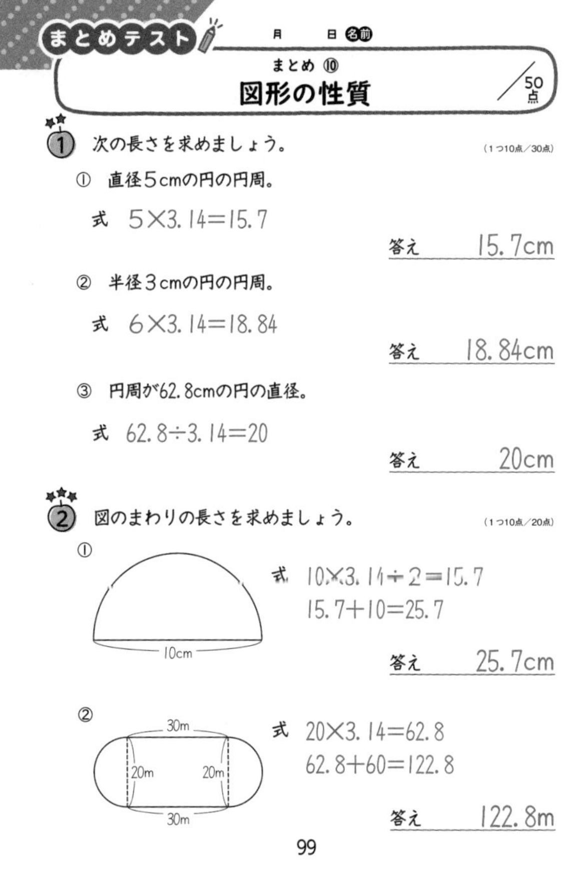

まとめテスト　月　日 名前

まとめ ⑩

図形の性質

50点

1 次の長さを求めましょう。（1つ10点／30点）

① 直径5cmの円の円周。

式 5×3.14＝15.7

答え 15.7cm

② 半径3cmの円の円周。

式 6×3.14＝18.84

答え 18.84cm

③ 円周が62.8cmの円の直径。

式 62.8÷3.14＝20

答え 20cm

2 図のまわりの長さを求めましょう。（1つ10点／20点）

①

式 10×3.14÷2＝15.7
15.7＋10＝25.7

答え 25.7cm

②

式 20×3.14＝62.8
62.8＋60＝122.8

答え 122.8m

99

月　日 名前

体 積 ①

体積の求め方（cm³）

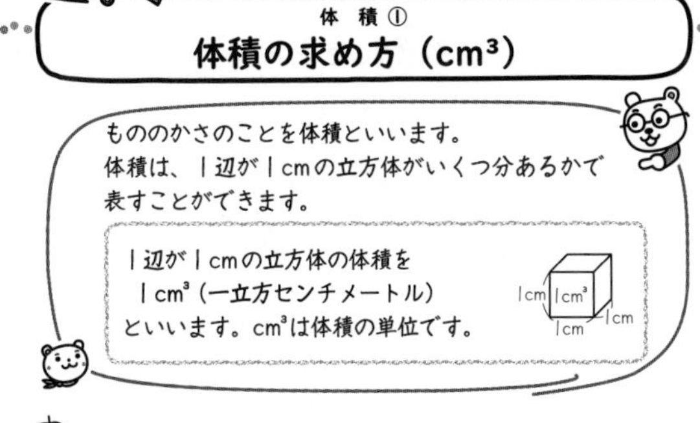

もののかさのことを体積といいます。
体積は、1辺が1cmの立方体がいくつ分あるかで表すことができます。

1辺が1cmの立方体の体積を
1cm³（一立方センチメートル）
といいます。cm³は体積の単位です。

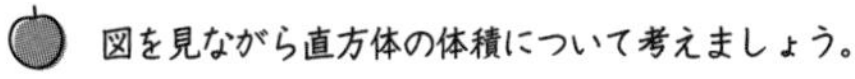

図を見ながら直方体の体積について考えましょう。

① 1cm³の立方体がいくつありますか。

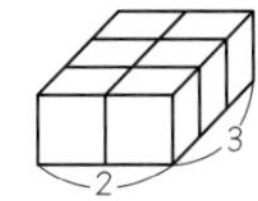

式 2×3＝6

答え 6個

② 2だんに積むと、1cm³の立方体はいくつありますか。

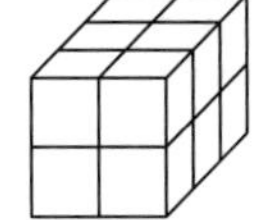

式 1だん×2（倍）
(3×2)×2＝ 12

答え 12個

③ ②の直方体の体積は、何cm³ですか。

答え 12cm³

100

月　日 名前

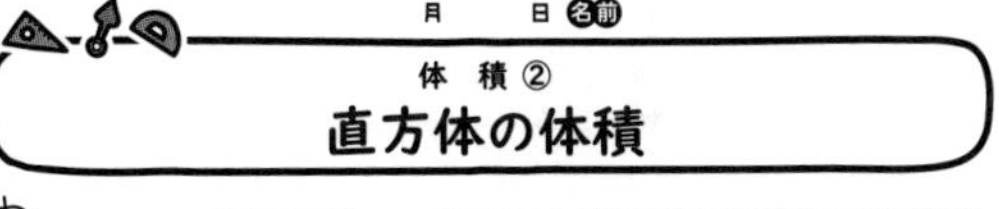

体 積 ②

直方体の体積

1

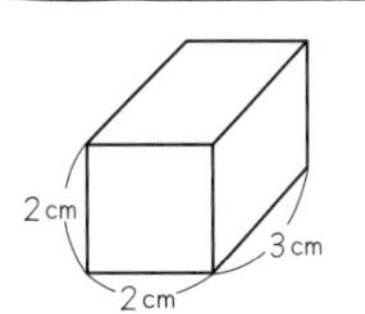

直方体の体積＝たて×横×高さ

左の立体の体積を、上の公式にあてはめて求めましょう。

たて 3 × 横 2 × 高さ 2 ＝ 体積 12

答え 12cm³

2 立体の体積を求めましょう。

①

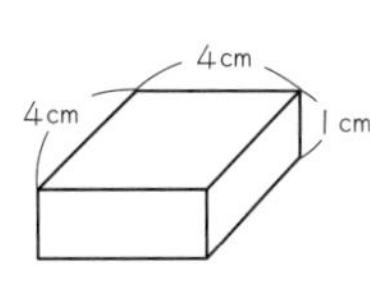

式 4×4×1＝16

答え 16cm³

②

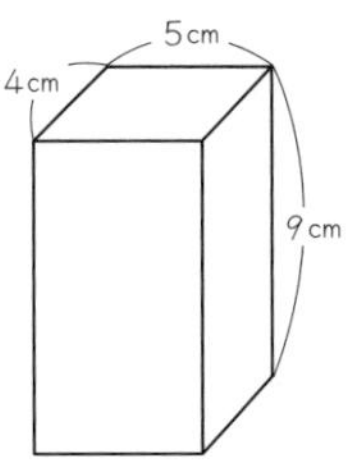

式 4×5×9＝180

答え 180cm³

101

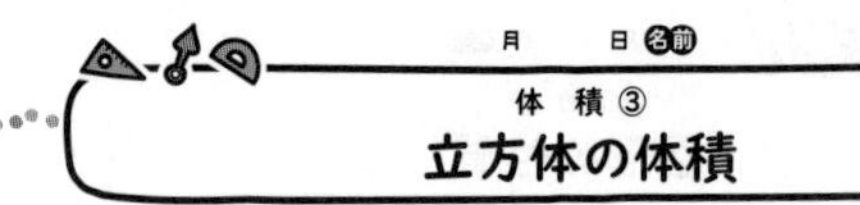

月　日 名前

体積③

立方体の体積

立方体の体積＝１辺×１辺×１辺

● 立方体の体積を求めましょう。

①

式　2×2×2＝8

答え　8cm³

②

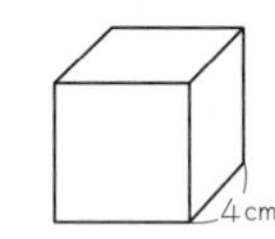

式　4×4×4＝64

答え　64cm³

③

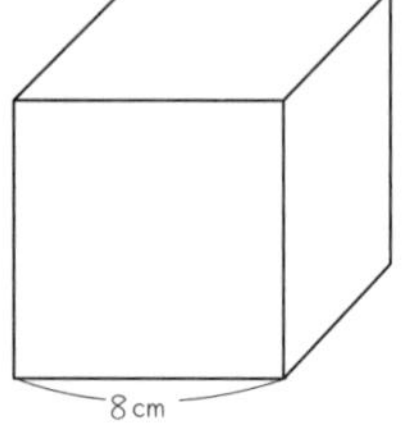

式　8×8×8＝512

答え　512cm³

月　日 名前

体積④

直方体・立方体の体積

● 次の直方体や立方体の体積を求めましょう。

①

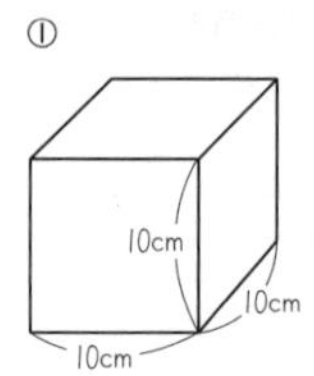

式　10×10×10＝1000

答え　1000cm³

②

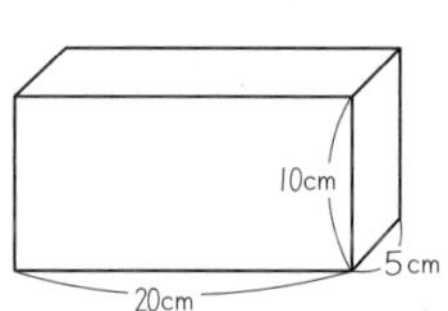

式　5×20×10＝1000

答え　1000cm³

③

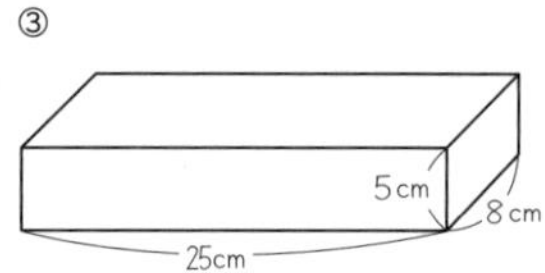

式

8×25×5＝1000

答え　1000cm³

月　日 名前

体積⑤

組み合わせた形

● 次の立体の体積を求める方法を調べましょう。

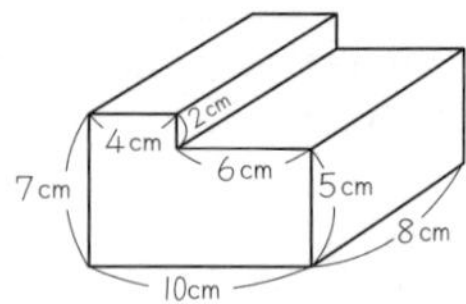

方法１　①　あといの２つに分けてから、求めます。

あ＋いが全体の体積です。

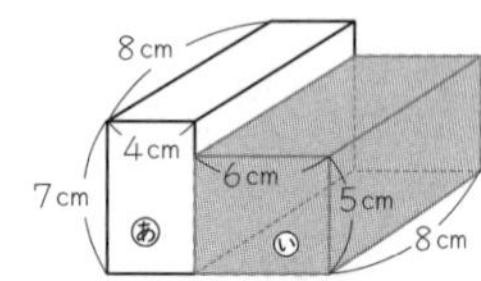

式　あ　8×4×7＝224

い　8×6×5＝240

あ＋い　224＋240＝464

答え　464cm³

方法２　②　うとえの２つに分けてから、求めます。

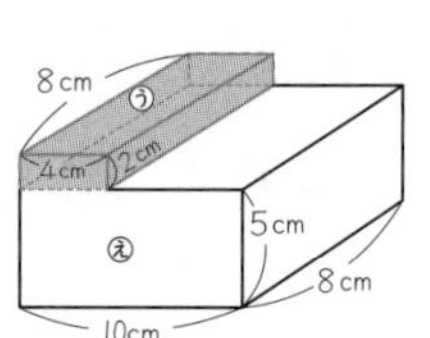

式

う　8×4×2＝64

え　8×10×5＝400

う＋え　64＋400＝464

答え　464cm³

月　日 名前

体積⑥

組み合わせた形

① 次の立体の体積を求める方法を調べましょう。

方法３

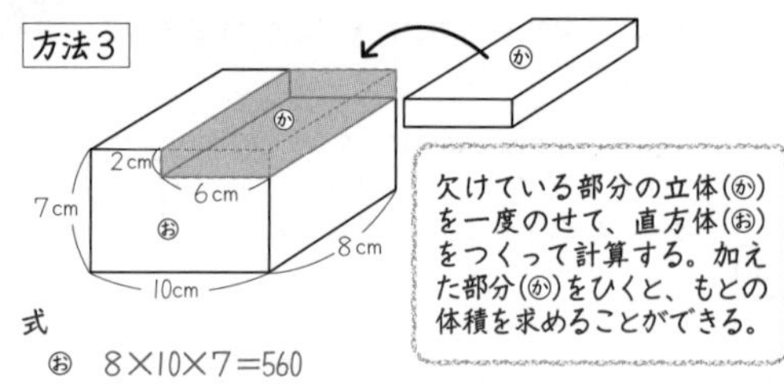

式

お　8×10×7＝560

か　8×6×2＝96

お－か　560－96＝464

答え　464cm³

② 立体の体積を求めましょう。

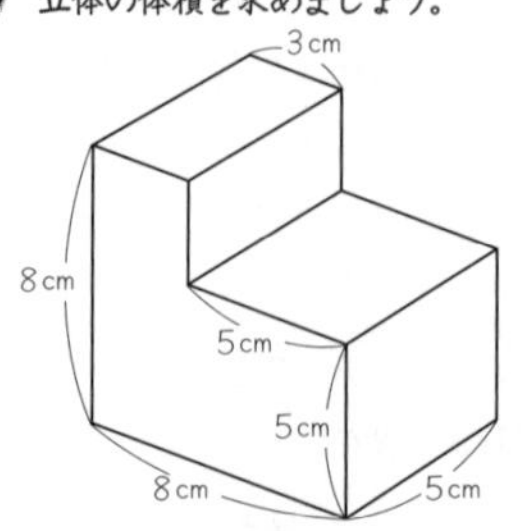

式　5×8×8＝320

5×5×3＝75

320－75＝245

答え　245cm³

月　日 名前

体 積 ⑦

体積の求め方（m³）

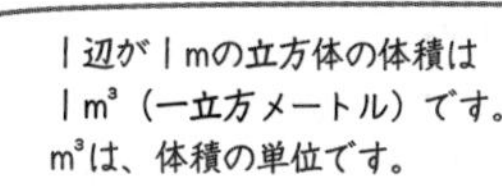

１辺が１mの立方体の体積は
１m³（一立方メートル）です。
m³は、体積の単位です。

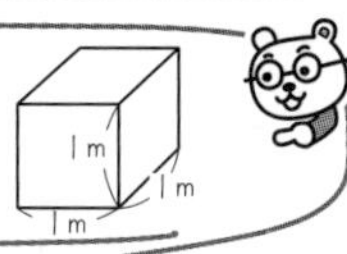

次の立体の体積を求めましょう。

①

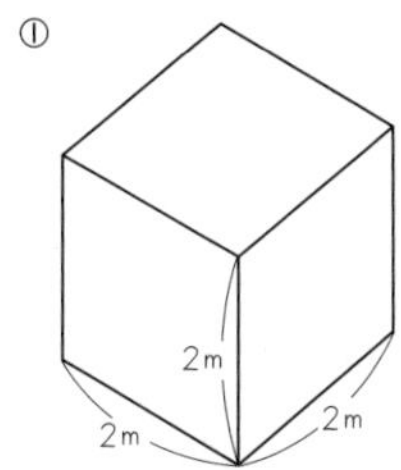

式 2×2×2＝8

答え 8m³

② たて４m、横５m、高さ２mの直方体

式 4×5×2＝40

答え 40m³

③ １辺５mの立方体

式 5×5×5＝125

答え 125m³

月　日 名前

体 積 ⑧

１m³＝1000000cm³

1 １m³について、調べましょう。

① 何cm³ですか。

100×100×100＝1000000

１m³＝ 1000000 cm³

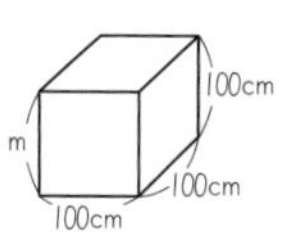

② 何mLですか。

１cm³＝１mL

１m³＝ 1000000 mL

③ 何Lですか。

１Lは、たてに10個、横に10個、高さに10個で

10×10×10＝1000,　１L＝1000mL

１m³＝ 1000 L

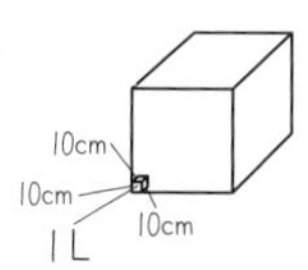

2 立体の体積を求めましょう。

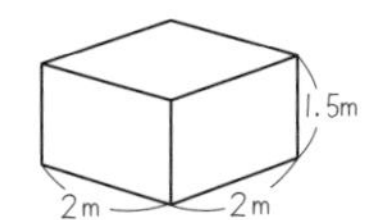

式 2×2×1.5＝6

答え 6m³, 6000L

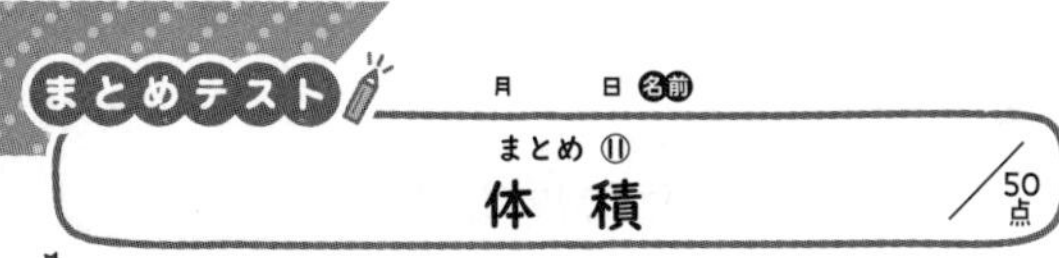

まとめテスト

月　日 名前

まとめ ⑪

体 積

／50点

1 １辺が１cmの立方体で次のような形をつくります。体積を求めましょう。（１つ５点／10点）

①

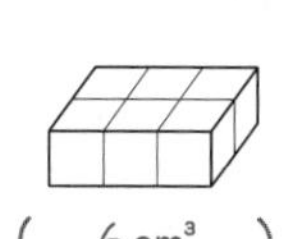

（ 6cm³ ）

②

（ 12cm³ ）

2 次の立体の体積を求めましょう。（１つ10点／40点）

① たて５cm、横６cm、高さ４cmの直方体。

式 5×6×4＝120

答え 120cm³

② １辺が４cmの立方体。

式 4×4×4＝64

答え 64cm³

③

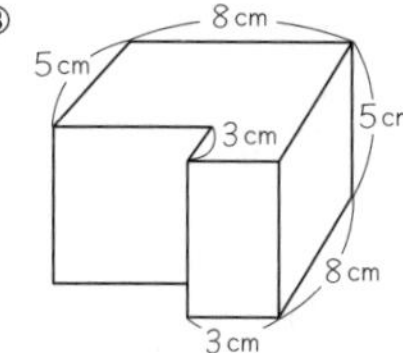

式 8×8×5−5×3×5
＝320−75＝245

答え 245cm³

④

式 10×12×3＝360
6×7×3＝126
360−126＝234

答え 234cm³

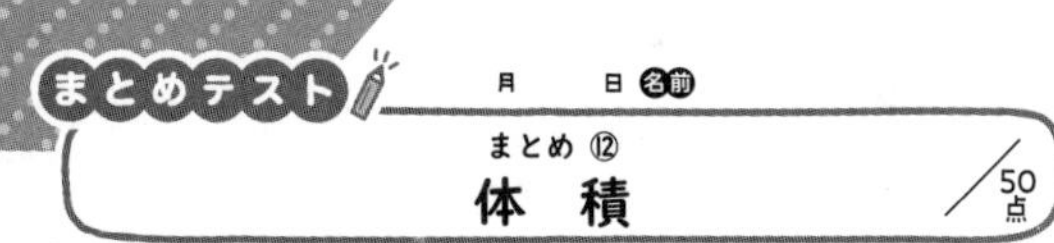

まとめテスト

月　日 名前

まとめ ⑫

体 積

／50点

1 （　）にあてはまる数をかきましょう。（１つ５点／20点）

① １L＝(1000)cm³　② １cm³＝(1)mL

③ １m³＝(1000000)cm³　④ １m³＝(1000)L

2 次の立体の体積を求めましょう。（１つ10点／20点）

① たて３m、横４m、高さ２mの直方体。

式 3×4×2＝24

答え 24m³

② １辺３mの立方体。

式 3×3×3＝27

答え 27m³

3 次の直方体の体積は何m³ですか。また、それは何Lですか。（10点）

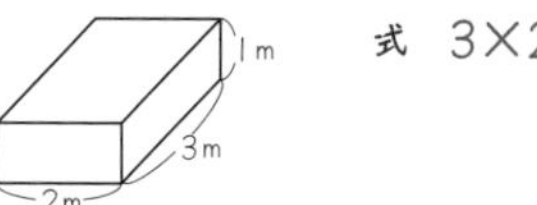

式 3×2×1＝6

答え 6m³, 6000L

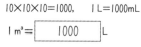

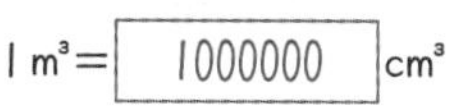

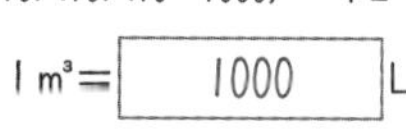

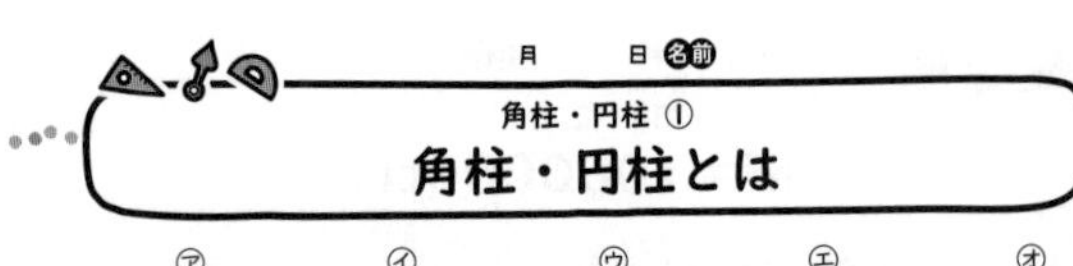

月　日 名前

角柱・円柱 ①

角柱・円柱とは

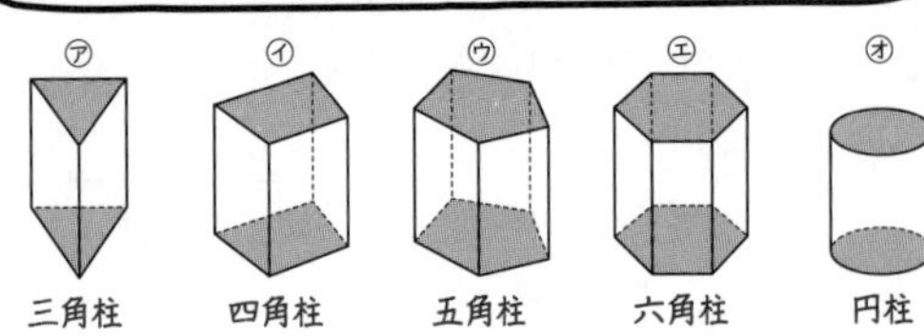

㋐、㋑、㋒、㋓のような立体を角柱といい、㋔を円柱といいます。形も大きさも同じで、平行な２つの面を底面といいます。周りの面を側面といいます。角柱の側面は長方形か正方形です。円柱の側面は曲面です。

（　　）に名前をかきましょう。

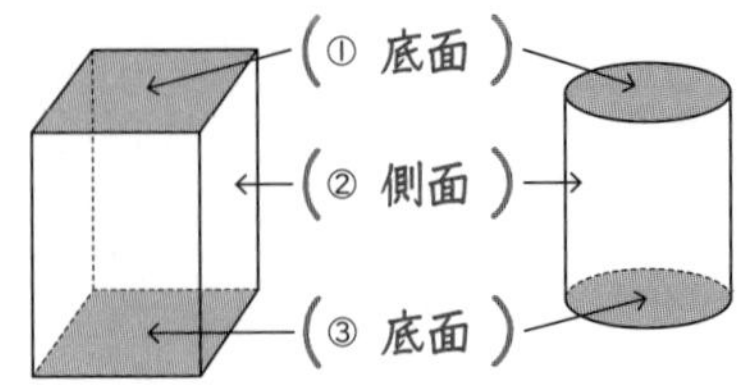

角柱は、底面の形によって名前をつけます。直方体や立方体は、四角柱とみることができます。

月　日 名前

角柱・円柱 ②

角柱・円柱の性質

図を見て答えましょう。

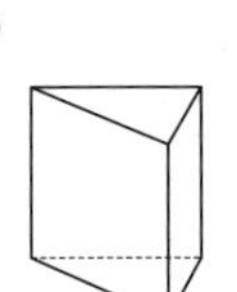
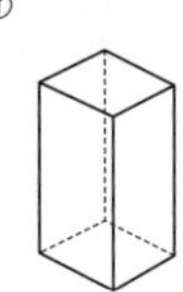
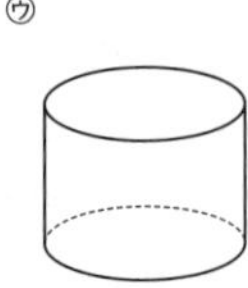

① 次の表にあう数や言葉をかき、表を完成させましょう。

	㋐	㋑	㋒
立体の名前	三角柱	四角柱	円柱
ちょう点の数	6	8	——
辺の数	9	12	——
側面の数	3	4	1
底面の形	三角形	四角形	円

② あの面と平行な面に色をぬりましょう。

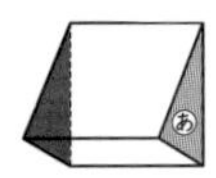
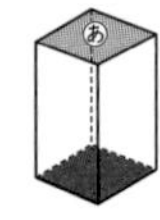

月　日 名前

角柱・円柱 ③

角柱の展開図

三角柱の展開図をかきましょう。

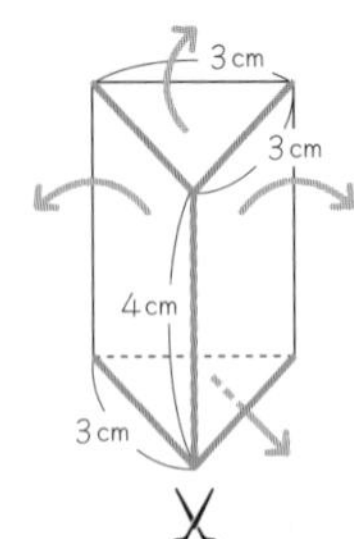

・底面１辺が３cmの正三角形
・高さ４cm

太い線の辺で切って開くと考えましょう。

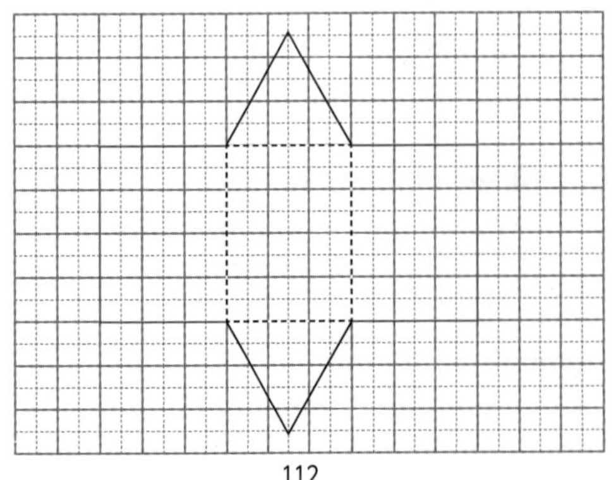

月　日 名前

角柱・円柱 ④

円柱の展開図

円柱の展開図をかきましょう。（円周率は3.14）

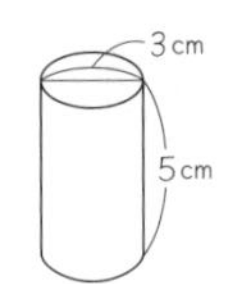

・底面の直径が３cm
・高さ５cm
※小数第二位を四捨五入

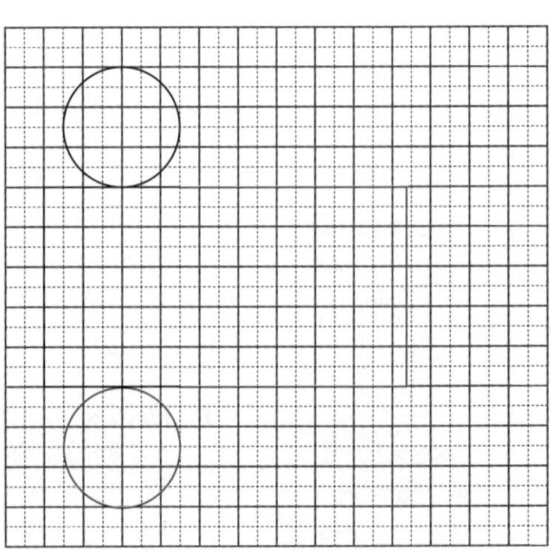

月　日 名前

単位量あたりの大きさ ①

平均とは

● みかんが5個ありました。みかん1個あたりの重さについて考えましょう。

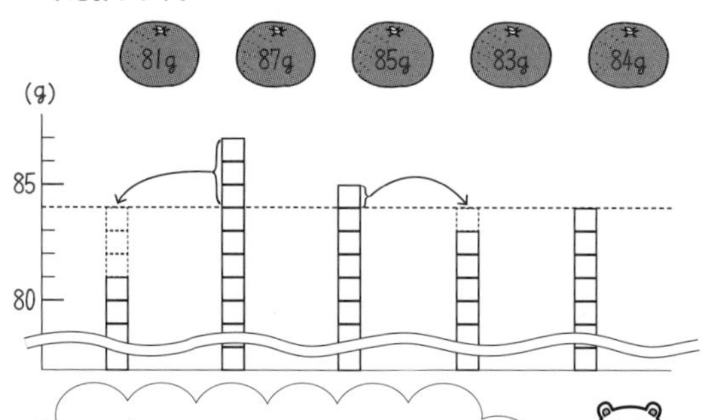

みんな同じになるように、ならしました。
1個あたりの重さは 84 gといえます。

このように、何個かの大きさの量や数を、同じ大きさになるようにならしたものを、もとの量や数の平均といいます。　平均＝合計÷個数

みかんの重さの平均は、次のような計算で求めます。

式　(81＋87＋85＋83＋84)÷5＝84
（合計）（個数）

答え　84g

月　日 名前

単位量あたりの大きさ ②

平均を求める

① たまごの重さの平均は、何gですか。

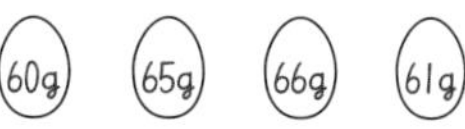

式　(60＋65＋66＋61)÷4＝63

答え　63g

② まきさんの漢字テストの平均点を求めましょう。

回	1回目	2回目	3回目
点数	80	90	100

式　(80＋90＋100)÷3＝90

答え　90点

③ けんじさんは、4回の漢字テストの平均点が90点でした。
合計点は何点ですか。

90 ×4＝ 360

答え　360点

月　日 名前

単位量あたりの大きさ ③

混みぐあい

● 混みぐあいについて考えましょう。

① 朝、6両の電車に660人乗っていました。夕方、6両の電車に540人乗っていました。朝と夕方とでは、どちらが混んでいますか。

答え　朝

② 日曜日に、6両の電車に660人乗っていました。月曜日に8両の電車に660人乗っていました。日曜日と月曜日では、どちらが混んでいますか。

答え　日曜日

③ 1両あたりの人数を計算しましょう。

㋐ 6両に660人

660÷6＝110

答え　110人

㋑ 6両に540人

540÷6＝90

答え　90人

㋒ 8両に660人

660÷8＝82.5

答え　82.5人

混みぐあいを比べるとき、1両あたり、1m²あたり、たたみ1まいあたりなどのように単位量あたりの大きさを求めて比べることがあります。

月　日 名前

単位量あたりの大きさ ④

混みぐあい

● 林間学校の部屋わりが、右の表のように決まりました。
混みぐあいについて考えましょう。

部屋名	10号	11号	12号
たたみの数	8	8	6
人　数	5	4	4

① 10号室と11号室（たたみの数が同じ）
人数が多い 10号室 が混んでいます。

② 11号室と12号室（人数が同じ）
たたみの数が少ない 12号室 が混んでいます。

③ 10号室と12号室（たたみの数も人数もちがう）

㋐ たたみ1まいあたりの人数

・10号室　5÷8＝0.625

・12号室　4÷6＝0.666…

たたみ1まいあたりたくさんの人がいる 12号室 が混んでいます。

㋑ 1人あたりのたたみのまい数

・10号室　8÷5＝1.6

・12号室　6÷4＝1.5

1人あたりのたたみのまい数が少ない 12号室 が混んでいます。

④ 混んでいる順に部屋番号をかきましょう。

（ 12号室 ）→（ 10号室 ）→（ 11号室 ）

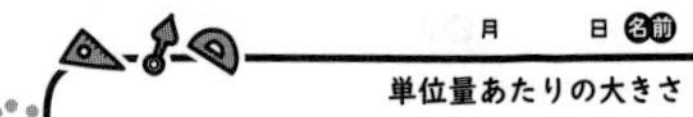

月　日 名前

単位量あたりの大きさ ⑤

1mあたり

① 5mで1000円のリボンがあります。このリボン1mのねだんは、いくらですか。

式 1000÷5＝200

答え 200円

② 3.5mで700円のリボンがあります。このリボン1mのねだんは、いくらですか。

式 700÷3.5＝200

答え 200円

③ 0.8mで160円のリボンがあります。このリボン1mのねだんは、いくらですか。

式 160÷0.8＝200

答え 200円

④ 2mで500円の赤いリボンと、3mで800円の青いリボンがあります。1mあたりで比(くら)べると、どちらが安いですか。

式 赤 500÷2＝250
青 800÷3＝266.6…

答え 赤いリボン

118

月　日 名前

単位量あたりの大きさ ⑥

1本あたり

① 3本で150円のえんぴつがあります。このえんぴつ1本あたりのねだんは、いくらですか。

式 150÷3＝50

答え 50円

② 5本で225円のえんぴつがあります。このえんぴつ1本あたりのねだんは、いくらですか。

式 225÷5＝45

答え 45円

③ 12本で600円のえんぴつがあります。このえんぴつ1本あたりのねだんは、いくらですか。

式 600÷12＝50

答え 50円

④ 1ダースで660円のえんぴつと、10本で530円のえんぴつがあります。1本あたりで比べると、どちらが安いですか。
（※1ダースは12本）

式 660÷12＝55
530÷10＝53

答え 10本で530円のえんぴつ

119

月　日 名前

単位量あたりの大きさ ⑦

1m²あたり

① 5m²の学習園に、600gの肥料(ひりょう)をまきました。1m²あたり何gの肥料をまいたことになりますか。

式 600÷5＝120

答え 120g

② 3m²の学習園に、330gの肥料をまきました。1m²あたり何gの肥料をまいたことになりますか。

式 330÷3＝110

答え 110g

③ 学習園に、1m²あたり100gの肥料をまきます。肥料は2kg必要です。学習園の面積を求めましょう。（1kg＝1000g）

式 2000÷100＝20

答え 20m²

④ 学習園5m²に、500gの肥料をまきました。学習園全体に同じようにまくと、肥料が2.5kg必要です。学習園全体の広さは、何m²ですか。

式 500÷5＝100
2500÷100＝25

答え 25m²

120

月　日 名前

単位量あたりの大きさ ⑧

1mあたり

① 1mあたりの重さが50gのはり金があります。このはり金5mの重さは、何gですか。

式 50×5＝250

答え 250g

② 1mあたりの重さが50gのはり金があります。このはり金6.8mの重さは、何gですか。

式 50×6.8＝340

答え 340g

③ 1mあたりの重さが50gのはり金が、1kg（1000g）ありました。はり金は何mありますか。

式 1000÷50＝20

答え 20m

④ 1200gのはり金がありました。50cm切り取って重さをはかったら、30gありました。はり金は、全部で何mありますか。

式 1200÷30＝40
50×40＝2000　2000cm＝20m

答え 20m

121

月　日 名前

単位量あたりの大きさ ⑨

1Lあたり

① 30Lのガソリンで720km走った車Aと、20Lのガソリンで520km走った車Bがあります。
1Lあたりのガソリンで、たくさん走れる車はどちらですか。

式 A 720÷30=24
B 520÷20=26

答え 車B

② 100km走るのに、ガソリンを5L使った車があります。
この車で500km走るには、何Lのガソリンが必要ですか。

式 500÷100=5
5×5=25

答え 25L

1Lのガソリンで何km走ることができるかを、車の燃費(ねんぴ)といいます。

122

月　日 名前

単位量あたりの大きさ ⑩

1km²あたり

① 面積が8km²で、人口24000人の町の1km²あたりの人口は、何人ですか。

式 24000÷8=3000

答え 3000人

② 面積が9km²で、人口45000人の町の1km²あたりの人口は、何人ですか。

式 45000÷9=5000

答え 5000人

1km²あたりの人口を人口密度(じんこうみつど)といいます。

③ 面積が日本の都市で一番せまい蕨市(わらびし)(埼玉県(さいたまけん))は、人口約7万5千人で、面積は約5km²です（2022年蕨市HP）。蕨市の人口密度を整数で表しましょう。

式 75000÷5=15000

答え 15000人

④ 面積が日本の都市で一番広い高山市(岐阜県(ぎふけん))は、人口約8万5千人で、面積は約2200km²です（2022年高山市HP）。高山市の人口密度を整数で表しましょう。（小数第一位を四捨五入(ししゃごにゅう)しましょう。）

式 85000÷2200=38.6

答え 39人

123

月　日 名前

速さ ①

速さ比べ

① みかさんとゆみさんとあゆさんの50m走の記録です。みかさんは8.6秒、ゆみさんは8.0秒、あゆさんは8.4秒でした。一番速く走ったのは、だれですか。

答え ゆみさん

② 表は、たけしさんとあきらさんとただしさんが、家へ帰ったときの記録です。だれの歩き方が速いか比(くら)べましょう。

	時間（分）	道のり（m）
たけし	15	1050
あきら	12	900
ただし	15	900

① たけしさんとただしさんは、同じ時間（15分間）にそれぞれ1050m、900m歩いています。どちらの歩き方が速いですか。

答え たけしさん

② あきらさんとただしさんは、同じ道のり（900m）をそれぞれ12分、15分で歩いています。どちらの歩き方が速いですか。

答え あきらさん

124

月　日 名前

速さ ②

速さ比べ

● 左の表において、たけしさんとあきらさんの歩く速さを比べたいのですが、かかった時間も、歩いた道のりもちがいます。

1分間あたりの道のりを比べます。

① たけしさんが1分間に歩いた道のりを計算しましょう。

式 1050÷15=70

答え 70m

② あきらさんが1分間に歩いた道のりを計算しましょう。

式 900÷12=75

答え 75m

③ たけしさんとあきらさんでは、どちらが速く歩いていますか。

答え あきらさん

④ 前のページの結果から、歩くのが速い順に名前をかきましょう。

答え あきらさん，たけしさん，ただしさん

※ 速さを比べるとき、上のようにいくつかの比べ方がありますが、1時間あたりの速さ（または、1分間あたり、1秒間あたり）のように、単位量あたりの大きさで比べることができます。

125

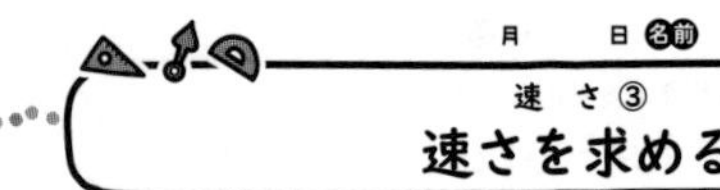

月　日 名前

速さ③
速さを求める

速さは、単位時間あたりの道のりで表します。
速さ＝道のり÷時間

① 3時間で150kmの道のりを走る自動車の時速は、何kmですか。

式　150÷3＝50

答え　時速 50 km

② 2時間で90kmの道のりを走る自動車の時速は、何kmですか。

式　90÷2＝45

答え　時速45km

③ 5時間で450kmの道のりを走る自動車の時速は、何kmですか。

式　450÷5＝90

答え　時速90km

月　日 名前

速さ④
速さを求める

① 東海道新幹線(しんかんせん)は、東京・大阪間約500kmを、約2.5時間で走ります。新幹線の時速は、およそいくらですか。

式　500÷2.5＝200

答え　時速約200km

② 10分間に7000mの道のりを走る自動車は、分速何mですか。

式　7000÷10＝700

答え　分速700m

③ 8分間で480mの道のりを歩く人は、分速何mですか。

式　480÷8＝60

答え　分速60m

④ 5秒間に1700m伝わる音は、秒速何mですか。

式　1700÷5＝340

答え　秒速340m

月　日 名前

速さ⑤
道のりを求める

道のりは、次のようにして求められます。
道のり＝速さ×時間

① 時速50kmで走る自動車が、2時間に進む道のりは、何kmですか。

式　50×2＝100

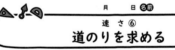

答え　100 km

② 時速80kmで走る自動車が、4時間に進む道のりは、何kmですか。

式　80×4＝320

答え　320km

③ 時速150kmで走る列車が、5時間に進む道のりは、何kmですか。

式　150×5＝750

答え　750km

月　日 名前

速さ⑥
道のりを求める

① 時速60kmで走る自動車が、3時間に進む道のりは、何kmですか。

式　60×3＝180

答え　180km

② 分速80mで歩く人が15分間で歩く道のりは、何mですか。

式　80×15＝1200

答え　1200m

③ 分速750mで進む自動車が20分間に進む道のりは、何mですか。

式　750×20＝15000

答え　15000m

④ 打ち上げ花火を見て、2秒後に音を聞きました。音の秒速を340mとすると、花火を上げているところまで何mありますか。

式　340×2＝680

答え　680m

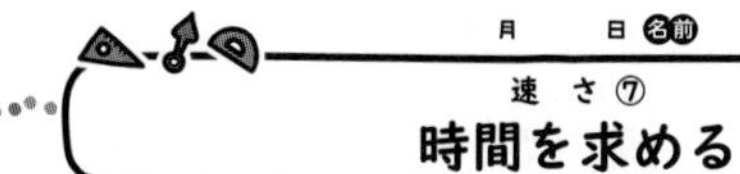

月　日 名前

速さ⑦
時間を求める

時間は、次のようにして求められます。
時間＝道のり÷速さ

① 時速50kmの自動車が150kmの道のりを走る時間は、何時間ですか。

式　150÷50＝3

答え　3　時間

② 時速60kmの自動車が240kmの道のりを走る時間は、何時間ですか。

式　240÷60＝4

答え　4時間

③ 時速90kmで走る列車が450kmの道のりを走る時間は、何時間ですか。

式　450÷90＝5

答え　5時間

月　日 名前

速さ⑧
時間を求める

① 家から博物館まで15kmの道のりを時速30kmの自動車で行くと、何時間かかりますか。

式　15÷30＝0.5

答え　0.5時間

② 家から駅まで560mの道のりを分速70mで歩くと、駅まで何分かかりますか。

式　560÷70＝8

答え　8分

③ 分速500mで走る自動車で2000mの道のりを行くには、何分かかりますか。

式　2000÷500＝4

答え　4分

④ 秒速340mで進む音が1700mはなれたところにとどく時間は何秒ですか。

式　1700÷340＝5

答え　5秒

月　日 名前

速さ⑨
秒速・分速・時速

① 100mを10秒で走る人の速さと、時速40kmの自動車とでは、どちらが速いですか。

人（秒速m）100÷10＝10
（分速m）10×60＝600
（時速m）600×60＝36000

答え　自動車

② 時速480kmで走るリニアモーターカーは、1分間に何m進みますか。また、1秒間にはおよそ何m進みますか。

1分間　480km＝480000m
480000÷60＝8000
1秒間　8000÷60＝133.3…

答え　1分間に8000m　1秒間に約133m

③ 次の表にあてはまる速さをかきましょう。

	秒速	分速	時速
バス	10m	600m	36km
新幹線	75m	4500m	270km
ジェット機	240m	14400m	864km

月　日 名前

速さ⑩
いろいろな問題

① プリンタAは2分間で50まい、プリンタBは5分間で120まい印刷できます。速く印刷できるのは、どちらのプリンタですか。

式　50÷2＝25まい
120÷5＝24まい

答え　プリンタA

仕事の速さも、
単位量あたりで比べることができます。

② 山へ登って、「ヤッホー」とさけんだら、3秒たってこだまがかえってきました。音は秒速340mとします。向かいの山まで、およそ何mと考えればよいですか。

式　3÷2＝1.5
340×1.5＝510

答え　510m

③ 自動車で100km進むのに、ガソリンを5L使いました。8L残っています。あと何km進めますか。

式　100÷5＝20
20×8＝160

答え　160km

月　日 名前

まとめ ⑬
単位量あたりの大きさ

/50点

① 読書の平均時間は何分ですか。(10点)

曜日	日	月	火	水	木	金	土
時間(分)	30	10	0	20	20	10	50

式 (30＋10＋0＋20＋20＋10＋50)÷7＝20

答え 20分

② 4mで360円のリボンがあります。このリボンの1mのねだんは何円ですか。(10点)

式 360÷4＝90

答え 90円

③ 0.6mが300円のリボンがあります。このリボンの1mのねだんは何円ですか。(10点)

式 300÷0.6＝500

答え 500円

④ 1mあたり80gのはり金があります。このはり金7.5mの重さは何gですか。(10点)

式 80×7.5＝600

答え 600g

⑤ 面積が15km²で人口60000人の市があります。この市の人口密度を求めましょう。(10点)

式 60000÷15＝4000

答え 4000人

134

まとめテスト　月　日 名前

まとめ ⑭
速　さ

/50点

① 4時間で240km進む車の時速は何kmですか。(10点)

式 240÷4＝60

答え 時速60km

② 時速90kmで走る車があります。この車は2時間で何km進みますか。(10点)

式 90×2＝180

答え 180km

③ 家から駅までの道のりは720mです。分速80mで歩くと何分かかりますか。(10点)

式 720÷80＝9

答え 9分

④ 次の表にあてはまる速さをかきましょう。(1つ5点／20点)

	秒速	分速	時速
徒歩	1.25m	72m	4.32km
自転車	3.5m	210m	12.6km
自動車	17m	1020m	61.2km

135

月　日 名前

図形の面積 ①
平行四辺形

平行四辺形の面積について、調べましょう。(1cm方眼)

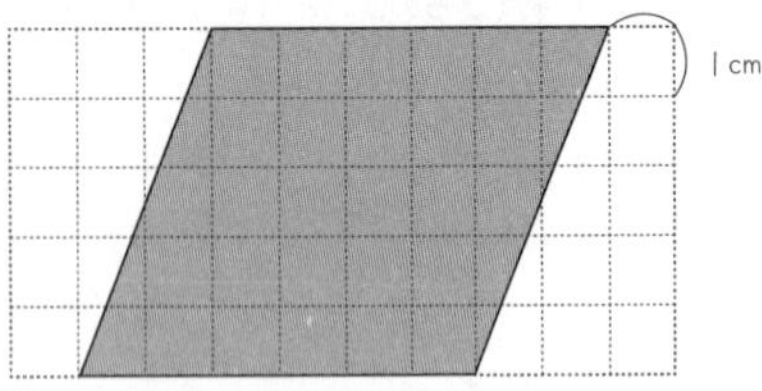

① 左の三角形の部分を右へ移すと、長方形ができます。

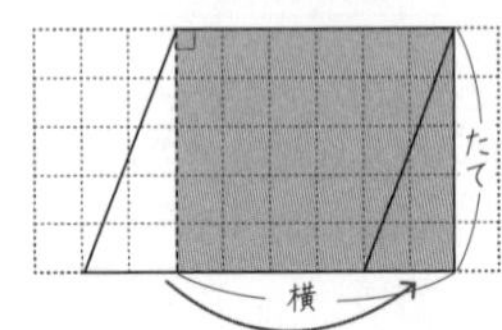

たて×横
式 5×6＝30

答え 30cm²

② 平行四辺形の上の辺に対し、直角に切り、右へずらすと、長方形ができます。

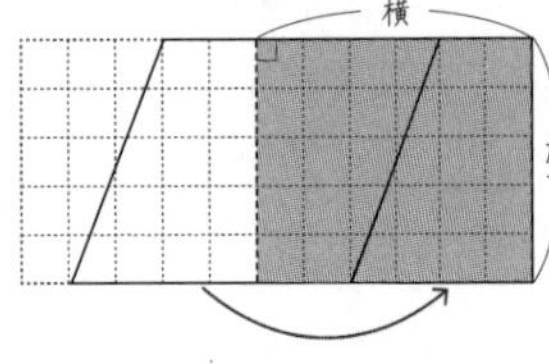

式 5×6＝30

答え 30cm²

136

月　日 名前

図形の面積 ②
平行四辺形

平行四辺形の面積

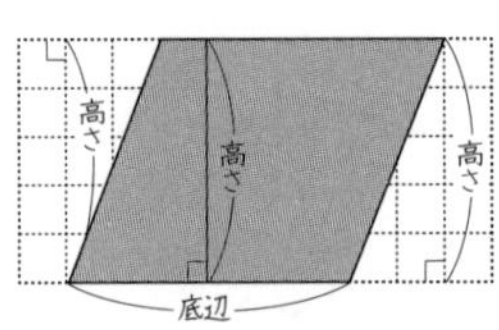

• 底辺に対し、垂直な直線を高さといいます。

平行四辺形の面積の公式
平行四辺形の面積＝底辺×高さ

平行四辺形の面積を、公式を使って求めましょう。

①

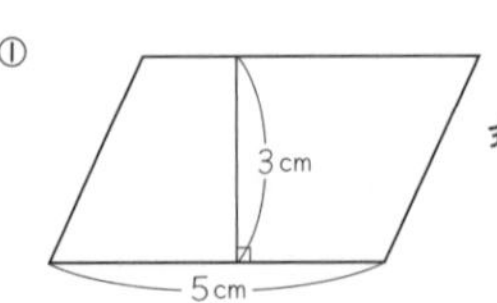

式 5×3＝15

答え 15cm²

②

4cm
3cm

式 3×4＝12

答え 12cm²

137

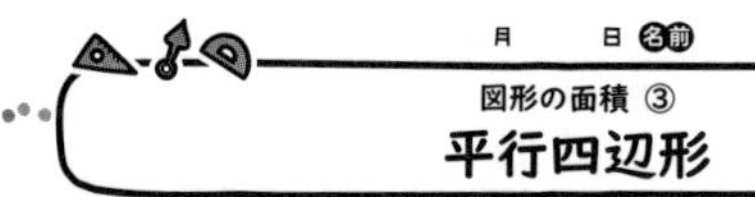

月　日 名前

図形の面積 ③

平行四辺形

アを平行四辺形の底辺とすると、高さはどれですか。
記号に○をつけましょう。

①

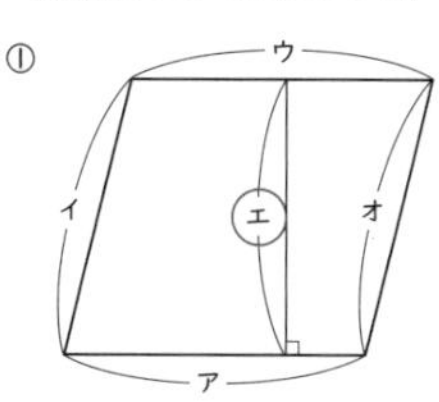

②

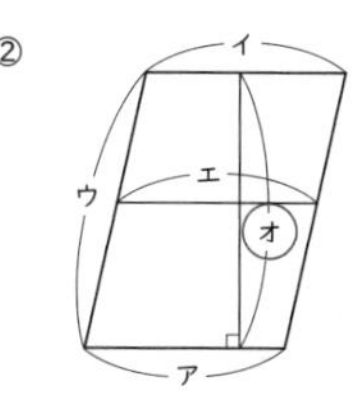

③

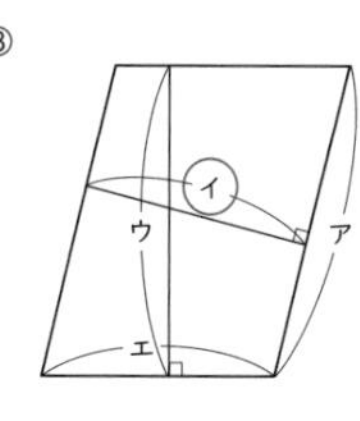

④

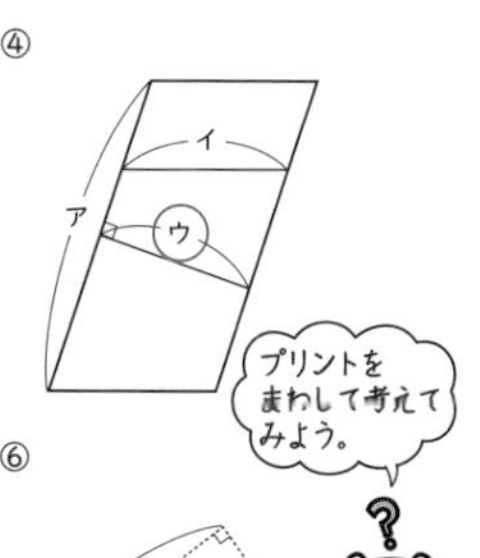

⑤

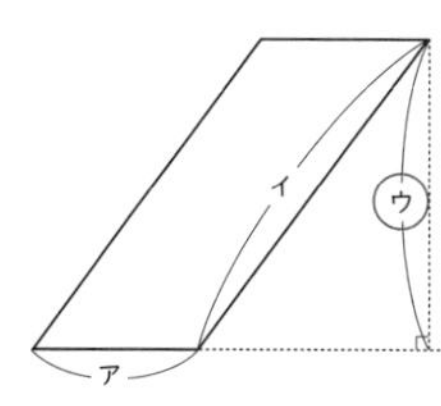

⑥

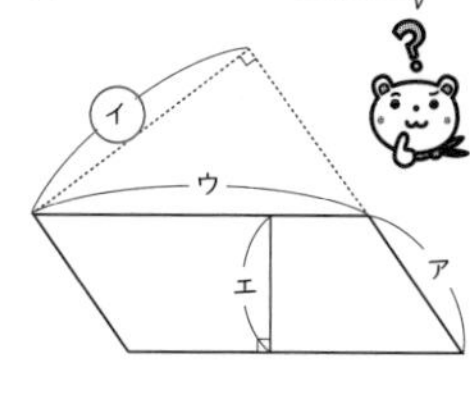

月　日 名前

図形の面積 ④

平行四辺形

平行四辺形の面積を求めましょう。

①

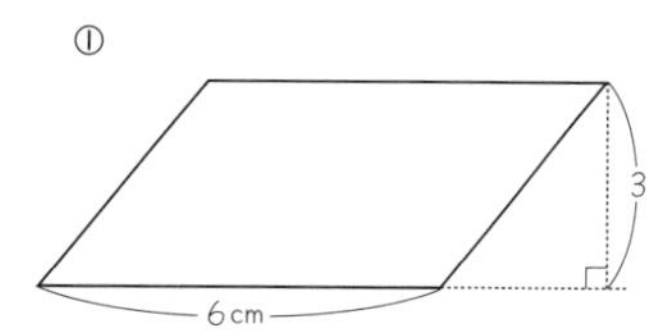

式
6×3＝18

答え　18cm²

②

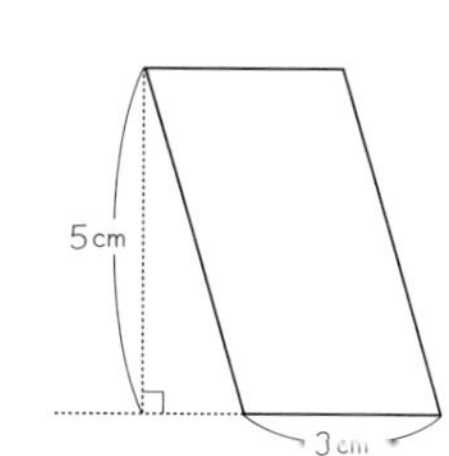

式
3×5＝15

答え　15cm²

③

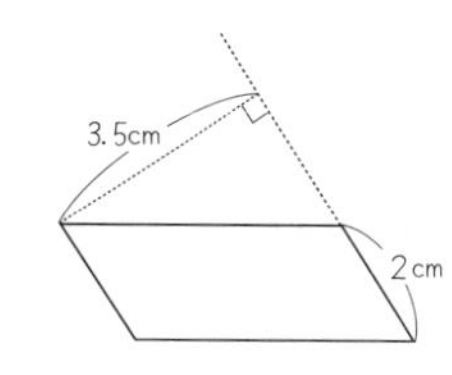

式
2×3.5＝7

答え　7cm²

月　日 名前

図形の面積 ⑤

三角形

三角形の面積について、調べましょう。（1cm方眼）

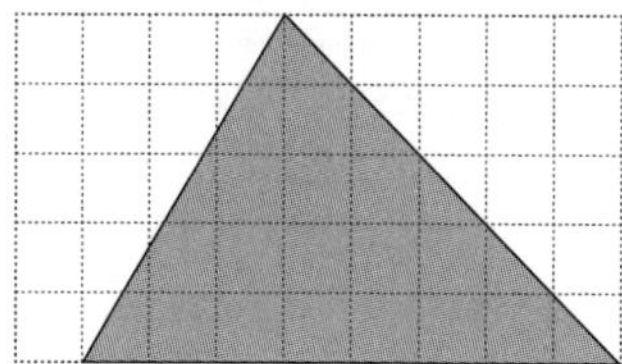

① 高さの線で切って、それぞれの三角形をさかさまにくっつけると長方形ができます。長方形の面積を計算します。

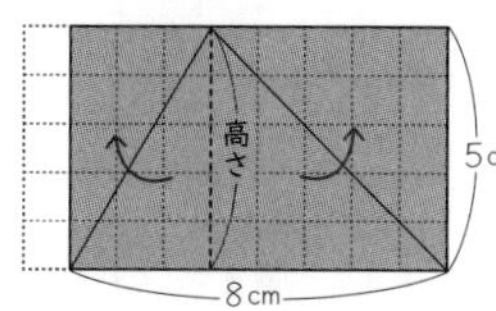

同じ大きさの三角形2つずつでつくったので、2でわると、三角形の面積。

5×8＝40（長方形の面積）
40÷2＝20

答え　20cm²

② 同じ形の三角形を回して、平行四辺形をつくります。平行四辺形の面積を計算します。平行四辺形は同じ三角形2つでつくったので、2でわると三角形の面積。

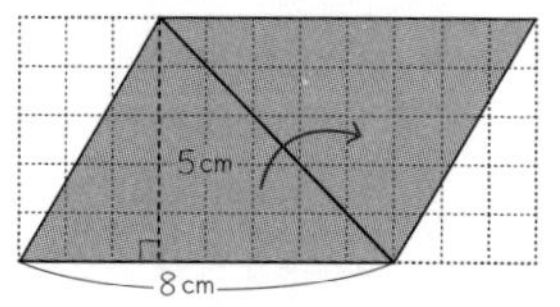

8×5＝40
（平行四辺形の面積）
40÷2＝20

答え　20cm²

月　日 名前

図形の面積 ⑥

三角形

下の三角形で、ABを底辺にした場合、底辺ABに垂直な直線CDが高さになります。

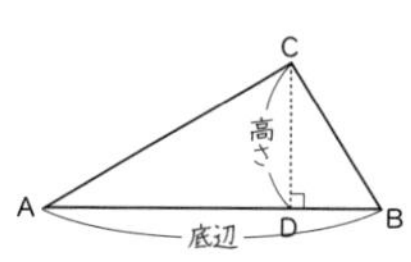

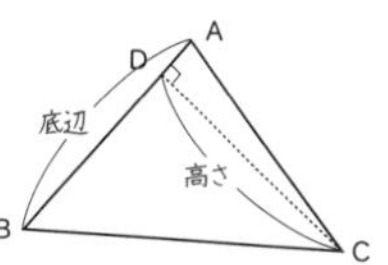

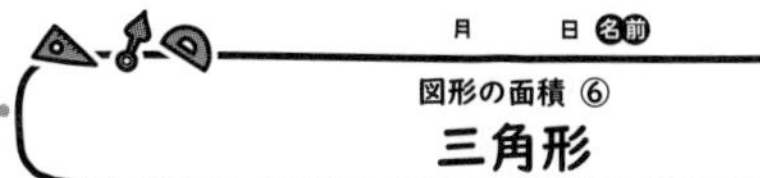

三角形の面積の公式
三角形の面積＝底辺×高さ÷2

公式を使って、三角形の面積を求めましょう。

①

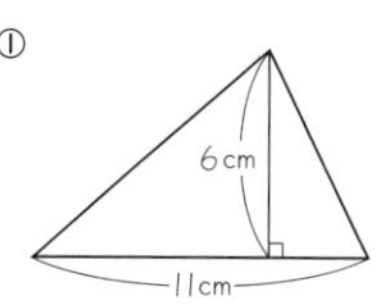

式　11×6÷2＝33

答え　33cm²

②

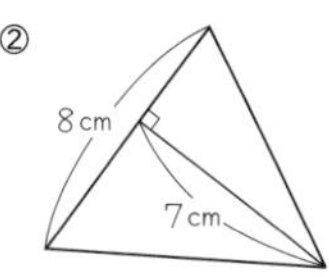

式　8×7÷2＝28

答え　28cm²

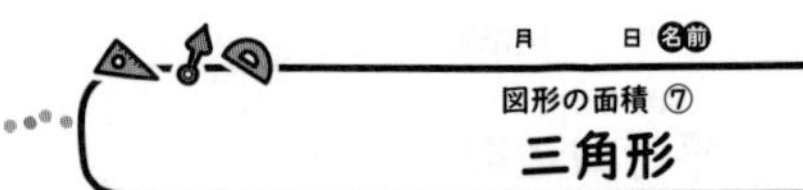

月　日 名前

図形の面積 ⑦

三角形

アを三角形の底辺とすると、高さはどれですか。
記号に○をつけましょう。

①
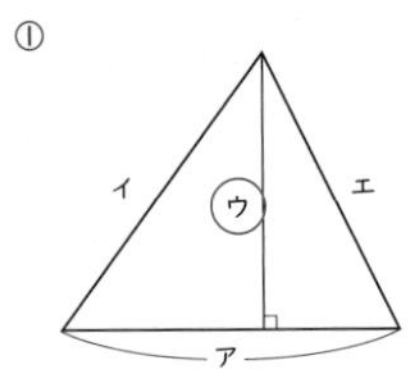

②
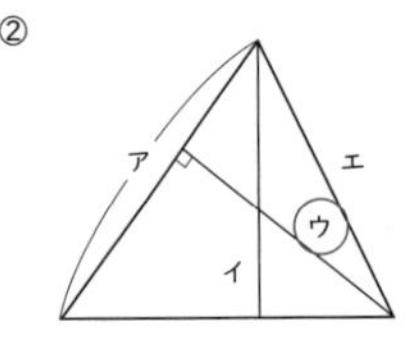

③
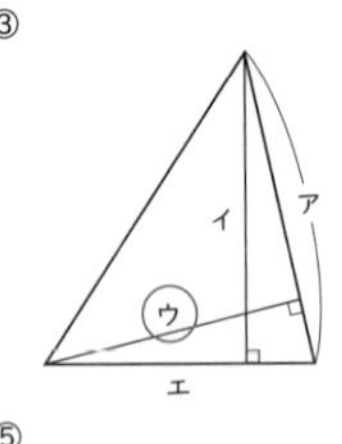

④
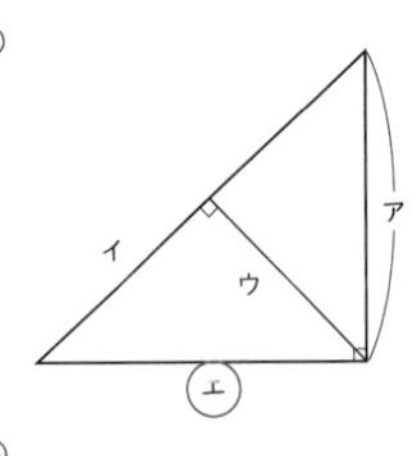

⑤
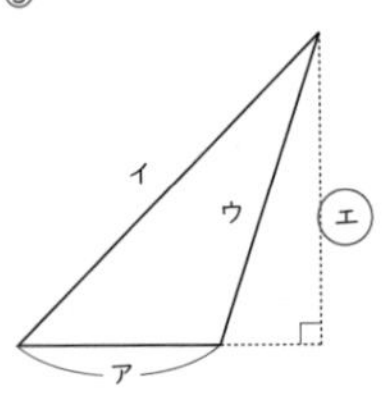

⑥
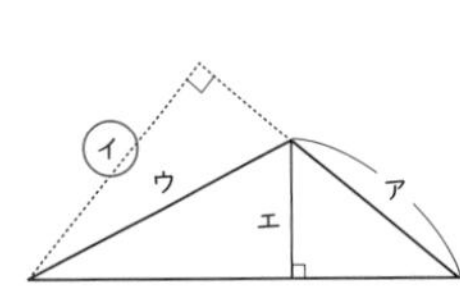

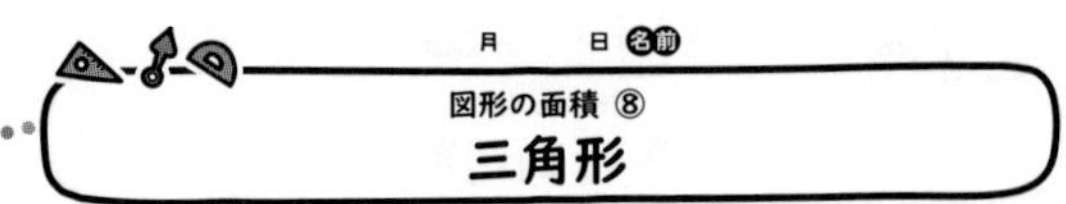

月　日 名前

図形の面積 ⑧

三角形

三角形の面積を求めましょう。

①
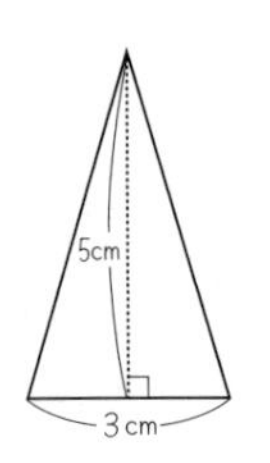

式
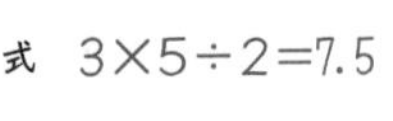

答え　7.5cm²

②
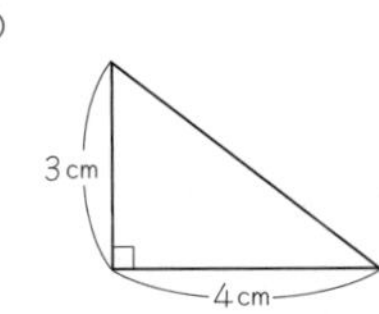

式　3×4÷2=6

答え　6cm²

③
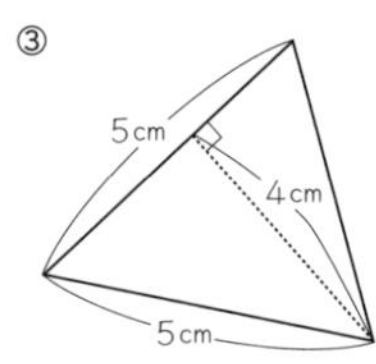

式　5×4÷2=10

答え　10cm²

月　日 名前

図形の面積 ⑨

台　形

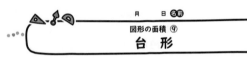

台形の面積の求め方を考えましょう。

(単位cm)

㋐
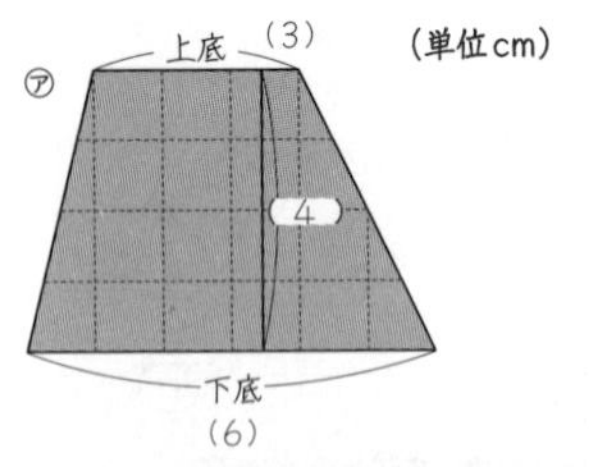

㋑
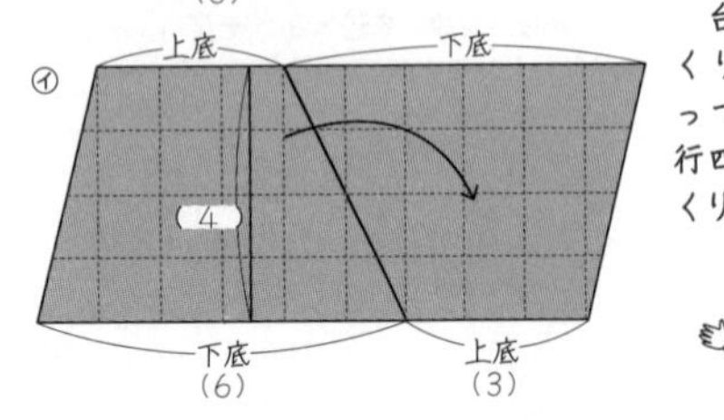

台形をひっくり返し、くっつけて、平行四辺形をつくりました。

㋑ 平行四辺形の面積＝もとの台形の面積÷2
底　辺　×　高　さ　＝　平行四辺形の面積
(3＋6)　×　4
上底　下底　台形の高さ

㋐ (上底＋下底)×高さ÷2＝台形の面積

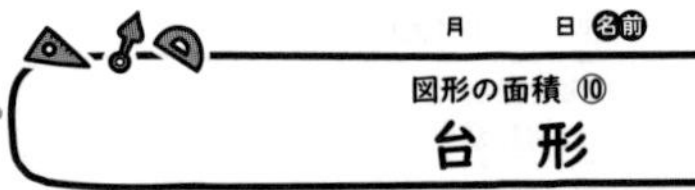

月　日 名前

図形の面積 ⑩

台　形

台形の面積＝(上底＋下底)×高さ÷2

公式を使って台形の面積を求めましょう。(単位cm)

①
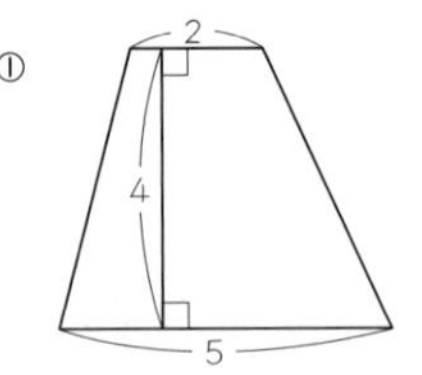

式

答え　14cm²

②

式　(6＋3)×3÷2=13.5

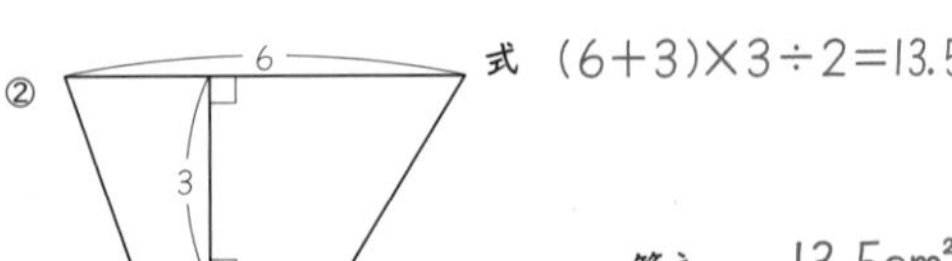

答え　13.5cm²

③
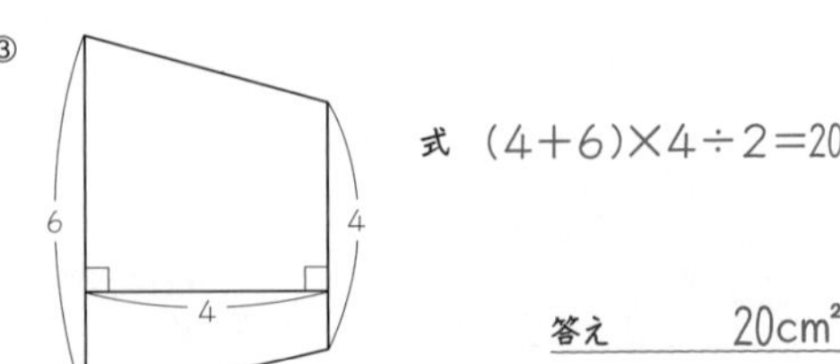

式　(4＋6)×4÷2=20

答え　20cm²

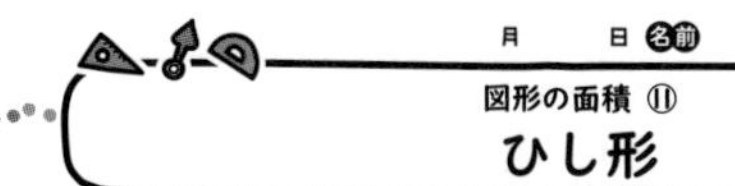

月　日 名前

図形の面積 ⑪

ひし形

ひし形の面積の求め方を考えましょう。

（単位cm）

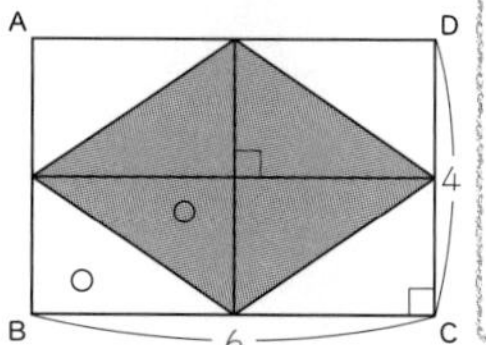

長方形ABCDの面積
4×6＝24
ひし形の面積は、
長方形の半分ですね。
4×6÷2＝12
4cm，6cmは、それぞれひし形の対角線です。
対角線×対角線÷2
＝ひし形の面積

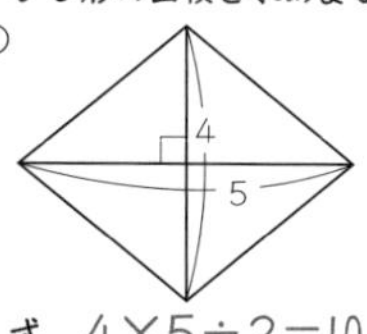

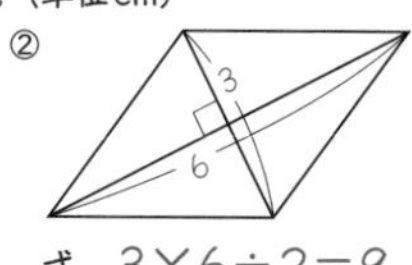

ひし形の面積＝対角線×対角線÷2

ひし形の面積を求めましょう。（単位cm）

①

式　4×5÷2＝10

答え　10cm²

②

式　3×6÷2＝9

答え　9cm²

月　日 名前

図形の面積 ⑫

等しい面積

平行な２本の直線の間にある三角形について、調べましょう。

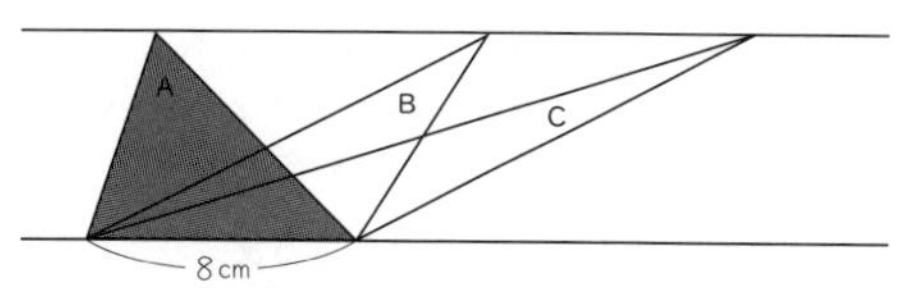

① 底辺が8cmの3つの三角形A、B、Cの面積は、（同じ）です。底辺が8cmで、高さが（同じ）だからです。

② 次の色をぬった部分AとBは、同じ面積です。どうしてそうなるか説明しましょう。

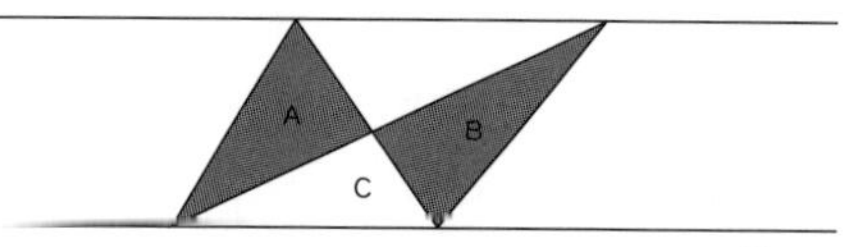

・A＋Cの三角形とB＋Cの三角形は、底辺の長さが㋐（同じ）です。

・２本の線が平行だから、A＋Cの三角形とB＋Cの三角形の高さは㋑（同じ）です。

・面積が同じ三角形から、三角形Cを取りのぞいてできる三角形Aと三角形Bの面積は㋒（同じ）になります。

まとめテスト　月　日 名前

まとめ ⑮

図形の面積

50点

① 次の図形の面積を求めましょう。（1つ10点／30点）

①

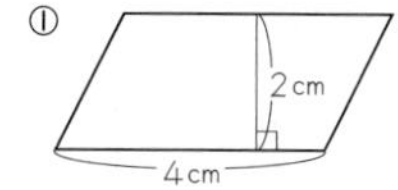

式　4×2＝8

答え　8cm²

②

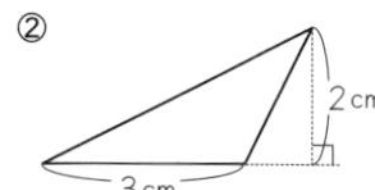

式　3×2÷2＝3

答え　3cm²

③

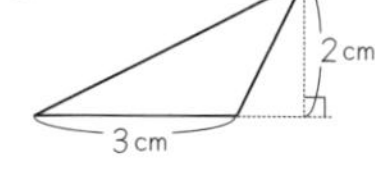

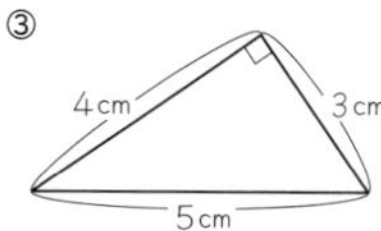

式　3×4÷2＝6

答え　6cm²

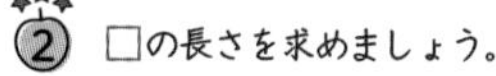

② □の長さを求めましょう。（1つ10点／20点）

①

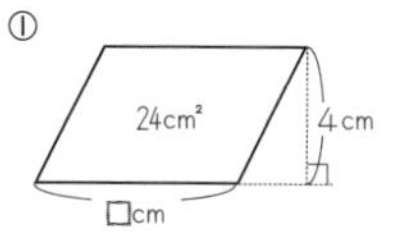

式　24÷4＝6

答え　6cm

②

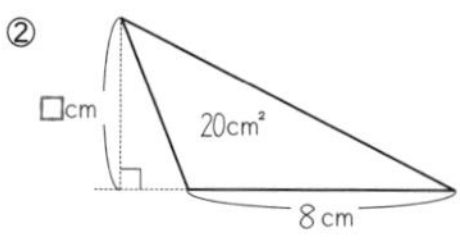

式　40÷8＝5

答え　5cm

まとめテスト　月　日 名前

まとめ ⑯

図形の面積

50点

① 台形の面積を求める公式をかきましょう。（10点）

台形の面積＝（上底＋下底）×高さ÷2

② 次の図形の面積を求めましょう。（1つ10点／20点）

①

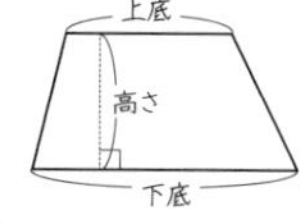

式　(5＋8)×4÷2＝26

答え　26cm²

②

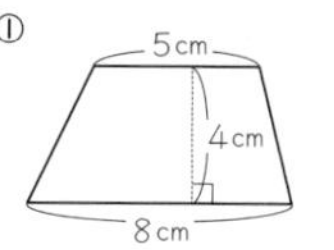

式　6×20÷2＝60

答え　60cm²

③ ㋐の面積は10cm²です。㋑、㋒の面積を求めましょう。（1つ10点／20点）

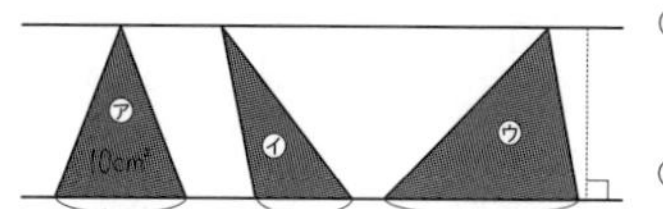

㋑ 答え　10cm²

㋒ 答え　20cm²

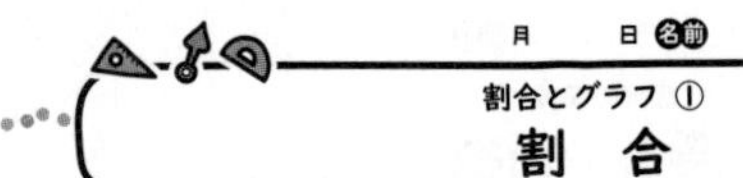

月　日 名前

割合とグラフ ①

割　合

割合＝比べられる量÷もとにする量

① 5年1組の人数は30人です。算数が好きな人は18人です。学級の人数をもとにして算数が好きな人の割合を求めましょう。

比べられる量　÷　もとにする量
（算数が好きな人18人）（学級の人数30人）

式　18÷30＝0.6

答え　0.6

② ひまわりの種を20個まいたうち、16個芽が出ました。芽が出た割合を求めましょう。

比べられる量　÷　もとにする量
（芽が出た種）　（まいた種）

式　16÷20＝0.8

答え　0.8

③ 定員が150人のえい画館があります。今90人が入っています。混みぐあいを割合で求めましょう。

式　90÷150＝0.6

答え　0.6

月　日 名前

割合とグラフ ②

割　合

① つよしさんは500円、あきらさんは400円持っています。

① つよしさんをもとにして、あきらさんの持っているお金の割合を求めましょう。

比べられる量　÷　もとにする量　＝　割合
（あきら）　（つよし）

式　400÷500＝0.8

答え　0.8

② あきらさんをもとにして、つよしさんの持っているお金の割合を求めましょう。

式　500÷400＝1.25

答え　1.25

② 50個のあめのうち30個食べてしまいました。食べたあめの割合を求めましょう。

式　30÷50＝0.6

答え　0.6

月　日 名前

割合とグラフ ③

百分率

割合を表すのに、百分率を使うことがあります。
0.01を百分率で表すと1％（1パーセント）です。

● 次の割合を、百分率で表しましょう。

① 0.02は　2％　② 0.05は　5％

③ 0.45は　45％　④ 0.99は　99％

⑤ 0.6は　60％　⑥ 1は　100％

⑦ 1.5は　150％　⑧ 0.03は　3％

⑨ 0.73は　73％　⑩ 0.87は　87％

⑪ 0.5は　50％　⑫ 0.2は　20％

⑬ 1.2は　120％　⑭ 1.3は　130％

⑮ 0.01は　1％　⑯ 0.12は　12％

月　日 名前

割合とグラフ ④

百分率

10％は0.1　1％は0.01

● 次の百分率を、小数（または整数）で表しましょう。

① 80％は　0.8　② 70％は　0.7

③ 55％は　0.55　④ 98％は　0.98

⑤ 5％は　0.05　⑥ 100％は　1

⑦ 150％は　1.5　⑧ 50％は　0.5

⑨ 36％は　0.36　⑩ 25％は　0.25

⑪ 6％は　0.06　⑫ 9％は　0.09

⑬ 120％は　1.2　⑭ 180％は　1.8

⑮ 3％は　0.03　⑯ 10％は　0.1

月　日 名前

割合とグラフ ⑤

比べられる量

比べられる量＝もとにする量×割合

① 5年1組の児童は30人です。そのうち60%が本が好きです。本が好きな人は何人ですか。

比べられる量 ＝ もとにする量 × 割合
（5年1組の児童30人）（60%）

※計算するとき百分率は小数にします。

式 30×0.6＝18

答え 18人

② 定価2000円の商品を80%で買いました。いくらで買いましたか。

比べられる量 ＝ もとにする量 × 割合
（定価）（80%）

式 2000×0.8＝1600

答え 1600円

③ 25m² のかべの50%にペンキをぬりました。何m² ぬりましたか。

式 25×0.5＝12.5

答え 12.5m²

月　日 名前

割合とグラフ ⑥

もとにする量

もとにする量＝比べられる量÷割合

① なお子さんは、持っていたお金の30%を使って600円の本を買いました。はじめ持っていたお金は何円ですか。

もとにする量 ＝ 比べられる量 ÷ 割合
（本代 600円）（30%）

※計算するとき百分率は小数にします。

式 600÷0.3＝2000

答え 2000円

② 「定価の80%」と札にかいてあるシャツを640円で買いました。シャツの定価はいくらですか。

もとにする量 ＝ 比べられる量 ÷ 割合
（買ったねだん）（80%）

※計算するとき百分率は小数にします。

式 640÷0.8＝800

答え 800円

③ 50%の大安売りコーナーで、500円のズボンを買いました。ズボンの定価はいくらですか。

式 500÷0.5＝1000

答え 1000円

月　日 名前

割合とグラフ ⑦

ねだんで比べる

定価1200円の同じ品物を、A店では定価の7割、B店では定価から20%引き、C店では200円引きとなっています。どの店が一番安く買えますか。

① A店（定価の7割）では、いくらになりますか。

式 1200×0.7＝840

答え 840円

② B店（定価から20%引き）では、いくらになりますか。

式 1200×0.2＝240
1200－240＝960

答え 960円

③ C店（200円引き）では、いくらになりますか。

式 1200－200＝1000

答え 1000円

④ A店、B店、C店のうち、どの店が一番安いですか。

答え A店が一番安い。

月　日 名前

割合とグラフ ⑧

いろいろな問題

① 定価1500円のおもちゃを、3割引きで買いました。いくらで買いましたか。

式 1500×0.7＝1050

こんなやり方もあるよ。
1－0.3＝0.7
1500×0.7＝1050

答え 1050円

② スーパーマーケットで、500円の買い物をしました。10%の消費税をたすと、何円になりますか。

式 500×1.1＝550

答え 550円

③ かぜで6人が休みました。これは、クラスの20%にあたります。クラスの人数は、何人ですか。

式 6÷0.2＝30

20%は0.2だね。

答え 30人

月　日 名前

割合とグラフ ⑨

帯グラフ

次のグラフは、日本の地いき別の面積を表したものです。

地いき別の面積

本州	北海道	九州	四国

0　10　20　30　40　50　60　70　80　90　100（%）

① 本州は、全体の何%ですか。

答え　61%

② 北海道は、全体の何%ですか。

答え　22%

③ 九州は、全体の何%ですか。

答え　12%

④ 四国は、全体の何%ですか。

答え　5%

上のグラフを帯グラフといいます。
めもりが帯の外にあることもあります。
割合(わりあい)を表すのによく使います。

月　日 名前

割合とグラフ ⑩

帯グラフ

3学期のある日、休み時間に5年生がしていた遊びを表にしました。

① 全体をもとにして、それぞれの百分率(ひゃくぶんりつ)を求めましょう。

休み時間の遊び

遊び	人数	百分率（%）
ドッジボール	23	46
サッカー	10	20
一輪車	7	14
なわとび	4	8
その他	6	12
合計	50	100

② 割合に合わせてめもりを区切り、帯グラフに表しましょう。

ドッジボール	サッカー	一輪車	なわとび	その他

0　10　20　30　40　50　60　70　80　90　100（%）

月　日 名前

割合とグラフ ⑪

円グラフ

次の円グラフは、ある町の家ちくの割合(わりあい)を調べたものです。

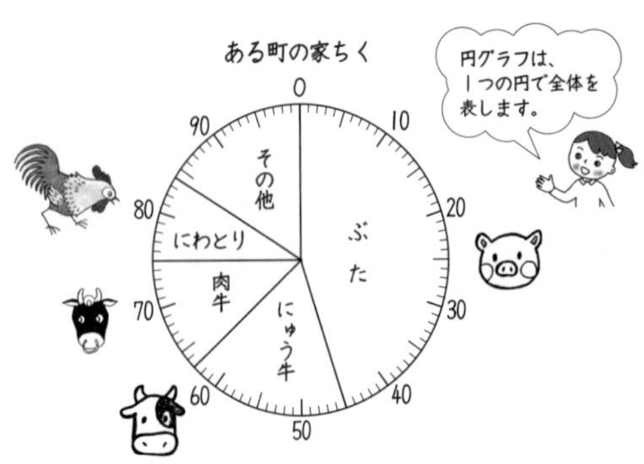

① ぶたは、全体の何%ですか。

答え　45%

② にゅう牛は、全体の何%ですか。

答え　18%

③ 肉牛は、全体の何%ですか。

答え　12%

④ にわとりは、全体の何%ですか。

答え　9%

⑤ その他は、全体の何%ですか。

答え　16%

月　日 名前

割合とグラフ ⑫

円グラフ

次の表は、かずえさんの学校の地区別児童数です。

① 全体をもとにして、それぞれの割合を百分率(ひゃくぶんりつ)で表しましょう。

地区別児童数

地区	人数	百分率（%）
北町	80	40
東町	54	27
南町	36	18
西町	18	9
その他	12	6
合計	200	100

② 割合に合わせてめもりを区切り、円グラフに表しましょう。

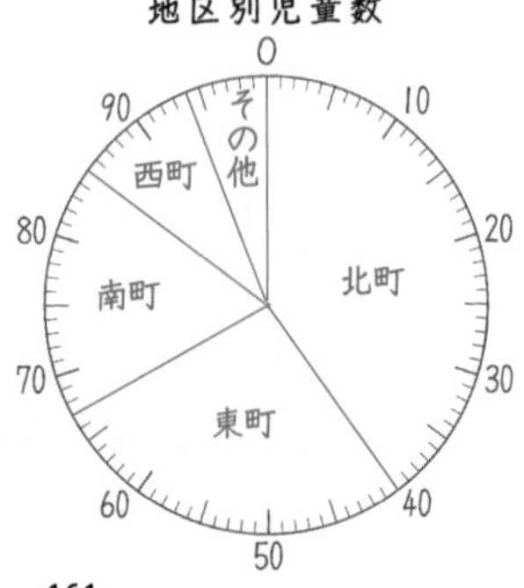

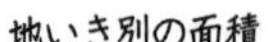
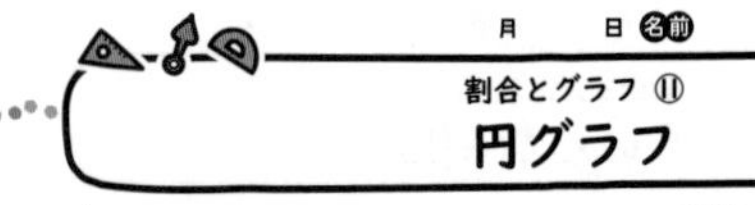

まとめテスト　月　日　名前

まとめ ⑰

割合とグラフ

/50点

① 次の割合を百分率で、また百分率を小数で表しましょう。（1つ5点／20点）

① 0.6は（ 60% ）　② 0.75は（ 75% ）

③ 8%は（ 0.08 ）　④ 43%は（ 0.43 ）

② けいすけさんは15本のシュートのうち9本成功しました。成功した割合を求めましょう。（10点）

式 9÷15=0.6

答え 0.6

③ 図書館にいる70人のうち20%が子どもでした。子どもの人数は何人ですか。（10点）

式 70×0.2=14

答え 14人

④ みゆさんは、本を90ページ読みました。これは全体の40%にあたります。この本は何ページありますか。（10点）

式 90÷0.4=225

答え 225ページ

まとめテスト　月　日　名前

まとめ ⑱

割合とグラフ

/50点

① 次の表は、みさきさんの学校の保健室にけがでやってきた人の人数です。百分率を求め、円グラフに表しましょう。（表20点、グラフ20点）

けがでやってきた人数（1学期）

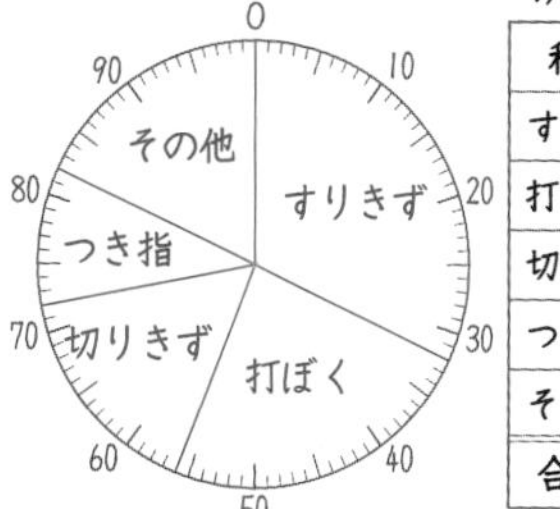

けがでやってきた人数（1学期）

種類	人数	百分率(%)
すりきず	96	32
打ぼく	72	24
切りきず	48	16
つき指	30	10
その他	54	18
合計	300	100

② 次のグラフは、たかしさんの家の前の道路を通った乗り物について、その種類と割合を表したものです。（1つ5点／10点）

乗用車	トラック	自転車	バイク	バス	その他

0 10 20 30 40 50 60 70 80 90 100（%）

① 乗用車は、全体の何%ですか。

答え 40%

② 調査した乗り物は200台でした。乗用車の台数は、何台ですか。

式 200×0.4=80

答え 80台

月　日　名前

かんたんな比例 ①

比例とは

次の表は、空の水そうに水を入れたときの水の量□Lと、水の深さ○cmの関係を表したものです。

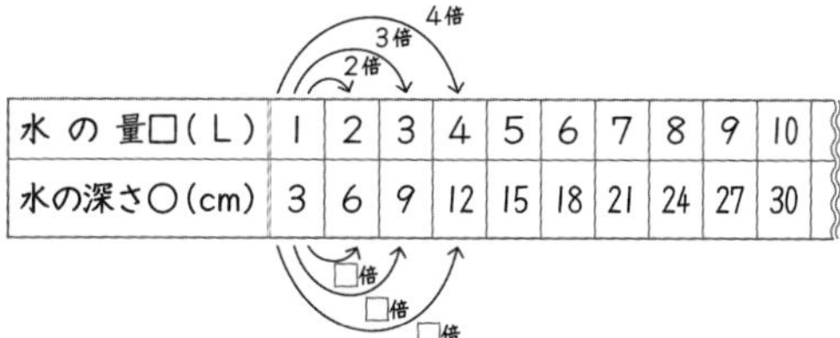

水の量□（L）	1	2	3	4	5	6	7	8	9	10
水の深さ○（cm）	3	6	9	12	15	18	21	24	27	30

水の量□が2倍、3倍、4倍になると、それに対応する水の深さ○も㋐ 2 倍、㋑ 3 倍、㋒ 4 倍になります。

2つの量□と○があって、□のあたいが2倍、3倍……になると、それに対応する○のあたいも2倍、3倍……になるとき、○は□に比例するといいます。
水そうの水の深さは、水を入れた量に比例しています。

月　日　名前

かんたんな比例 ②

比例とは

表をしあげましょう。また（　）に言葉をかきましょう。

① 正方形の1辺の長さ□cmと、周りの長さ○cmは比例します。

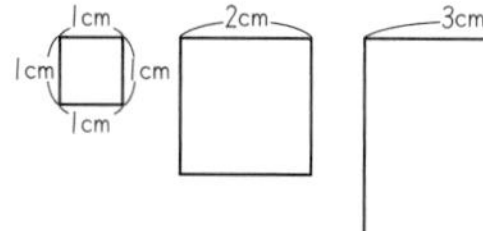

1辺の長さ□（cm）	1	2	3	4	5
周りの長さ○（cm）	4	8	12	16	20

正方形の1辺の長さが2倍になると、周りの長さも（ 2倍 ）になります。

② 1さつ120円のノートを買うときのさつ数□とその代金○円は、比例します。

さつ数□（さつ）	1	2	3	4	5	6
代金○（円）	120	240	360	480	600	720

ノートのさつ数が$\frac{1}{2}$になると、代金も（ $\frac{1}{2}$ ）になります。

達成表

勉強が終わったらチェックする。問題が全部できて字もていねいに書けたら「よくできた」だよ。「よくできた」になるようにがんばろう!

学習内容	学習日	がんばろう	できた	よくできた
小数のかけ算①		☆	☆☆	☆☆☆
小数のかけ算②		☆	☆☆	☆☆☆
小数のかけ算③		☆	☆☆	☆☆☆
小数のかけ算④		☆	☆☆	☆☆☆
小数のかけ算⑤		☆	☆☆	☆☆☆
小数のかけ算⑥		☆	☆☆	☆☆☆
小数のかけ算⑦		☆	☆☆	☆☆☆
小数のかけ算⑧		☆	☆☆	☆☆☆
小数のわり算①		☆	☆☆	☆☆☆
小数のわり算②		☆	☆☆	☆☆☆
小数のわり算③		☆	☆☆	☆☆☆
小数のわり算④		☆	☆☆	☆☆☆
小数のわり算⑤		☆	☆☆	☆☆☆
小数のわり算⑥		☆	☆☆	☆☆☆
小数のわり算⑦		☆	☆☆	☆☆☆
小数のわり算⑧		☆	☆☆	☆☆☆
小数のわり算⑨		☆	☆☆	☆☆☆
小数のわり算⑩		☆	☆☆	☆☆☆
まとめ①			得点	
まとめ②			得点	
整数の性質①		☆	☆☆	☆☆☆
整数の性質②		☆	☆☆	☆☆☆
整数の性質③		☆	☆☆	☆☆☆
整数の性質④		☆	☆☆	☆☆☆
整数の性質⑤		☆	☆☆	☆☆☆
整数の性質⑥		☆	☆☆	☆☆☆
整数の性質⑦		☆	☆☆	☆☆☆
整数の性質⑧		☆	☆☆	☆☆☆
整数の性質⑨		☆	☆☆	☆☆☆
整数の性質⑩		☆	☆☆	☆☆☆

学習内容	学習日（がくしゅうび）	がんばろう	できた	よくできた
整数の性質⑪		☆	☆☆	☆☆☆
整数の性質⑫		☆	☆☆	☆☆☆
整数の性質⑬		☆	☆☆	☆☆☆
整数の性質⑭		☆	☆☆	☆☆☆
整数の性質⑮		☆	☆☆	☆☆☆
整数の性質⑯		☆	☆☆	☆☆☆
整数の性質⑰		☆	☆☆	☆☆☆
整数の性質⑱		☆	☆☆	☆☆☆
まとめ③			得点	
まとめ④			得点	
分　数①		☆	☆☆	☆☆☆
分　数②		☆	☆☆	☆☆☆
分　数③		☆	☆☆	☆☆☆
分　数④		☆	☆☆	☆☆☆
分　数⑤		☆	☆☆	☆☆☆
分　数⑥		☆	☆☆	☆☆☆
分数のたし算①		☆	☆☆	☆☆☆
分数のたし算②		☆	☆☆	☆☆☆
分数のたし算③		☆	☆☆	☆☆☆
分数のたし算④		☆	☆☆	☆☆☆
分数のたし算⑤		☆	☆☆	☆☆☆
分数のたし算⑥		☆	☆☆	☆☆☆
分数のたし算⑦		☆	☆☆	☆☆☆
分数のたし算⑧		☆	☆☆	☆☆☆
分数のたし算⑨		☆	☆☆	☆☆☆
分数のたし算⑩		☆	☆☆	☆☆☆
分数のひき算①		☆	☆☆	☆☆☆
分数のひき算②		☆	☆☆	☆☆☆
分数のひき算③		☆	☆☆	☆☆☆
分数のひき算④		☆	☆☆	☆☆☆
分数のひき算⑤		☆	☆☆	☆☆☆
分数のひき算⑥		☆	☆☆	☆☆☆
分数のひき算⑦		☆	☆☆	☆☆☆

学習内容	学習日	がんばろう	できた	よくできた
分数のひき算⑧		☆	☆☆	☆☆☆
分数のひき算⑨		☆	☆☆	☆☆☆
分数のひき算⑩		☆	☆☆	☆☆☆
まとめ⑤			得点	
まとめ⑥			得点	
小数と分数①		☆	☆☆	☆☆☆
小数と分数②		☆	☆☆	☆☆☆
小数と分数③		☆	☆☆	☆☆☆
小数と分数④		☆	☆☆	☆☆☆
図形の合同①		☆	☆☆	☆☆☆
図形の合同②		☆	☆☆	☆☆☆
図形の合同③		☆	☆☆	☆☆☆
図形の合同④		☆	☆☆	☆☆☆
図形の合同⑤		☆	☆☆	☆☆☆
図形の合同⑥		☆	☆☆	☆☆☆
図形の合同⑦		☆	☆☆	☆☆☆
図形の合同⑧		☆	☆☆	☆☆☆
図形の合同⑨		☆	☆☆	☆☆☆
図形の合同⑩		☆	☆☆	☆☆☆
まとめ⑦			得点	
まとめ⑧			得点	
図形の性質①		☆	☆☆	☆☆☆
図形の性質②		☆	☆☆	☆☆☆
図形の性質③		☆	☆☆	☆☆☆
図形の性質④		☆	☆☆	☆☆☆
図形の性質⑤		☆	☆☆	☆☆☆
図形の性質⑥		☆	☆☆	☆☆☆
図形の性質⑦		☆	☆☆	☆☆☆
図形の性質⑧		☆	☆☆	☆☆☆
まとめ⑨			得点	
まとめ⑩			得点	
体　積①		☆	☆☆	☆☆☆
体　積②		☆	☆☆	☆☆☆

学習内容	学習日	がんばろう	できた	よくできた
体　積③		☆	☆☆	☆☆☆
体　積④		☆	☆☆	☆☆☆
体　積⑤		☆	☆☆	☆☆☆
体　積⑥		☆	☆☆	☆☆☆
体　積⑦		☆	☆☆	☆☆☆
体　積⑧		☆	☆☆	☆☆☆
まとめ⑪			得点	
まとめ⑫			得点	
角柱・円柱①		☆	☆☆	☆☆☆
角柱・円柱②		☆	☆☆	☆☆☆
角柱・円柱③		☆	☆☆	☆☆☆
角柱・円柱④		☆	☆☆	☆☆☆
単位量あたりの大きさ①		☆	☆☆	☆☆☆
単位量あたりの大きさ②		☆	☆☆	☆☆☆
単位量あたりの大きさ③		☆	☆☆	☆☆☆
単位量あたりの大きさ④		☆	☆☆	☆☆☆
単位量あたりの大きさ⑤		☆	☆☆	☆☆☆
単位量あたりの大きさ⑥		☆	☆☆	☆☆☆
単位量あたりの大きさ⑦		☆	☆☆	☆☆☆
単位量あたりの大きさ⑧		☆	☆☆	☆☆☆
単位量あたりの大きさ⑨		☆	☆☆	☆☆☆
単位量あたりの大きさ⑩		☆	☆☆	☆☆☆
速　さ①		☆	☆☆	☆☆☆
速　さ②		☆	☆☆	☆☆☆
速　さ③		☆	☆☆	☆☆☆
速　さ④		☆	☆☆	☆☆☆
速　さ⑤		☆	☆☆	☆☆☆
速　さ⑥		☆	☆☆	☆☆☆
速　さ⑦		☆	☆☆	☆☆☆
速　さ⑧		☆	☆☆	☆☆☆
速　さ⑨		☆	☆☆	☆☆☆
速　さ⑩		☆	☆☆	☆☆☆
まとめ⑬			得点	

学習内容	学習日	がんばろう	できた	よくできた
まとめ⑭			得点	
図形の面積①		☆	☆☆	☆☆☆
図形の面積②		☆	☆☆	☆☆☆
図形の面積③		☆	☆☆	☆☆☆
図形の面積④		☆	☆☆	☆☆☆
図形の面積⑤		☆	☆☆	☆☆☆
図形の面積⑥		☆	☆☆	☆☆☆
図形の面積⑦		☆	☆☆	☆☆☆
図形の面積⑧		☆	☆☆	☆☆☆
図形の面積⑨		☆	☆☆	☆☆☆
図形の面積⑩		☆	☆☆	☆☆☆
図形の面積⑪		☆	☆☆	☆☆☆
図形の面積⑫		☆	☆☆	☆☆☆
まとめ⑮			得点	
まとめ⑯			得点	
割合とグラフ①		☆	☆☆	☆☆☆
割合とグラフ②		☆	☆☆	☆☆☆
割合とグラフ③		☆	☆☆	☆☆☆
割合とグラフ④		☆	☆☆	☆☆☆
割合とグラフ⑤		☆	☆☆	☆☆☆
割合とグラフ⑥		☆	☆☆	☆☆☆
割合とグラフ⑦		☆	☆☆	☆☆☆
割合とグラフ⑧		☆	☆☆	☆☆☆
割合とグラフ⑨		☆	☆☆	☆☆☆
割合とグラフ⑩		☆	☆☆	☆☆☆
割合とグラフ⑪		☆	☆☆	☆☆☆
割合とグラフ⑫		☆	☆☆	☆☆☆
まとめ⑰			得点	
まとめ⑱			得点	
かんたんな比例①		☆	☆☆	☆☆☆
かんたんな比例②		☆	☆☆	☆☆☆